3S SOLIDWORKS

SOLIDWORKS® 公司官方指定培训教程
CSWP 全球专业认证考试培训教程

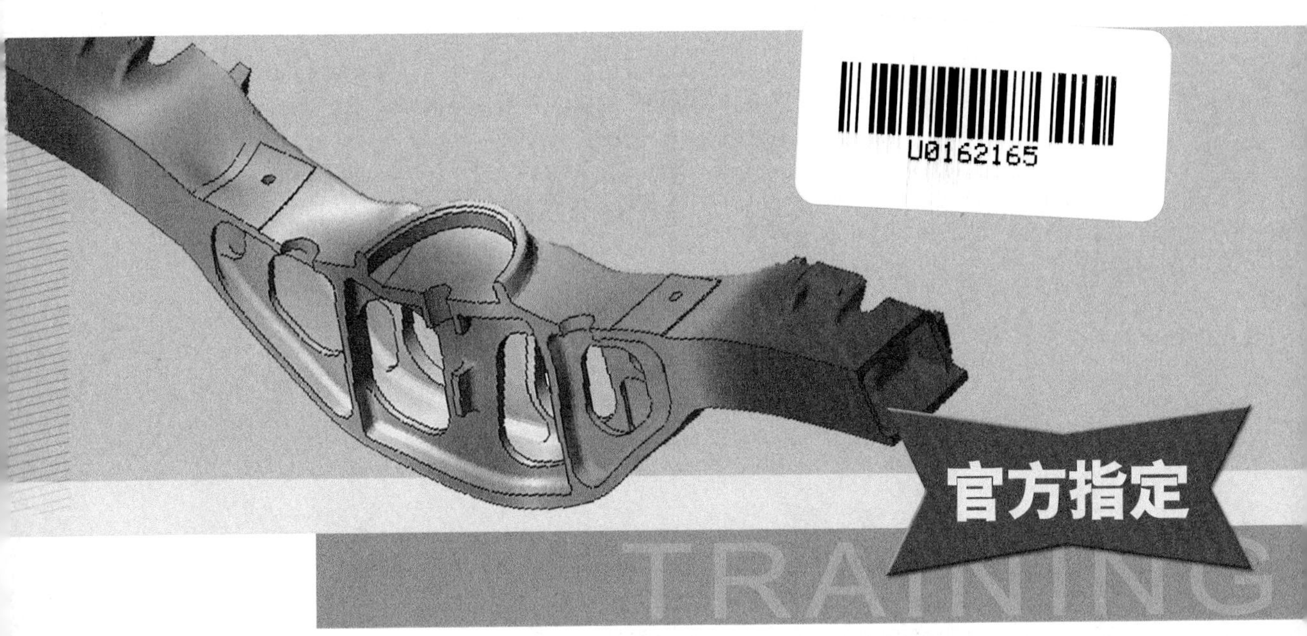

SOLIDWORKS® Simulation高级教程

（2020版）

[法] DS SOLIDWORKS®公司 著

胡其登 戴瑞华 主编

杭州新迪数字工程系统有限公司 编译

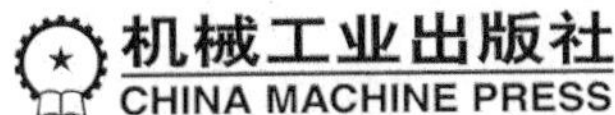

机械工业出版社
CHINA MACHINE PRESS

《SOLIDWORKS® Simulation 高级教程（2020 版）》是根据 DS SOLIDWORKS®公司发布的《SOLIDWORKS® Simulation 2020：SOLIDWORKS Simulation Professional》编译而成的，着重介绍了使用 Simulation 软件对 SOLIDWORKS 模型进行有限元分析的进阶方法和相关技术。本教程有配套练习文件，详见“本书使用说明”。本教程提供高清语音教学视频，扫描书中二维码即可免费观看。

本教程在保留了英文原版教程精华和风格的基础上，按照中国读者的阅读习惯进行编译，配套教学资料齐全，适合企业工程设计人员和大专院校、职业技术院校相关专业师生使用。

北京市版权局著作权合同登记 图字：01-2020-4140 号。

图书在版编目（CIP）数据

SOLIDWORKS® Simulation 高级教程：2020 版/法国 DS SOLIDWORKS®公司著；胡其登，戴瑞华主编. —北京：机械工业出版社，2020. 9（2023. 7 重印）

SOLIDWORKS®公司官方指定培训教程　CSWP 全球专业认证考试培训教程

ISBN 978 - 7 - 111 - 66249 - 5

Ⅰ. ①S…　Ⅱ. ①法…②胡…③戴…　Ⅲ. ①机械设计 - 计算机辅助设计 - 应用软件 - 技术培训 - 教材　Ⅳ. ①TH122

中国版本图书馆 CIP 数据核字（2020）第 140866 号

机械工业出版社（北京市百万庄大街 22 号　邮政编码 100037）
策划编辑：张雁茹　责任编辑：张雁茹
封面设计：陈　沛　责任校对：刘丽华　李锦莉
责任印制：常天培
北京机工印刷厂有限公司印刷
2023 年 7 月第 1 版·第 6 次印刷
184mm×260mm·12 印张·325 千字
标准书号：ISBN 978 - 7 - 111 - 66249 - 5
定价：49. 80 元

电话服务	网络服务
客服电话：010-88361066	机　工　官　网：www. cmpbook. com
010-88379833	机　工　官　博：weibo. com/cmp1952
010-68326294	金　　书　　网：www. golden-book. com
封底无防伪标均为盗版	机工教育服务网：www. cmpedu. com

序

尊敬的中国 SOLIDWORKS 用户：

DS SOLIDWORKS®公司很高兴为您提供这套最新的 SOLIDWORKS®中文官方指定培训教程。我们对中国市场有着长期的承诺，自从 1996 年以来，我们就一直保持与北美地区同步发布 SOLIDWORKS 3D 设计软件的每一个中文版本。

我们感觉到 DS SOLIDWORKS®公司与中国用户之间有着一种特殊的关系，因此也有着一份特殊的责任。这种关系是基于我们共同的价值观——创造性、创新性、卓越的技术，以及世界级的竞争能力。这些价值观一部分是由公司的共同创始人之一李向荣（Tommy Li）所建立的。李向荣是一位华裔工程师，他在定义并实施我们公司的关键性突破技术以及在指导我们的组织开发方面起到了很大的作用。

作为一家软件公司，DS SOLIDWORKS®致力于带给用户世界一流水平的 3D 解决方案（包括设计、分析、产品数据管理、文档出版与发布），以帮助设计师和工程师开发出更好的产品。我们很荣幸地看到中国用户的数量在不断增长，大量杰出的工程师每天使用我们的软件来开发高质量、有竞争力的产品。

目前，中国正在经历一个迅猛发展的时期，从制造服务型经济转向创新驱动型经济。为了继续取得成功，中国需要相配套的软件工具。

SOLIDWORKS® 2020 是我们最新版本的软件，它在产品设计过程自动化及改进产品质量方面又提高了一步。该版本提供了许多新的功能和更多提高生产率的工具，可帮助机械设计师和工程师开发出更好的产品。

现在，我们提供了这套官方指定培训教程，体现出我们对中国用户长期持续的承诺。这套教程可以有效地帮助您把 SOLIDWORKS® 2020 软件在驱动设计创新和工程技术应用方面的强大威力全部释放出来。

我们为 SOLIDWORKS 能够帮助提升中国的产品设计和开发水平而感到自豪。现在您拥有了功能丰富的软件工具以及配套教程，我们期待看到您用这些工具开发出创新的产品。

Gian Paolo Bassi

DS SOLIDWORKS®公司首席执行官

2020 年 3 月

胡其登　现任 DS SOLIDWORKS®公司大中国区技术总监

胡其登先生毕业于北京航空航天大学，先后获得“计算机辅助设计与制造（CAD/CAM）”专业工学学士和工学硕士学位。毕业后一直从事 3D CAD/CAM/PDM/PLM 技术的研究与实践、软件开发、企业技术培训与支持、制造业企业信息化的深化应用与推广等工作，经验丰富，先后发表技术文章 20 余篇。在引进并消化吸收新技术的同时，注重理论与企业实际相结合。在给数以百计的企业进行技术交流、方案推介和顾问咨询等工作的过程中，对如何将 3D 技术成功应用到中国制造业企业的问题，形成了自己的独到见解，总结出了推广企业信息化与数字化的最佳实践方法，帮助众多企业从 2D 平滑地过渡到了 3D，并为企业推荐和引进了 PDM/PLM 管理平台。作为系统实施的专家与顾问，以自身的理论与实践的知识体系，帮助企业成为 3D 数字化企业。

胡其登先生作为中国最早使用 SOLIDWORKS®软件的工程师，酷爱 3D 技术，先后为 SOLIDWORKS 社群培训培养了数以百计的工程师，目前负责 SOLIDWORKS 解决方案在大中国区全渠道的技术培训、支持、实施、服务及推广等全面技术工作。

前言

DS SOLIDWORKS®公司是一家专业从事三维机械设计、工程分析、产品数据管理软件研发和销售的国际性公司。SOLIDWORKS 软件以其优异的性能、易用性和创新性，极大地提高了机械设计工程师的设计效率和质量，目前已成为主流 3D CAD 软件市场的标准，在全球拥有超过 600 万的用户。DS SOLIDWORKS®公司的宗旨是：to help customers design better products and be more successful——让您的设计更精彩。

“SOLIDWORKS®公司官方指定培训教程”是根据 DS SOLIDWORKS®公司最新发布的 SOLIDWORKS® 2020 软件的配套英文版培训教程编译而成的，也是 CSWP 全球专业认证考试培训教程。本套教程是 DS SOLIDWORKS®公司唯一正式授权在中国大陆出版的官方指定培训教程，也是迄今为止出版的最为完整的 SOLIDWORKS®公司官方指定培训教程。

本套教程详细介绍了 SOLIDWORKS® 2020 软件和 Simulation 软件的功能，以及使用该软件进行三维产品设计、工程分析的方法、思路、技巧和步骤。值得一提的是，SOLIDWORKS® 2020 不仅在功能上进行了 400 多项改进，更加突出的是它在技术上的巨大进步与创新，从而可以更好地满足工程师的设计需求，带给新老用户更大的实惠！

《SOLIDWORKS® Simulation 高级教程（2020 版）》是根据 DS SOLIDWORKS®公司发布的《SOLIDWORKS® Simulation 2020：SOLIDWORKS Simulation Professional》编译而成的，着重介绍了使用 Simulation 软件对 SOLIDWORKS 模型进行有限元分析的进阶方法和相关技术。

戴瑞华 现任 DS SOLIDWORKS®公司大中国区 CAD 事业部高级技术经理

戴瑞华先生拥有25年以上机械行业从业经验，曾服务于多家企业，主要负责设备、产品、模具以及工装夹具的开发和设计。其本人酷爱3D CAD技术，从2001年开始接触三维设计软件，并成为主流3D CAD SOLIDWORKS的软件应用工程师，先后为企业和SOLIDWORKS社群培训了数以百计的工程师。同时，他利用自己多年的企业研发设计经验，总结出了在中国的制造业企业应用3D CAD技术的最佳实践方法，为企业的信息化与数字化建设奠定了扎实的基础。

戴瑞华先生于2005年3月加入DS SOLIDWORKS®公司，现负责SOLIDWORKS解决方案在大中国区的技术培训、支持、实施、服务及推广等，实践经验丰富。其本人一直倡导企业构建以三维模型为中心的面向创新的研发设计管理平台，实现并普及数字化设计与数字化制造，为中国企业最终走向智能设计与智能制造进行着不懈的努力与奋斗。

本套教程在保留了英文原版教程精华和风格的基础上，按照中国读者的阅读习惯进行编译，使其变得直观、通俗，让初学者易上手，让高手的设计效率和质量更上一层楼！

本套教程由DS SOLIDWORKS®公司大中国区技术总监胡其登先生和CAD事业部高级技术经理戴瑞华先生共同担任主编，由杭州新迪数字工程系统有限公司副总经理陈志杨负责审校。承担编译、校对和录入工作的有钟序人、唐伟、李鹏、叶伟等杭州新迪数字工程系统有限公司的技术人员。杭州新迪数字工程系统有限公司是DS SOLIDWORKS®公司的密切合作伙伴，拥有一支完整的软件研发队伍和技术支持队伍，长期承担着SOLIDWORKS核心软件研发、客户技术支持、培训教程编译等方面的工作。本教程的操作视频由SOLIDWORKS高级咨询顾问赵罘制作。在此，对参与本套教程编译和视频制作的工作人员表示诚挚的感谢。

由于时间仓促，书中难免存在疏漏和不足之处，恳请广大读者批评指正。

胡其登 戴瑞华

2020年3月

本书使用说明

关于本书

本书的目的是让读者学习如何使用 SOLIDWORKS 软件的多种高级功能，着重介绍了使用 SOLIDWORKS 软件进行高级设计的技巧和相关技术。

SOLIDWORKS® 2020 是一个功能强大的机械设计软件，而本书章节有限，不可能覆盖软件的每一个细节和各个方面，所以，本书将重点给读者讲解应用 SOLIDWORKS® 2020 进行工作所必需的基本技术和主要概念。本书作为在线帮助系统的有益补充，不可能完全替代软件自带的在线帮助系统。读者在对 SOLIDWORKS® 2020 软件的基本使用技能有了较好的了解之后，就能够参考在线帮助系统获得其他常用命令的信息，进而提高应用水平。

前提条件

读者在学习本书之前，应该具备如下经验：

- 机械设计经验。
- 使用 Windows 操作系统的经验。
- 已经学习了 Simulation 在线指导教程，可以通过单击菜单【帮助】/【SOLIDWORKS Simulation】/【指导教程】学习。
- 已经学习了《SOLIDWORKS® Simulation 基础教程（2020 版)》。

编写原则

本书是基于过程或任务的方法而设计的培训教程，并不专注于介绍单项特征和软件功能。本书强调的是完成一项特定任务所遵循的过程和步骤。通过对每一个应用实例的学习来演示这些过程和步骤，读者将学会为了完成一项特定设计任务所需采取的方法，以及所需要的命令、选项和菜单。

知识卡片

除了每章的研究实例和练习外，书中还提供了可供读者参考的“知识卡片”。这些知识卡片提供了软件使用工具的简单介绍和操作方法，可供读者随时查阅。

使用方法

本书的目的是希望读者在有 SOLIDWORKS 软件使用经验的教师指导下，在培训课中进行学习；希望读者通过“教师现场演示本书所提供的实例，学生跟着练习”的交互式学习方法掌握软件的功能。

读者可以使用练习题来应用和练习书中讲解的或教师演示的内容。本书设计的练习题代表了典型的设计和建模情况，读者完全能够在课堂上完成。应该注意到，人们的学习速度是不同的，因此，书中所列出的练习题比一般读者能在课堂上完成的要多，这确保了学习能力强的读者也有练习可做。

标准、名词术语及单位

SOLIDWORKS 软件支持多种标准，如中国国家标准（GB）、美国国家标准（ANSI）、国际标准（ISO）、德国国家标准（DIN）和日本国家标准（JIS）。本书中的例子和练习基本上采用了中国国家标准（除个别为体现软件多样性的选项外）。为与软件保持一致，本书中一些名词术语、物理量符号、计量单位未与中国国家标准保持一致，请读者使用时注意。

练习文件

读者可以从网络平台下载本教程的练习文件，具体方法是：微信扫描右侧或封底的“机械工人之家”微信公众号，关注后输入“2020SG”即可获取下载地址。

机械工人之家

视频观看方式

扫描书中二维码在线观看视频，二维码位于章节之中的“操作步骤”处。可使用手机或平板计算机扫码观看，也可复制手机或平板计算机扫码后的链接到计算机的浏览器中，用浏览器观看。

Windows 操作系统

本书所用的屏幕图片是 SOLIDWORKS® 2020 运行在 Windows® 7 时制作的。

本书的格式约定

本书使用下表所列的格式约定：

约　定	含　义
【插入】/【凸台】	表示 SOLIDWORKS 软件命令和选项。例如，【插入】/【凸台】表示从菜单【插入】中选择【凸台】命令
提示	要点提示
技巧	软件使用技巧
注意	软件使用时应注意的问题
操作步骤 步骤 1 步骤 2 步骤 3	表示课程中实例设计过程的各个步骤

关于色彩的问题

SOLIDWORKS® 2020 英文原版教程是采用彩色印刷的，而我们出版的中文版教程则采用黑白印刷，所以本书对英文原版教程中出现的颜色信息做了一定的调整，以便尽可能地方便读者理解书中的内容。

更多 SOLIDWORKS 培训资源

my. solidworks. com 提供更多的 SOLIDWORKS 内容和服务，用户可以在任何时间、任何地点，使用任何设备查看。用户也可以访问 my. solidworks. com/training，按照自己的计划和节奏来学习，以提高 SOLIDWORKS 技能。

用户组网络

SOLIDWORKS 用户组网络（SWUGN）有很多功能。通过访问 swugn. org，用户可以参加当地的会议，了解 SOLIDWORKS 相关工程技术主题的演讲以及更多的 SOLIDWORKS 产品，或者与其他用户通过网络进行交流。

目　　录

序

前言

本书使用说明

绪论 …… 1

0.1　SOLIDWORKS Simulation 概述 …… 1

0.2　SOLIDWORKS Simulation Professional 的使用条件 …… 1

第 1 章　零件的频率分析 …… 2

1.1　模式分析基础 …… 2

1.1.1　材料属性 …… 3

1.1.2　频率与模式形态 …… 3

1.1.3　基本频率 …… 3

1.2　实例分析：音叉 …… 4

1.3　关键步骤 …… 4

1.4　带支撑的频率分析 …… 4

1.4.1　综合结果 …… 5

1.4.2　频率分析的位移结果 …… 7

1.5　不带支撑的频率分析 …… 8

1.5.1　刚体模式 …… 9

1.5.2　基础频率 …… 9

1.5.3　载荷的影响 …… 9

1.6　带有载荷的频率分析 …… 9

1.7　总结 …… 10

练习 1-1　汽车悬架防水壁的频率分析 …… 11

练习 1-2　吹风机风扇的频率分析 …… 12

练习 1-3　涡轮的频率分析 …… 16

第 2 章　装配体的频率分析 …… 18

2.1　实例分析：发动机支架 …… 18

2.2　关键步骤 …… 18

2.3　全部接合接触条件 …… 18

2.3.1　远程质量 …… 19

2.3.2　连接装配体各零件 …… 20

2.4　接合与允许穿透接触条件 …… 22

2.5　总结 …… 24

练习　颗粒分离器的频率分析 …… 24

第 3 章　屈曲分析 …… 26

3.1　屈曲分析基础 …… 26

3.1.1　线性和非线性屈曲分析 …… 26

3.1.2　屈曲安全系数(*BFS*) …… 27

3.1.3　屈曲分析需要注意的事项 …… 27

3.2　实例分析:颗粒分离器 …… 27

3.3　关键步骤 …… 27

3.3.1　结论 …… 29

3.3.2　计算屈曲载荷 …… 29

3.3.3　结果讨论 …… 29

3.3.4　先屈曲还是先屈服 …… 30

3.4　总结 …… 30

练习 3-1　凳子的屈曲分析 …… 30

练习 3-2　柜子的屈曲分析 …… 34

第 4 章　工况 …… 38

4.1　工况概述 …… 38

4.2　实例分析:脚手架 …… 38

4.2.1　项目描述 …… 38

4.2.2　环境载荷 …… 38

4.2.3　恒定载荷 …… 38

4.2.4　可变载荷 …… 39

4.2.5　载荷组合 …… 39

4.2.6　关键步骤 …… 39

4.2.7　初始工况 …… 44

4.3　总结 …… 47

第 5 章　子模型 …… 48

5.1　子模型概述 …… 48

5.2　实例分析:脚手架模型 …… 48

5.2.1　项目描述 …… 49

5.2.2　关键步骤 …… 49

5.3　子实例分析 …… 50

5.3.1　选择子模型组件 …… 51

5.3.2　子模型约束 …… 52

5.4　总结 …… 54

第 6 章　拓扑分析 …… 55

6.1　拓扑分析概述 …… 55

6.2　实例分析:山地车后减震器的联动臂 …… 55
6.3　目标和约束 …… 56
6.4　制造控制 …… 57
6.5　网格的影响 …… 58
6.6　拓扑分析中的工况 …… 59
6.7　总结 …… 62
练习　椅子的拓扑分析 …… 62

第7章　热力分析 …… 64

7.1　热力分析基础 …… 64
7.1.1　热传递的机理 …… 64
7.1.2　热力分析的材料属性 …… 66
7.2　实例分析:芯片组 …… 67
7.3　关键步骤 …… 67
7.4　稳态热力分析 …… 67
7.4.1　接触热阻 …… 68
7.4.2　绝热 …… 70
7.4.3　初始温度 …… 70
7.4.4　热力分析结果 …… 70
7.4.5　热流量 …… 71
7.4.6　热流量结果 …… 72
7.5　瞬态热力分析 …… 73
7.5.1　输入对流效应 …… 74
7.5.2　瞬态数据传感器 …… 75
7.5.3　结果对比 …… 76
7.6　载荷随时间变化的瞬态热力分析 …… 76
7.6.1　时间曲线 …… 77
7.6.2　温度曲线 …… 77
7.7　使用恒温器的瞬态热力分析 …… 78
7.8　总结 …… 79
练习　杯罩的热力分析 …… 80

第8章　带辐射的热力分析 …… 82

8.1　实例分析:聚光灯装配体 …… 82
8.2　关键步骤 …… 82
8.3　稳态分析 …… 83
8.3.1　分析参数回顾 …… 87
8.3.2　热流量奇异性 …… 88
8.4　总结 …… 88

第9章　高级热应力2D简化 …… 89

9.1　热应力分析概述 …… 89
9.2　实例分析:金属膨胀节 …… 89
9.3　关键步骤 …… 90
9.4　热力分析 …… 90
9.4.1　2D简化 …… 90
9.4.2　指定温度条件 …… 94
9.4.3　热力分析中网格划分的注意事项 …… 94
9.5　热应力分析 …… 95
9.5.1　从SOLIDWORKS Flow Simulation中输入温度及压力 …… 96
9.5.2　零应变时的参考温度 …… 96
9.6　3D模型 …… 100
9.7　总结 …… 101
练习9-1　芯片测试装置 …… 102
练习9-2　储气罐的热应力分析 …… 107
练习9-3　热电冷却器的热应力分析 …… 110

第10章　疲劳分析 …… 113

10.1　疲劳的概念 …… 113
10.1.1　疲劳导致的损坏阶段 …… 113
10.1.2　高、低疲劳周期 …… 113
10.2　基于应力-寿命(*S-N*)的疲劳 …… 114
10.3　实例分析:压力容器 …… 115
10.4　关键步骤 …… 115
10.5　热力算例 …… 116
10.6　热应力算例 …… 116
10.7　静态压力算例 …… 117
10.8　疲劳术语 …… 119
10.9　疲劳算例 …… 120
10.9.1　从材料弹性模量派生 …… 122
10.9.2　恒定振幅事件交互 …… 122
10.9.3　交替应力的计算 …… 123
10.9.4　平均应力纠正 …… 123
10.9.5　疲劳强度缩减因子 …… 124
10.9.6　损坏因子图解 …… 124
10.9.7　损坏结果讨论 …… 125
10.10　静载疲劳算例(选做) …… 126
10.10.1　疲劳分析中的静载 …… 126
10.10.2　查找周期峰值 …… 127
10.11　总结 …… 128
练习10-1　篮圈的疲劳分析 …… 129
练习10-2　拖车挂钩的疲劳分析 …… 133

第11章　变幅疲劳分析 …… 134

11.1　实例分析:汽车悬架 …… 134
11.2　关键步骤 …… 135
11.3　疲劳算例 …… 136
11.3.1　变幅疲劳事件 …… 137

11.3.2 雨流计数法 …… 137
11.3.3 变载荷曲线 …… 138
11.3.4 雨流计数箱 …… 140
11.3.5 随机载荷历史的噪声 …… 140
11.3.6 疲劳强度缩减因子 …… 140
11.3.7 雨流矩阵图 …… 143
11.3.8 结果 …… 143
11.4 总结 …… 144

第 12 章 跌落测试分析 …… 145

12.1 跌落测试分析简介 …… 145
12.2 实例分析：照相机 …… 145
12.3 关键步骤 …… 145
12.4 硬地板跌落测试 …… 146
12.4.1 跌落测试参数 …… 146
12.4.2 动态分析 …… 148
12.4.3 设置冲击后的求解时间 …… 149
12.4.4 测试结果 …… 149
12.4.5 线性求解与非线性求解 …… 150
12.5 弹性地板跌落测试 …… 152
12.6 弹塑性材料模型 …… 154
12.6.1 弹塑性材料模型参数 …… 154
12.6.2 弹塑性材料模型对比结果 …… 155
12.6.3 讨论 …… 155
12.7 接触条件下的跌落测试（选做） …… 156
12.8 总结 …… 157
练习 夹子的跌落测试 …… 157

第 13 章 优化分析 …… 160

13.1 优化分析的概念 …… 160
13.2 实例分析：压榨机壳体 …… 160
13.3 关键步骤 …… 161
13.4 静应力分析和频率分析 …… 161
13.5 设计算例 …… 162
13.5.1 优化目标 …… 163
13.5.2 设计变量 …… 164
13.5.3 定义约束 …… 165
13.5.4 约束的公差 …… 166
13.5.5 约束定义的过程 …… 166
13.5.6 后处理优化结果 …… 167
13.5.7 当地趋向图表 …… 170
13.6 总结 …… 170
练习 13-1 悬臂支架的优化分析 …… 170
练习 13-2 散热器的优化分析 …… 172

第 14 章 压力容器分析 …… 174

14.1 实例分析：压力容器 …… 174
14.2 关键步骤 …… 174
14.2.1 应力强度 …… 175
14.2.2 膜片应力和弯曲应力（应力线性分布） …… 175
14.2.3 基本应力强度限制 …… 175
14.3 压力容器分析方法 …… 176
14.3.1 载荷工况的组合 …… 176
14.3.2 总体膜片主应力强度 …… 177
14.4 进孔接头法兰和端盖 …… 178
14.5 总结 …… 181

绪　论

0.1 SOLIDWORKS Simulation 概述

SOLIDWORKS Simulation 是一款基于有限元分析(即 FEA)技术的设计分析软件，是 SRAC 公司开发的工程分析软件产品之一。SRAC 公司是 SOLIDWORKS 公司的子公司，成立于 1982 年，是将有限元分析带入桌面计算的先驱。1995 年，SRAC 公司与 SOLIDWORKS 公司合作开发了 COSMOSWorks 软件，从而进入了工程界主流有限元分析软件的市场，该软件也成为 SOLIDWORKS 公司的金牌产品之一，同时它作为嵌入式分析软件与 SOLIDWORKS 无缝集成，迅速成为顶级销售产品。整合了 SOLIDWORKS CAD 软件的 COSMOSWorks 软件在商业上取得了成功，并于 2001 年获得了 Dassault Systemes(SOLIDWORKS 母公司)的认可。2003 年，SRAC 公司与 SOLIDWORKS 公司合并。COSMOSWorks 推出的 2009 版被重命名为 SOLIDWORKS Simulation。

SOLIDWORKS 是一款基于参数化实体特征的 CAD 系统。和许多最初在 UNIX 环境中开发，后来才向 Windows 系统开放的 CAD 系统不同，SOLIDWORKS 与 SOLIDWORKS Simulation 在一开始就是专为 Windows 操作系统开发的，所以相互整合是完全可行的。

SOLIDWORKS Simulation 有不同的程序包以适应不同用户的需要。除了 SOLIDWORKS SimulationXpress 程序包是 SOLIDWORKS 的集成部分之外，其他所有的 SOLIDWORKS Simulation 程序包都是插件式的。不同程序包的主要功能如下：

- SOLIDWORKS SimulationXpress：能对带有简单载荷和支撑的零件进行静应力分析。
- SOLIDWORKS Simulation：能对零件和装配体进行静应力分析。
- SOLIDWORKS Simulation Professional：能进行零件和装配体的静应力、热传导、屈曲、频率、跌落测试、优化和疲劳分析。
- SOLIDWORKS Simulation Premium：除了具有 SOLIDWORKS Simulation Professional 的所有功能外，还具有非线性功能和动力学分析功能。

本书将通过一系列综合了有限元分析基础的课程来介绍 SOLIDWORKS Simulation Professional。读者在学习这些内容之前必须具备一定的有限元法基础，并了解 SOLIDWORKS Simulation 课程的内容。建议读者按照课程的顺序学习，并注意前面课程提到的解释和步骤在后面章节不会再重复。

在学习后面的章节之前必须熟悉前面章节讨论过的软件功能和有限元知识，后面章节的内容都要使用到前面章节的技巧和经验。

0.2 SOLIDWORKS Simulation Professional 的使用条件

任何 FEA 软件都有其优缺点，SOLIDWORKS Simulation Professional 有如下假设：

- 材料是线性的。
- 小变形。
- 静态载荷。

这些假设是设计环境中 FEA 软件的基本假设，大部分 FEA 项目在这些假设前提下都会成功进行。这些假设的详细讨论请参考《SOLIDWORKS® Simulation 基础教程(2020 版)》。

对于非线性材料、非线性几何体或者动态分析，可以用 SOLIDWORKS Simulation Premium 软件来进行。SOLIDWORKS Simulation Professional 的一些模块也能分析一些动态和非线性问题。

第 1 章　零件的频率分析

学习目标

- 无论有无支撑，都能够进行频率分析
- 理解刚体模式
- 讨论频率分析的支撑作用
- 在有预应力的条件下进行频率分析
- 使用设计情形来指导设计算例的灵敏度（选做）

1.1　模式分析基础

物体的每种结构都有它固有的振动频率，称为共振频率。这样的频率都和特定形式的振动联系在一起。

当某一结构的共振频率被激活时，将表现出一种振动的形态，称为振动模态。

在结构静力分析中，节点位移是主要的未知量。$[\boldsymbol{K}]\boldsymbol{d}=\boldsymbol{F}$ 中，$[\boldsymbol{K}]$为刚度矩阵，$\boldsymbol{d}$ 为节点位移的未知量，而 $\boldsymbol{F}$ 为节点载荷的已知量。

在动力学分析中，增加阻尼矩阵$[\boldsymbol{C}]$和质量矩阵$[\boldsymbol{M}]$，则有

$$[\boldsymbol{M}]\boldsymbol{d}''+[\boldsymbol{C}]\boldsymbol{d}'+[\boldsymbol{K}]\boldsymbol{d}=\boldsymbol{F}(t)$$

上式为典型的有阻尼的交迫振动方程。当缺少阻尼及外力时，该方程简化为$[\boldsymbol{M}]\boldsymbol{d}''+[\boldsymbol{K}]\boldsymbol{d}=0$（自由振动方程）。

注意，在有运动的情况下，该方程与惯性以及任意时刻的弹力都是相关的。在没有运动的情况下（例如没有导致运动的初始扰动），该方程仍然表达了结构质量属性及其刚度之间的重要关系。在进行一系列推导之后（推导方法可参考有关振动的入门教程），结构属性可归类为：

1）固有频率：结构趋向于振荡的频率（在受到激励的情况下）。通常这些值与共振频率对应。

2）固有（自然）振动模式：特定的固有频率对应唯一的振动模式。

⚠ 注意　现实中的结构都有无数的固有频率及相应的振动模式。振动模式的最大数量受制于自由度的数量。

实际上，在共振中，弹性刚度减去惯性刚度的结果是结构刚度。在共振中，控制振幅加大的唯一因素就是阻尼。如果阻尼值比较小（事实上,在大多情况下阻尼值都比较小），则振幅加大会带来灾难性的后果。

提示　建议在完成本章和第 2 章频率分析的课程之后，重复使用一些以前的模型进行频率分析。

例如，图 1-1 所示为带孔无支撑平板模型振动时的自然模式（形态），已在《SOLIDWORKS® Simulation 基础教程（2020 版）》的第 1 章中进行了讲解。每个模式对应着一个特定的固有频率。

当了解一个对称模型的频率分析时，要注意该振动模式是否对称。这也解释了对称的边界条

件为什么不能应用到模式分析中。从中可以观察到，振动的模式阶数越高，振动的形式越复杂。

注意，对零件和装配体都能够进行频率分析。如果对装配体进行分析，则要求所有的零件都是接合在一起的，不允许出现不接触或有缝隙的情况。如果装配体的零件有干涉，例如需要做收缩匹配分析，就必须在执行频率分析之前去除干涉部分。这部分内容将在“第 2 章　装配体的频率分析”中进一步说明。图 1-2 所示为车轮变形前后的形状对比。

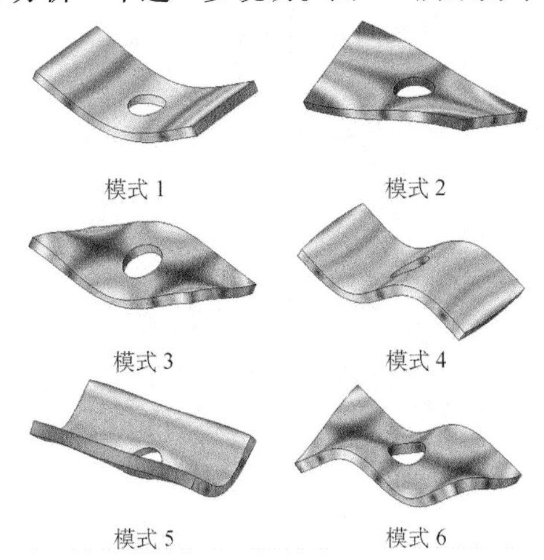

图 1-1　带孔无支撑平板的几种模式

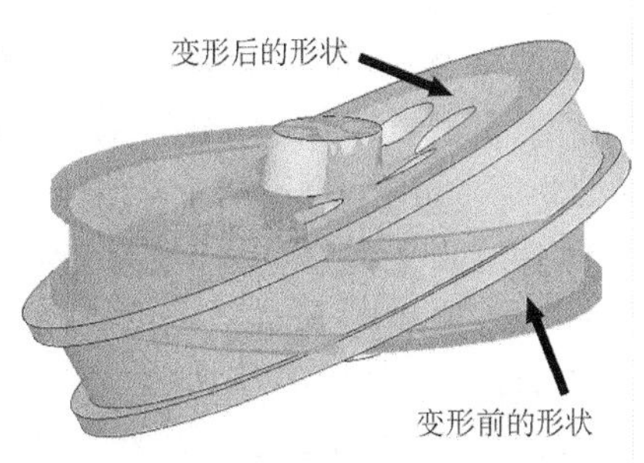

图 1-2　车轮变形前后的形状对比

1.1.1　材料属性

频率分析需要以下材料属性：

1）弹性模量(也称为杨氏模量)。

2）泊松比。

3）密度。

注意　为了模拟惯性刚度，频率分析中模型特定的材料属性必须包括材料的密度(并非指重力)。

1.1.2　频率与模式形态

现实中几乎每种结构体都有无数的固有频率及相应的振动模式，然而在动态载荷结构的反应中，只有最基础的几个模式是重要的。在这少数的几个低阶频率对应的模式中，其振幅一般较大，而高阶频率所对应的模式中，振幅都较小。

频率分析就是计算这些共振频率及它们对应的振动模式。计算共振频率及其对应的振动模式就是频率分析的所有内容，这也说明了频率分析的重要性。

1.1.3　基本频率

基本频率即最低的共振频率。自然频率的值与结构体在特定模式下所需的能量级别成正比例关系。因此，基本频率下结构体振动所需的能量相比其他更高的自然频率而言是最小的。

注意　频率分析并不计算位移和应力，在本章的后面还会强调这一点。

大多数情况下，产品设计都需要规避共振。在已知产品将面临什么样的激励频率后，人们总是以保证产品的固有频率不与激励频率相吻合来设计产品。

为了使结构的固有频率在危险范围以外，可以改变产品的几何结构、材料、避振特性或在适当的地方添加质量单元。这些因素的影响可以通过模式分析来验证。

机械体系一般要避免机械共振的发生，然而共振并不总是一件“坏”事。事实上，有许多装置专门设计为在共振模式下工作。一些较为常见的例子是音乐器材、夯土机、汽锤等。

本章将分析音叉，它是基于共振频率设计出的设备中的一个典型代表。

1.2 实例分析：音叉

在本例中，将检测音叉的固有频率及对应的模式形态，并通过此模型介绍刚体模式的概念，显示它们对应的频率。

首先，将该模型的末端进行固定，以模拟音叉手柄被人握住的效果。然后，在没有边界条件的情况下求解该模型，并对比其结果会受到怎样的影响。最后，学会对频率分析的结果进行合理的解释。

此外，当模型被施加载荷时，模型的刚度也会发生改变(又称为应力硬化或软化)。附加的刚度被视作应力刚度，会提高或降低模型整体的弹性刚度。为了便于理解，对音叉末端施加一个载荷，并观察其效果。

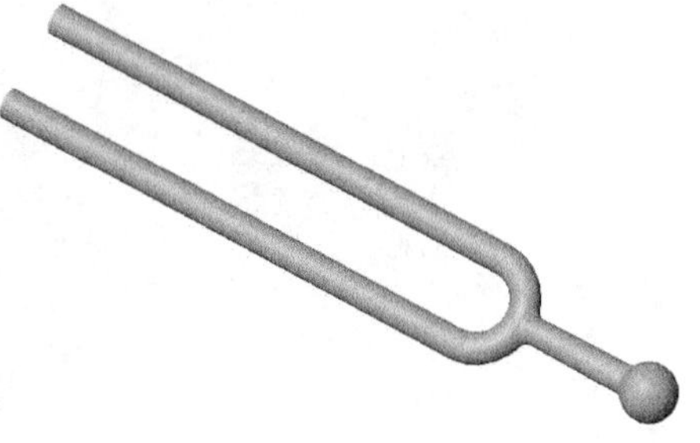

图 1-3 音叉模型

项目描述：

如图 1-3 所示的音叉模型，其被设计为在 440Hz 的频率下能够释放出一个较低的 A 音。首先，运行一次频率分析来验证该音叉会在正确的频率下发生振动。然后，在音叉末端加载 450N 的载荷，以判断它对共振频率的影响。

1.3 关键步骤

下面列出对该零件进行分析的几个关键步骤：

1）添加约束。在音叉末端添加固定几何体的约束，以模拟该手柄被人握住的效果。

2）对模型划分网格。

3）运行分析。

4）对结果进行后处理。对初始分析的结果进行后处理，以研究各个数值的含义。

5）移除固定几何体。移除约束以获得更多的振型。

6）观察添加载荷后的影响。在音叉上作用一个载荷，并观察添加预应力后对振动模式有何影响。

1.4 带支撑的频率分析

首先来进行一个频率分析，验证模型的基础频率在【固定几何体】的边界条件下是否为 440Hz (较低的 A 音)。

操作步骤

扫码看视频

步骤 1 打开零件

打开名为“tuning fork”的零件，仔细观察该几何体。

步骤 2 创建频率算例

创建一个名为“with supports”的算例，选择【频率】作为【分析类型】。

步骤 3　设置算例属性

右键单击“with supports”，选择【属性】。在【选项】中输入“4”作为【频率数】，计算最初的 4 个基本频率。一般默认的频率数为 5。

解算器的选择并不重要。这里选用【自动】解算器，如图 1-4 所示。

步骤 4　检查材料属性

“Chrome Stainless Steel”的材料属性将自动从 SOLIDWORKS 的模型中导入。

步骤 5　定义约束

对音叉手柄末端的球面添加【固定几何体】的约束，如图 1-5 所示。

图 1-4　设置算例属性

图 1-5　定义固定面

步骤 6　划分网格

使用高品质单元划分模型网格，保持默认的 1.475mm 的【单元大小】。

一般情况下，与相同模型的应力分析相比，频率分析可以采用更粗糙的网格。然而，由于该模型尺寸很小，所以本例选用默认的单元大小划分网格。

步骤 7　运行分析

1.4.1　综合结果

解算完毕后，SOLIDWORKS Simulation 生成了 4 个变形图解，对应于 4 个要求的频率。频率分析不提供应力和应变的结果。

注意

频率分析并不解算真实的基于时间的问题。

步骤 8　列出共振频率

右键单击【结果】文件夹，选择【列出共振频率】，如图 1-6 所示，查看【变形】文件夹下的综合结果。

在打开的【列举模式】窗口中，显示了“with supports”算例中计算出来的所有 4 个模式的频率。注意第 1 阶振动模式对应的频率不是预期的 440Hz，如图 1-7 所示。

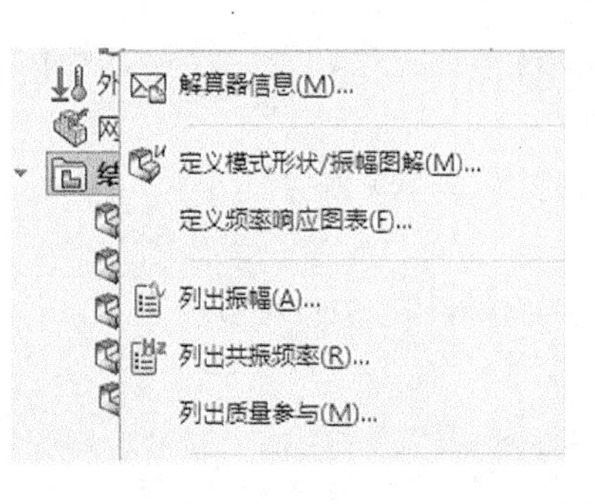

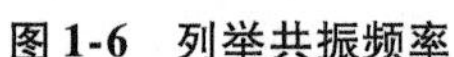

图 1-6　列举共振频率

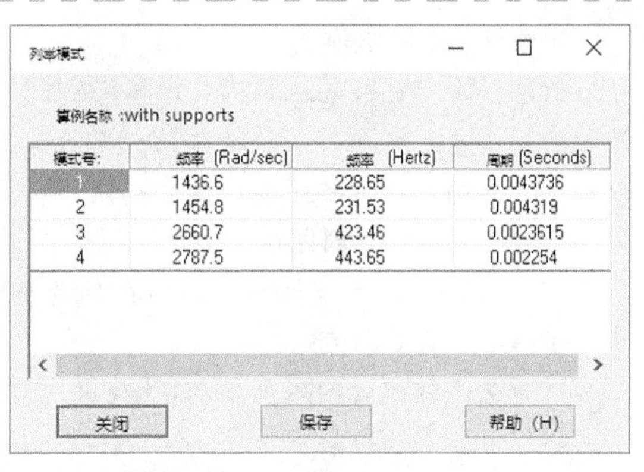

列举模式

算例名称 :with supports

模式号	频率 (Rad/sec)	频率 (Hertz)	周期 (Seconds)
1	1436.6	228.65	0.0043736
2	1454.8	231.53	0.004319
3	2660.7	423.46	0.0023615
4	2787.5	443.65	0.002254

关闭　保存　帮助 (H)

图 1-7　【列举模式】窗口

> 提示：SOLIDWORKS Simulation 在【结果】文件夹下生成了 4 个变形图解。自动生成默认图解的方法可参考《SOLIDWORKS® Simulation 基础教程(2020 版)》的第 1 章。

步骤 9　图解显示第 1 阶振动模式

得到自然频率后，图解显示对应的模式。右键单击【结果】文件夹并选择【定义模式形状/振幅图解】。【单位】设定为“mm”。【图解步长】中选择第 1 阶振动模式形状。对应的自然频率大小也会显示在上面。单击【确定】✓，如图1-8所示。

步骤 10　在图解中显示变形的模型

在【设定】选项卡中，激活选项【将模型叠加于变形形状上】，图解如图 1-9 所示。

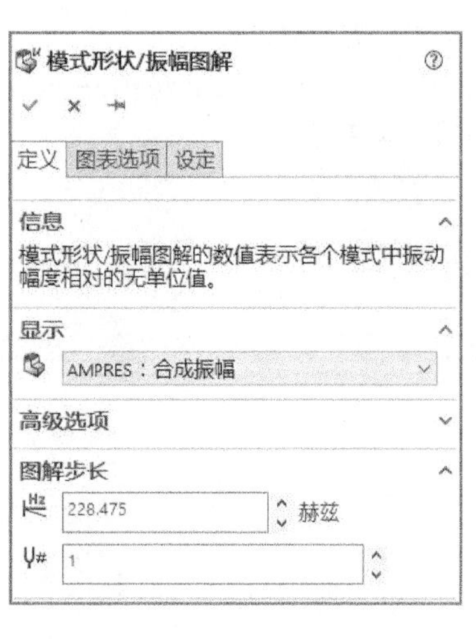

图 1-8　定义模式形状

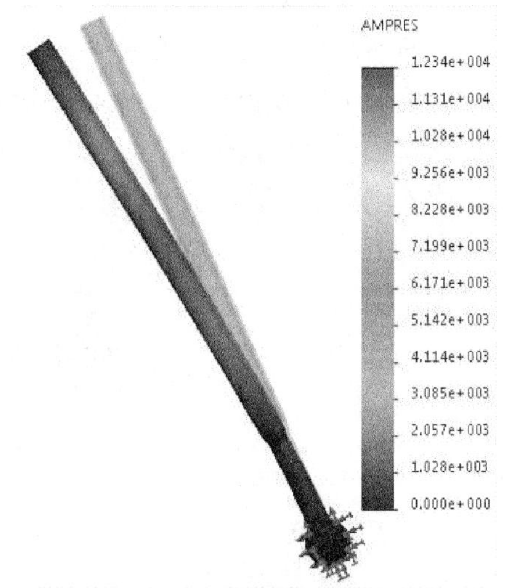

图 1-9　音叉变形前后的位置对比

从图解动画中可观察到，在第 1 阶的固有频率中，音叉的两个臂都沿着 *XZ* 基准面定向振动(两个臂的方向保持一致)。这并不是预期想得到的较低 A 音的振动。因此，需要研究较高的模式。

1.4.2　频率分析的位移结果

图 1-9 所示的最大位移大约为 1.234×10^4mm，相比而言，音叉的长度仅为 102mm（注意图解的变形比例为 1∶0.000 87）。

位移结果的大小在频率分析中是没有意义的。位移结果只能用于在相同的振动模式中比较模型不同部位的相对位移。要想得到有意义的位移结果需要进行动态分析，因为存在与模型振动时间相关的初始激励力。

如前所述，频率分析只计算固有（共振）频率及对应的振动模式（形状）。在没有促使发生有效运动的初始条件下，可以通过分析自由振动（例如没有阻尼）的运动方程来获取这些重要的结构属性。

步骤 11　查看其他模式形状

显示所有计算所得的自然频率对应的模式形状图解。可以使用自动生成的对应 4 个自然频率的变形图解，将没有变形的外形附加到变形图解上。

当一个图解被显示时，右键单击该图解，并选择【动画】，观察 4 个模式的模拟结果，如图 1-10 所示。模拟的结果可以保存为 avi 格式。

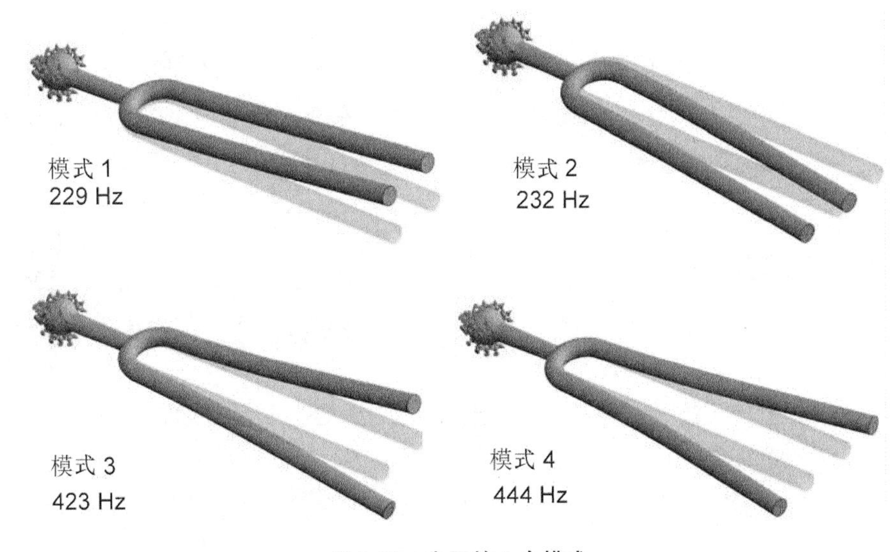

图 1-10　音叉的 4 个模式

通常认为对应着第 1 阶振动模式的 440Hz 的较低 A 音，实际上对应着第 4 阶振动模式。

提示：如果想显示不带位移轮廓的变形图解，用户必须编辑图解并取消选择【显示颜色】选项。

步骤 12　生成频率分析图

右键单击【结果】文件夹并选择【定义频率响应图表】。在【频率分析图表】对话框（见图 1-11）中选择【模式数】选项。【摘要】属性框中将用列表的形式列出所有的模式号及其对应的频率。由于代表的是刚体模式，非零的模式结果并没有列出。单击【确定】✓，生成频率分析图，如图 1-12 所示。

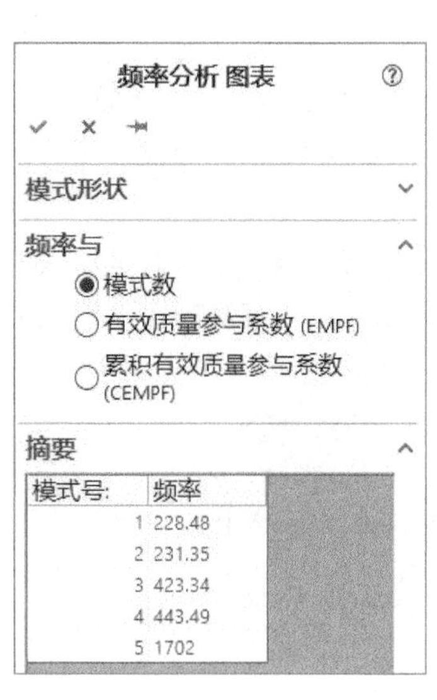

图 1-11 【频率分析图表】对话框

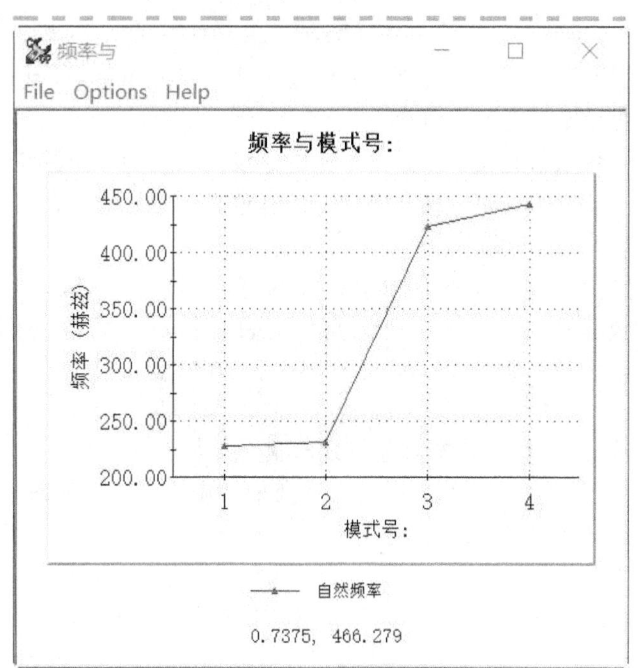

图 1-12 频率分析图

> ⚠ 注意　有效质量分数（EMPF）和累积有效质量分数（CEMPF）在动力学分析计算中是很重要的。

1.5 不带支撑的频率分析

扫码看视频

观察此次分析的前 3 个模式可以推出，如果音叉不带支撑，这些模式形态将不会发生。

进一步讲，人的手是无法建立起一个完全刚性的支撑的。下面再运行一次频率分析，这一次不带支撑。

操作步骤

步骤 1　创建一个新的频率算例

复制“with supports”算例，新的算例重命名为“without supports”。

步骤 2　删除或压缩算例中的约束

右键单击约束并选择【压缩】。

步骤 3　设置分析属性

右键单击“without supports”，选择【属性】，将【频率数】增加到 10。

步骤 4　运行分析

步骤 5　列出共振频率

右键单击【结果】文件夹，选择【列出共振频率】，打开如图 1-13 所示的【列举模式】对话框。

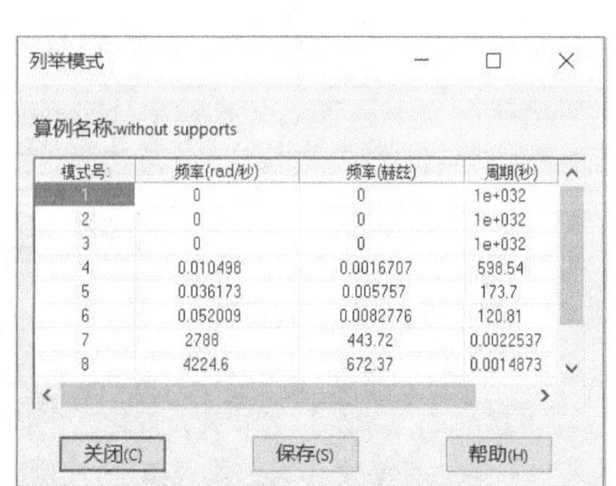

列举模式

算例名称:without supports

模式号	频率(rad/秒)	频率(赫兹)	周期(秒)
1	0	0	1e+032
2	0	0	1e+032
3	0	0	1e+032
4	0.010498	0.0016707	598.54
5	0.036173	0.005757	173.7
6	0.052009	0.0082776	120.81
7	2788	443.72	0.0022537
8	4224.6	672.37	0.0014873

关闭(C)　保存(S)　帮助(H)

图 1-13 【列举模式】对话框

步骤 6　查看模式形态

从图解及其动画可以看出，最初的 6 阶模式形态对应着 6 个自由度的刚体模式(3 个平移自由度和 3 个旋转自由度)。

注意，对刚体模式的频率分析来说，必须使用 FFEPlus 解算器。Direct Sparse 求解器并不适用于刚体模式的频率分析。

1.5.1　刚体模式

观察“without supports”算例中的【列举模式】对话框，可以发现最初的 6 个模式对应的频率都为 0Hz 或非常接近 0Hz。

最初的 6 个振动模式对应着刚体模式。因为音叉没有支撑，作为刚体，它有 6 个自由度（3 个平移自由度和 3 个旋转自由度）。

1.5.2　基础频率

最初的振动弹性模式，即音叉产生弹性变形的第 1 阶振动模式，其实对应的是模式 7。模式 7 的频率是 443. 72Hz，非常接近期望的音叉的基本振动模式。

1.5.3　载荷的影响

为何在带支撑的情况下，频率分析出的第 1 阶振动模式对应的频率并不与 440Hz 的运行频率相吻合?

如果仔细分析带支撑音叉的前 3 阶振动模式，可以发现前 3 阶振动模式都需要支撑。没有支撑，音叉根本不会在这 3 个模式中振动。

因为在第一个算例中，人的手指并不能产生一个固定支撑，所以前 3 个振动模式不可能发生。如果这 3 个振动模式都发生，频率也会因为人手的自由支撑而迅速减弱。

从效果来看，无论音叉有无支撑，它的振动设计都满足 440Hz 的频率要求。在带支撑的分析中对应模式 4，在不带支撑的分析中对应模式 7，这两个模式是一样的。

1.6　带有载荷的频率分析

下面考虑应力刚度情况，再做一次频率分析。这类分析通常被称为带有预载或带有预应力的频率分析。

压力和拉力会改变结构抗弯的能力。拉力会增大抗弯刚度，这种现象称为应力硬化。压力则会降低抗弯刚度，这种现象称为应力软化。

应力软化和硬化在静应力分析和频率分析中都很重要，因为它们会影响结构体的最终刚度，进而改变对载荷的响应及振动属性。

在静应力分析中，计算载荷对刚度影响的正确方法是采用非线性分析。

当运行一个预加载荷的频率分析时，模型必须以某种形式支撑在载荷作用的方向上。打开软弹簧选项并不够。在没有支撑的条件下，将产生奇异刚度矩阵，从而导致模型无法求解。

操作步骤

步骤 1　建立一个新的频率算例

复制“with supports”算例，新的算例重命名为“prestressed”。

扫码看视频

步骤 2　施加载荷

在音叉末端的两个平面上施加 450N(101.16lbf[⊖])的压力，如图 1-14 所示。载荷的数值是任意给定的，主要目的是观察频率分析中预应力的影响结果。

步骤 3　运行分析

步骤 4　列出共振频率

右键单击【结果】文件夹，选择【列出共振频率】。观察【列举模式】对话框，可看出每个频率的数值比算例“with supports”中的数值要低很多，如图 1-15 所示。

步骤 5　查看模式形态

通过图解及动画查看它们各自的模式形态，可以看出，尽管自然频率变化显著，其对应的模式形态却基本保持不变。

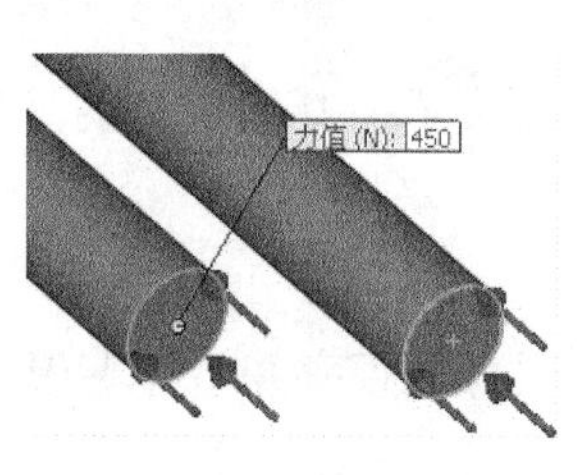

图 1-14　对所选面施加作用力

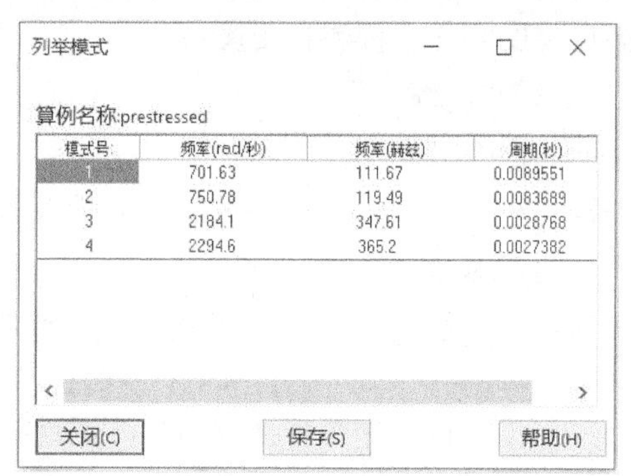
列举模式

算例名称:prestressed

模式号	频率(rad/秒)	频率(赫兹)	周期(秒)
1	701.63	111.67	0.0089551
2	750.78	119.49	0.0083689
3	2184.1	347.61	0.0028768
4	2294.6	365.2	0.0027382

关闭(C)　保存(S)　帮助(H)

图 1-15　【列举模式】对话框

通过施加载荷而导致的刚度改变仅会改变自然频率的大小。模式形态与真实的几何体相关，不会随着施加的预应力而发生变化。

压力可以降低自然频率的大小。例如，在分析压缩圆柱体的基本频率时发现，随着载荷的加大，基本频率在减小。

注意　对应频率为 0Hz 的载荷相当于弯扭载荷。

拉应力则会产生相反的影响。例如，弹拨吉他的弦，可以提高拉力并产生一个较高的频率，从而得到相应的一个高音。

1.7　总结

本章通过音叉的例子介绍了如何使用 SOLIDWORKS Simulation 计算基本频率和结构的模态。

无论有无支撑体，频率分析都可以用于分析结构变形的刚体模式，以弥补弹性变形中缺乏的经验。

这里需要强调的一点是，虽然频率分析提供了结构振动属性中非常重要的信息，但是它并不计算振幅或应力。

由于压力作用会导致音叉的自然频率下降，这里演示了应力软化的影响效果。如果有载荷，则应力软化或硬化效果也自动被考虑在内。这些影响对于旋转机械(如汽轮机、摩托车转子和风机的涡轮)的频率分析而言是非常普遍的，然而要想正确地进行一次频率分析，任何产生预应力的载荷都必须考虑在内。

⊖ lbf 为磅力，1lbf = 4.448 222N。——编者注

练一练

1. 自然频率(是/不是)结构属性，因此，它们的大小及模态(是/不是)主要取决于结构的刚度及质量。

2. 如果受到初始冲击的激励，一个零件通常(会/不会)以第一(基础)频率的模式发生振动，而不在乎冲击载荷的类型及方向。为什么?

3. 外部作用的载荷(会/不会)影响自然频率。为什么?

4. 外部作用的压力载荷(会/不会)使自然频率的数值降低。为什么?

5. 频率分析时(需要/不需要)应用夹具来进行计算。

6. 因为频率分析并不需要应用夹具来进行计算，用户在创建频率算例时(可以/不可以)跳过这一步。

7. 频率模式中位移图解显示的数值(是/不是)结构的真实位移，因为在结构上(存在/不存在)外部的振动载荷。

练习 1-1　汽车悬架防水壁的频率分析

本练习的主要任务是对汽车悬架系统中的一个前防水壁进行频率分析。

本练习将应用以下技术：

- 带支撑的频率分析。
- 不带支撑的频率分析。
- 频率分析结果处理。

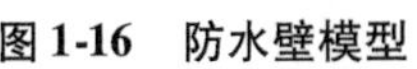

图 1-16　防水壁模型

项目描述：

对汽车悬架系统中的一个前防水壁进行频率分析。如图 1-16 所示的防水壁是土路赛车前悬架系统的一部分。它的材料是“Cast Alloy Steel”。

对防水壁进行一次频率分析得到它的共振频率，以在以后的车辆设计中避免产生共振。

操作步骤

扫码看视频

步骤 1　打开零件

打开名为“Car _ Suspension _ Bulkhead”的零件。

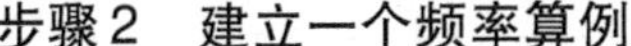

步骤 2　建立一个频率算例

建立名为“without supports”的算例，选择【频率】作为【分析类型】。

步骤 3　应用材料属性

在 SOLIDWORKS Simulation 分析树中，右键单击零件并选择【应用/编辑材料】。

从 SOLIDWORKS 材料库中选择材料“普通碳钢”。

步骤 4　划分网格

使用默认参数对零件划分高品质网格，使用【基于曲率的网格】。

步骤 5　设置算例属性，计算 10 个频率

步骤 6　运行分析

步骤 7　列出共振频率

最初的 6 个振动模式对应刚体的模式。

由于汽车悬架防水壁没有约束，所以其作为一个刚体具有 3 个平移自由度和 3 个旋转自由度。

检测到相应的刚体模式的频率数值很小，有的为 0Hz，如图 1-17 所示。

步骤 8　创建一个新的频率分析

复制已有的频率算例，将新的频率算例命名为“with supports”。

步骤 9　对 4 个圆柱面添加固定铰链的约束（见图 1-18）

列举模式

算例名称:with supports

模式号	频率(rad/秒)	频率(赫兹)	周期(秒)
1	0	0	1e+032
2	0	0	1e+032
3	0.01941	0.0030892	323.7
4	0.023339	0.0037146	269.21
5	0.02617	0.0041651	240.09
6	0.064947	0.010337	96.744
7	24464	3893.6	0.00025683
8	37564	5978.5	0.00016727

关闭(C)　保存(S)　帮助(H)

图 1-17　列举模式 1

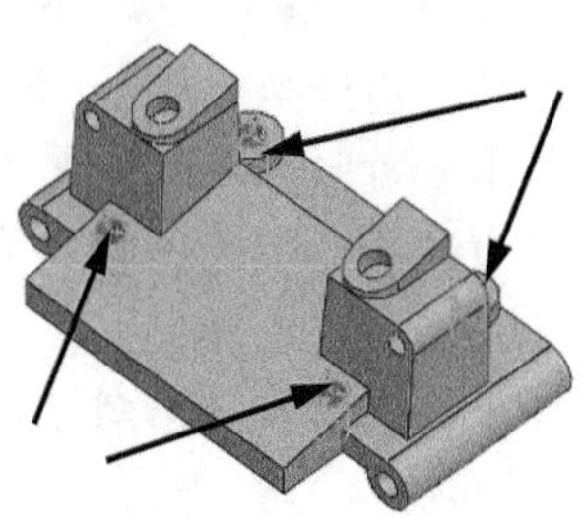

图 1-18　添加约束

步骤 10　运行分析

步骤 11　列出共振频率（见图 1-19）

步骤 12　画出频率分析图（见图 1-20）

随着模式阶次的增加，模式频率值也逐渐增加。

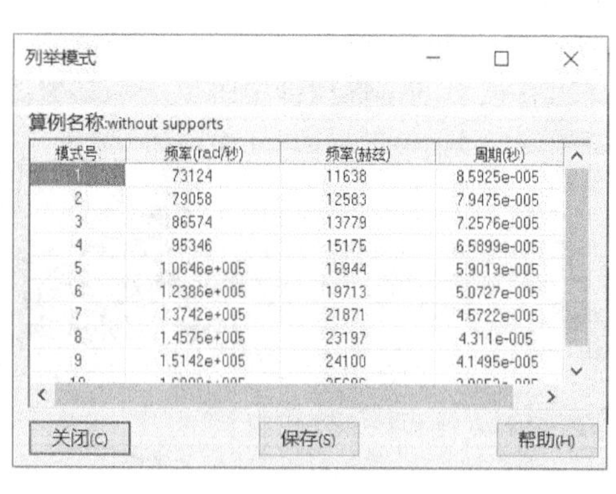

列举模式

算例名称:without supports

模式号	频率(rad/秒)	频率(赫兹)	周期(秒)
1	73124	11638	8.5925e-005
2	79058	12583	7.9475e-005
3	86574	13779	7.2576e-005
4	95346	15175	6.5899e-005
5	1.0646e+005	16944	5.9019e-005
6	1.2386e+005	19713	5.0727e-005
7	1.3742e+005	21871	4.5722e-005
8	1.4575e+005	23197	4.311e-005
9	1.5142e+005	24100	4.1495e-005
10	[illegible]	[illegible]	[illegible]

关闭(C)　保存(S)　帮助(H)

图 1-19　列举模式 2

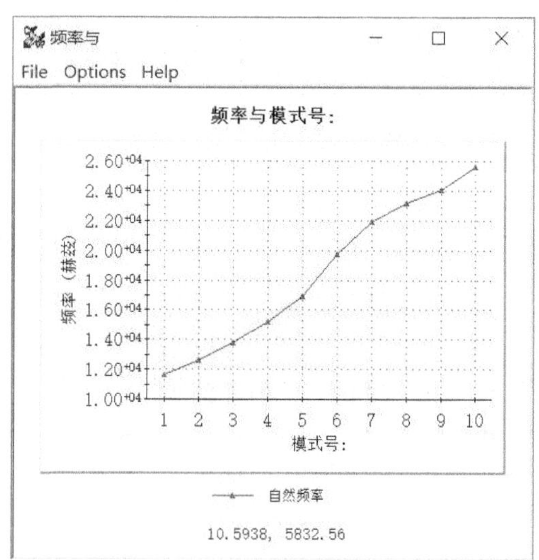

图 1-20　频率分析图

练习 1-2　吹风机风扇的频率分析

本练习的主要任务是按考虑及不考虑离心力两种情况，分别对吹风机风扇进行一次频率分析。

本练习将应用以下技术：

- 带载荷的频率分析。
- 频率分析结果处理。

• 设计情形。

项目描述：

对吹风机风扇（见图 1-21）进行一次频率分析。该风扇设计转速可以允许一定范围的差别。为简化计算，采用一根叶片作为几何体特征。对固定叶片和旋转叶片各做一次分析，研究由于旋转叶片离心力的作用而增加的刚性所产生的影响效果。

图 1-21　风扇模型

1. 第一部分：不加载荷的频率分析　对固定的叶片进行一次频率分析。

操作步骤

步骤 1　打开零件文件

打开名为“fan”的 SOLIDWORKS 零件。配置“full”对应的是整个模型，而配置“section”只代表单个叶片。为了简化分析，使用配置“section”对应的模型，如图 1-22 所示。

扫码看视频

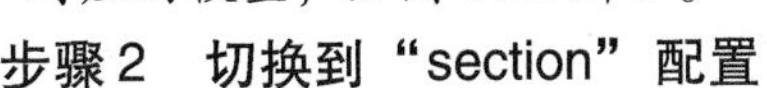

步骤 2　切换到“section”配置

步骤 3　创建一个名为“section”的算例

SOLIDWORKS 中定义的材料属性“1060 Aluminum Alloy”将自动传递到 SOLIDWORKS Simulation 中。

步骤 4　添加【固定几何体】的约束（见图 1-23）

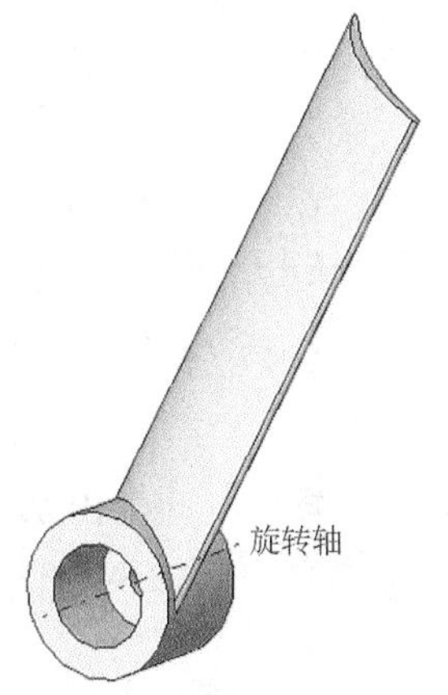

图 1-22　单个叶片模型

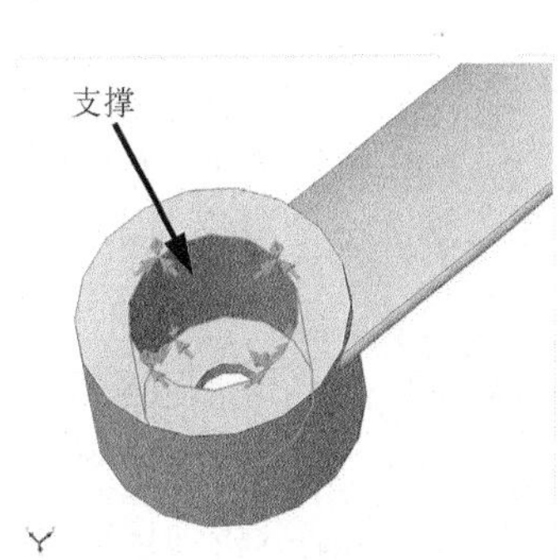

图 1-23　添加约束

步骤 5　指定需要的 5 阶振动模式

步骤 6　划分网格

使用默认参数对零件划分高品质网格，使用【基于曲率的网格】。

步骤 7　运行分析

步骤 8　列出共振频率

查看 5 个计算出来的振动模式的频率，如图 1-24 所示。

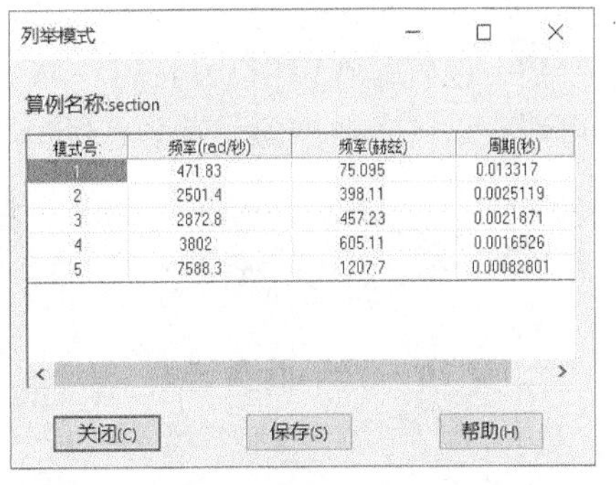

列举模式

算例名称:section

模式号	频率(rad/秒)	频率(赫兹)	周期(秒)
1	471.83	75.095	0.013317
2	2501.4	398.11	0.0025119
3	2872.8	457.23	0.0021871
4	3802	605.11	0.0016526
5	7588.3	1207.7	0.00082801

关闭(C)　保存(S)　帮助(H)

图 1-24　列举模式（没有预应力）

步骤 9　动画显示模式

2. 第二部分：加载荷的频率分析 现在考虑外加载荷来进行频率分析，该载荷来自叶片绕轴旋转所产生的离心力。

步骤 10 创建一个新算例

复制“section”算例，将新算例命名为“section preload”。

步骤 11 施加离心力

施加一个【离心力】载荷。指定【角速度】为 3 000r/min[⊖]，【所选参考】为“面〈2〉”，如图 1-25 所示。

步骤 12 运行分析

> 提示 当频率分析中包含载荷效果时，不能使用 FFEPlus 解算器。

步骤 13 列出固有频率

预应力对第 1 阶频率(也称为基本频率)具有非常大的影响。它从 75.095Hz 提升到了 95.58Hz。与此同时，其他 4 阶频率也都升高了，如图 1-26 所示。

图 1-25 定义离心力

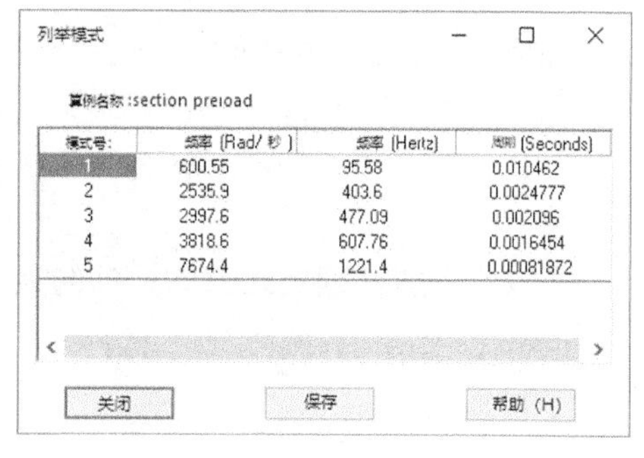
列举模式

算例名称 :section preload

模式号:	频率 (Rad/秒)	频率 (Hertz)	周期 (Seconds)
1	600.55	95.58	0.010462
2	2535.9	403.6	0.0024777
3	2997.6	477.09	0.002096
4	3818.6	607.76	0.0016454
5	7674.4	1221.4	0.00081872

关闭 保存 帮助 (H)

图 1-26 列举模式(有预应力)

结果表明，当分析中考虑离心力引起的拉伸应力时，风扇叶片的基本频率会有显著的不同。

3. 设计情形(选做) 如果能研究叶片的基本频率在不同转速下的效果，并画出基本频率随转速变化的曲线图，将是非常有意义的一件事。要做到这一点，只需要在不同的离心载荷下做简单的重复工作，并归纳分析结果。

为了避免手工完成这种重复的分析工作，可以借助 SOLIDWORKS Simulation 中的一项自动化功能——设计情形。在运行设计情形之前，需要定义要在模型中改变的参数。在本练习中只使用一个参数，也就是在【离心力】窗口中定义的角速度。

可以尝试将角速度值设置为 6 000r/min、9 000r/min、12 000r/min 及 15 000r/min。

> 提示 关于如何定义运行一个设计情形，请参考《SOLIDWORKS® Simulation 基础教程(2020 版)》。

步骤 14 显示摘要结果

该设计的研究结果列出了所有 5 种情形下的 5 种模式的频率，如图 1-27 所示。

⊖ r/min 为转速单位，软件中对应为非法定计量单位 rpm，请读者使用时注意。——编者注

		当前	初始	情形 1	情形 2	情形 3	情形 4	情形 5
centrifugal_load		3000 rpm	3000 rpm	3000 rpm	6000 rpm	9000 rpm	12000 rpm	15000 rpm
Frequency1	Monitor Only	95.60183 Hz	95.60183 Hz	95.60183 Hz	139.54419 Hz	190.43124 Hz	243.42424 Hz	297.17682 Hz
Frequency2	Monitor Only	403.71318 Hz	403.71318 Hz	403.71318 Hz	420.24855 Hz	446.24532 Hz	480.03571 Hz	519.93989 Hz

图 1-27　设计情形的结果概要

步骤 15　创建设计情形图表

可以通过选择图表窗口工具栏中的【Options】来控制图表的形状，也可以使用其他的选项来调节图表，如图 1-28 所示。

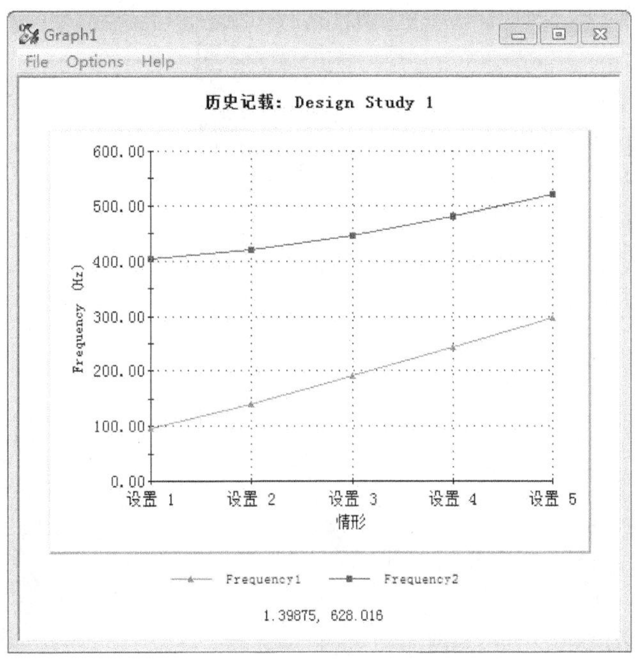

图 1-28　设计情形图表

提示　其他参数也可以运行设计情形。建议用户使用设计情形的特征来研究单元大小对基本频率的影响，或进行频率的收敛分析等。

注意　基本频率的大小会随着网格的细化而降低，这是因为在使用更细的网格时，模型会变得更“软”。因此，基本频率会根据上面讲的要素达到收敛。虽然这些影响都非常小，或者基本上没有实用性，但是作为一个学习的工具还是很有用的。

4. 总结　在本练习中，获取了冷却风扇叶片的自然频率。在第一部分，假设风扇是静止的。在第二部分，当风扇开始转动时，离心力会引起应力硬化，进而导致叶片自然频率的升高。在最后一部分，利用设计情形特征，建立自然频率与风扇转速之间的变化关系。

当风扇转速为 3 000r/min(50Hz)时，叶片的第 1 阶自然频率接近 96Hz。这说明因某些不太可能的缺陷或失衡引发的共振是在接近 2 倍风扇转速的情况下发生的。因为风扇高转速时的叶片自然频率高于较低转速时的叶片自然频率，所以有可能出现共振。这个频率区间值得更多的关注。

练习 1-3　涡轮的频率分析

图 1-29　涡轮模型

本练习的主要任务是对一个带有由离心力引起预应力的涡轮进行频率分析。

本练习将应用以下技术：

- 带载荷的频率分析。
- 频率分析结果处理。

项目描述：

图 1-29 所示的涡轮以 20 000r/min 的转速绕轴旋转。对零件 “impeller 01” 进行频率分析，并计算在自然频率下应力硬化的影响。

操作步骤

扫码看视频

步骤 1　打开零件

打开名为 “impeller 01” 的零件。

步骤 2　创建一个频率算例

创建一个名为 “vibration” 的算例，选择【分析类型】为【频率】。

图 1-30　指定壳的厚度

步骤 3　指定壳的厚度

对所有叶片指定为 1mm 抽壳厚度的【薄】壳，如图 1-30 所示。

步骤 4　定义材料属性

对实体和所有壳体指定材料为 “合金钢”。

步骤 5　添加约束

为了模拟轴的支撑，在底部孔的圆柱面上添加【固定几何体】约束，如图 1-31 所示。

图 1-31　对所选面添加约束

步骤 6　施加 20 000r/min 的离心力载荷

选择 “Axis1” 作为参考轴。

步骤 7　定义壳体与实体之间的接触条件

通过定义局部接触条件来接合壳体和实体网格，如图 1-32 所示。

步骤 8　划分网格

设定【最大单元大小】为 10.5mm，生成高品质的网格，使用【标准网格】，结果如图 1-33 所示。

图 1-32　定义壳体和实体间的接触

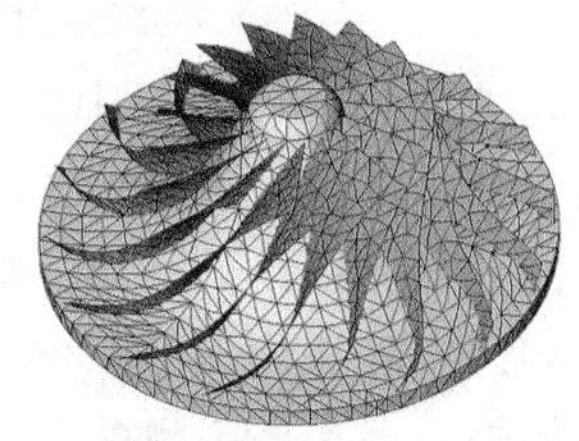

图 1-33　网格划分后的结果

步骤 9　设置算例属性

将【频率数】设为 5。

步骤 10　运行分析

提示　因为分析中有载荷存在，计算时会自动考虑其对频率结果的影响。

步骤 11　查看结果

注意到第 1 阶振动模式只有叶片变形，并且相应的频率与其他 3 阶的频率很接近，如图 1-34 所示。

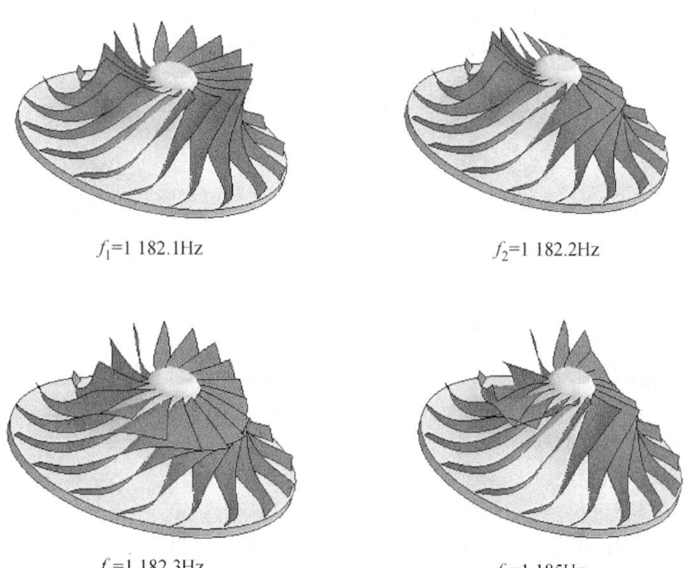

图 1-34　4 种模式的结果

总结：

在本练习中，获取了涡轮以 20 000r/min 的转速旋转时的自然频率。前 4 阶自然模式对应的频率接近 1 182Hz，引起各种配置下叶片的振动。涡轮的转速为 20 000r/min(333. 33Hz)，频率非常低，共振不太可能发生。本次仿真过程中，忽略了叶片附近众多流体振动的影响。考虑到流体的类型及应用，可能有必要考虑流固耦合计算。

第 2 章　装配体的频率分析

学习目标

- 理解装配体固有频率的概念
- 选择恰当的接触实体，以便使实际的接触和计算中采用的接触方式更加接近

2.1　实例分析：发动机支架

本练习的主要任务是研究装配体的固有频率以及对应的模式形态，以更好地理解在装配体中进行频率分析的方法。装配体中可能存在各种接触条件，在频率分析中找到一个合理的方法来体现这些接触。

项目描述：

如图 2-1 所示，发动机支架支撑着一个较重的发动机。对该支架进行分析，以判断发动机在额定转速范围内是否会发生共振。

由图 2-1 可知，支架的 4 个支点与 1 个二级刚性结构相连。由于分析考虑的焦点并不是发动机本身，因此可以用远程质量替代。

为了简化模拟过程，假设与发动机直接接触的连接部件的刚度很高，而且相对于发动机的质量来说其自身的质量可以忽略不计。这样，在进行分析时就能忽略这些零部件，但仍然需要模拟装配体中的其他连接。

图 2-1　发动机支架模型

2.2　关键步骤

下面列出对该装配体进行分析的几个关键步骤：

1）定义远程质量。由于关注的对象只是支架，因此可以在分析中将发动机视为远程质量，继而从建模和分析过程中移除。

2）设置连接。模型中必须施加连接、接触以及边界条件。

3）对装配体划分网格。

4）运行分析。

5）对结果进行后处理。

2.3　全部接合接触条件

在该实例分析的第一部分，将对装配体中的所有零件采用接合的接触条件。这实际上是基于这样的假设：所有零件都很好地连接到一起，整个装配体的处理方式与处理单独零件的方式一样。这样的假设会导致装配体的刚度比实际刚度要高很多，因为连接部位并不存在外界作用。

操作步骤

扫码看视频

步骤 1 打开一个装配体

打开“FullBase. sldasm”装配体。

注意

所有的连接部件已经被压缩了。正如之前提到的，这些零部件的刚度很高，而且相对于发动机的质量来说其自身的质量可以忽略不计，因此可以被压缩。

考虑到建立模拟分析所需的时间较长，所以事先准备了“all bonded”（全部接合）和“bonded and free”（接合与自由）两上算例。本章第一部分使用“all bonded”算例。

2.3.1 远程质量

当一个实体的质量很重要但其应力和变形却不重要时，这个实体能方便地被处理成远程质量，并刚性地连接到承载面上，这个思路与《SOLIDWORKS® Simulation 基础教程(2020 版)》第 7 章中的“远程载荷/质量”相同。

步骤 2 定义远程质量

在“all bonded”算例中，展开【零件】文件夹，并用右键单击“SW3dPS-engine-1”，选择【视为远程质量】。在【远程质量的面】选择列表框中，选择承受发动机载荷的 4 个承载面，如图 2-2 所示。

提示

假设忽略的子部件是刚性的，而且相对于剩下的结构而言其质量很小。

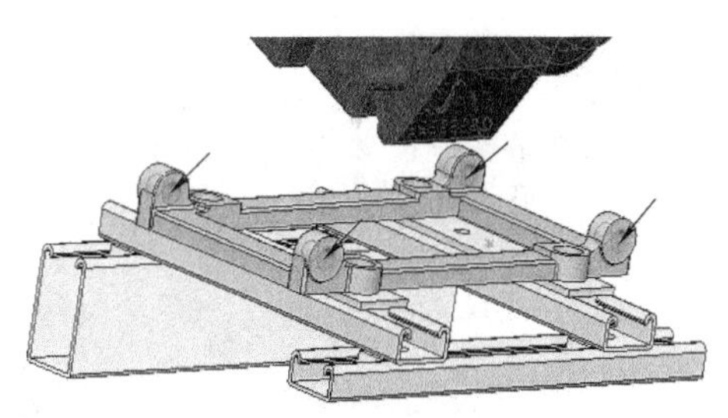

图 2-2 定义远程质量

为了演示在分析装配体振动特征时产生的各种问题，首先假设发动机底座是刚性的，并与一个二级刚性结构相连。这种情况很少见，因为一般来说底座都是有弹性的。

知识卡片		
	质量属性	在某些方面，仿真模型可能与 SOLIDWORKS CAD 模型有所不同，例如分配给某些零件的材料、连接器等。因此，在仿真模型上评估质量属性非常重要。该命令考虑了大部分模拟特征，如实体、梁、钣金和壳体，以及它们的厚度、材料定义、远程质量以及螺栓和销接头。以下属性将被计算：质量、体积、表面积、质量中心和惯性主矩。
	操作方法	• 快捷菜单：在 Simulation 分析树中右键单击实例名称，然后选择【质量属性】。 • 菜单：【仿真】/【质量属性】。

注意，选择所有装配零件进行计算，并输出单位系统。

步骤 3 验证质量属性

确定整个模拟模型和支撑架的质量属性。

装配体和支撑架的总质量分别为 54. 01kg 和 6. 76kg，如图 2-3 所示。

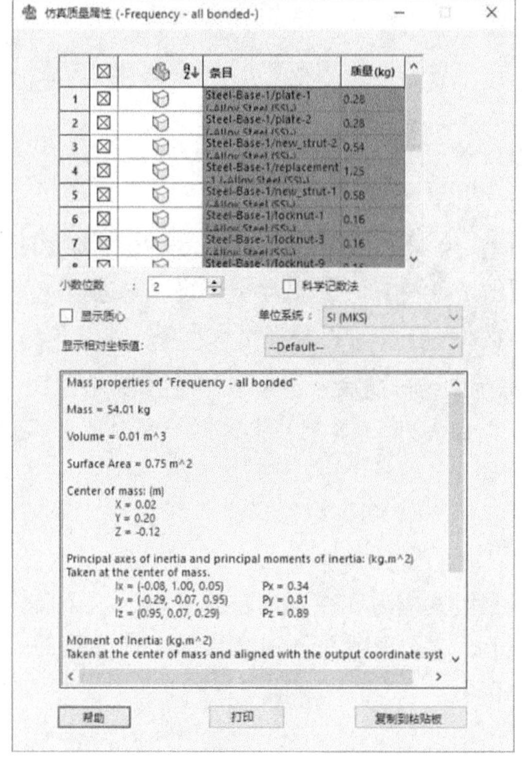

图 2-3 质量属性

步骤 4 定义约束

在图 2-4 所示的 4 个面上添加【固定几何体】的约束。

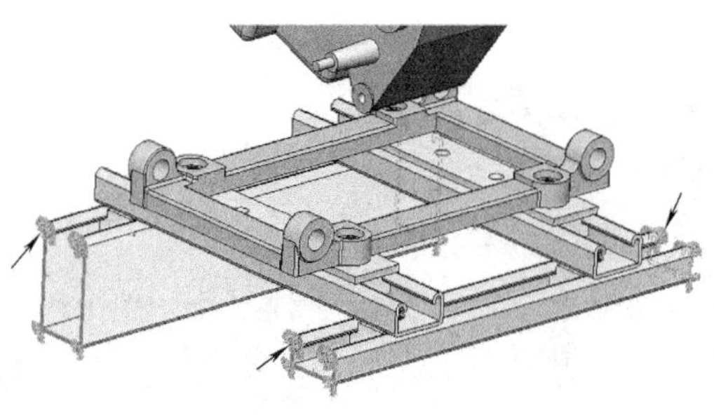

图 2-4 指定固定面

2.3.2 连接装配体各零件

频率分析会涉及结构的刚度系数和质量矩阵，因而不能定义无穿透的接触，同时也不能使用螺栓接头。如果定义了无穿透接触，施加载荷后结构的形状就可能会发生多次改变。

如图 2-5 所示，在不同载荷作用下，两个梁可以相互独立，也可以相互接触。这两种情况的振动特征截然不同。

因而在本例的装配体中，无论螺栓接触还是无穿透接触，都必须尽量使其贴近实际情况。在这里，假设所有的接触都接合在一起，如图 2-6 所示。

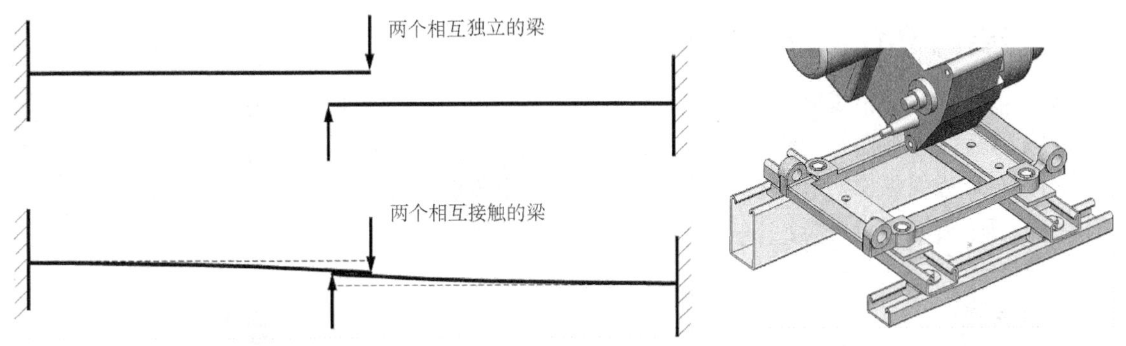

图 2-5　不同载荷下的梁

图 2-6　假设接触方式为接合

步骤 5　检查接合接触

算例中已经存在两个接合接触，展开【连结】文件夹查看这些接触。

步骤 6　划分装配体网格

使用草稿品质网格及默认的网格参数划分该装配体网格，使用默认的【基于曲率的网格】选项。

步骤 7　运行分析

步骤 8　列出共振频率

如果发动机的工作频率正好处于图 2-7 所示频率范围之间，则必须重新设计以避免共振。

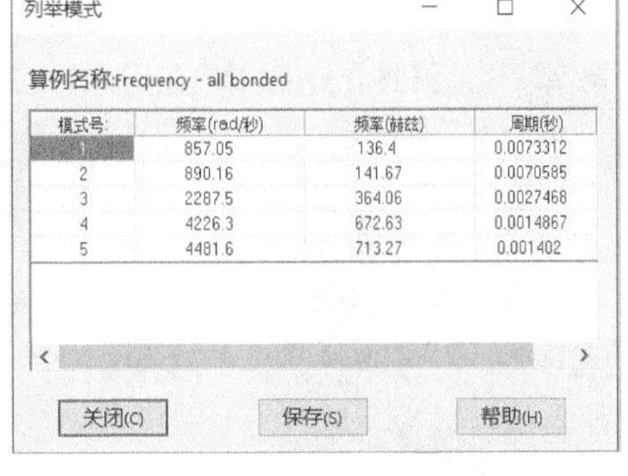
列举模式

算例名称:Frequency - all bonded

模式号	频率(rad/秒)	频率(赫兹)	周期(秒)
1	857.05	136.4	0.0073312
2	890.16	141.67	0.0070585
3	2287.5	364.06	0.0027468
4	4226.3	672.63	0.0014867
5	4481.6	713.27	0.001402

关闭(C)　保存(S)　帮助(H)

图 2-7　共振频率

步骤 9　显示前 4 阶模式

动画显示每个模式，可以看到相应固有频率对应的结构的自由振动方向，如图 2-8 所示。

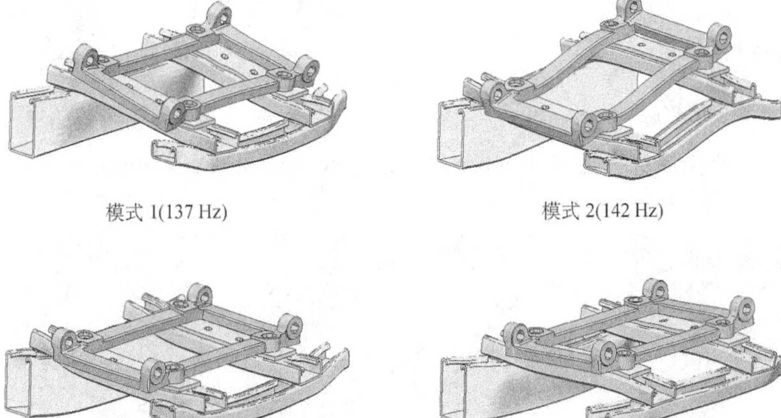

图 2-8　模型的前 4 阶模式

2.4 接合与允许穿透接触条件

扫码看视频

本章前面部分介绍了必须注意固有频率的原因。这是因为装配体各零部件之间的无穿透接触会使结构形状改变。无穿透接触是不能在频率分析中使用的，因此用接合来近似模拟所有的接触。这种处理方式会增强装配体的刚性，这在后面的章节中会进一步讲解。

操作步骤

在本章的这一部分，将选择另外一种方式：将部分接触设置成接合，将部分接触设置成允许穿透。

步骤 1　选择"Frequency-bonded and allow penetration"

在该算例中，一些设置已经被提前定义完成。

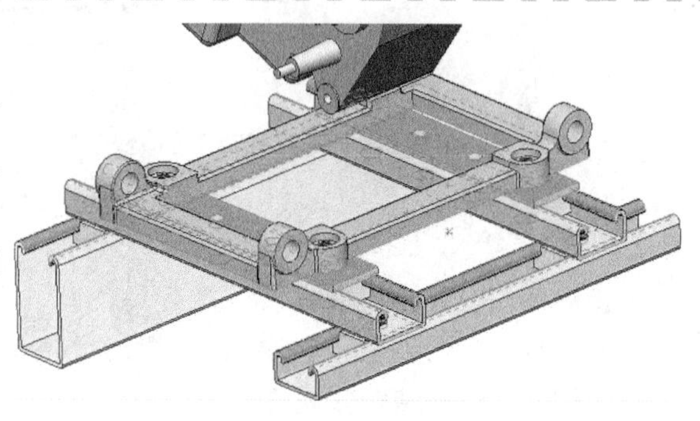

图 2-9　分析接触类型

步骤 2　展开并分析接触类型（见图 2-9）

注意

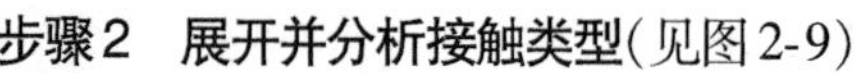
支杆和板面之间的所有接触都已设置成【允许贯通】，如图 2-10 所示。

步骤 3　定义销连接

由于支杆之间的接触是自由的，因此必须建立支杆与锁紧螺母之间的连接方式。拧紧的螺栓连接可以设置成刚性销连接，如图 2-11 所示。

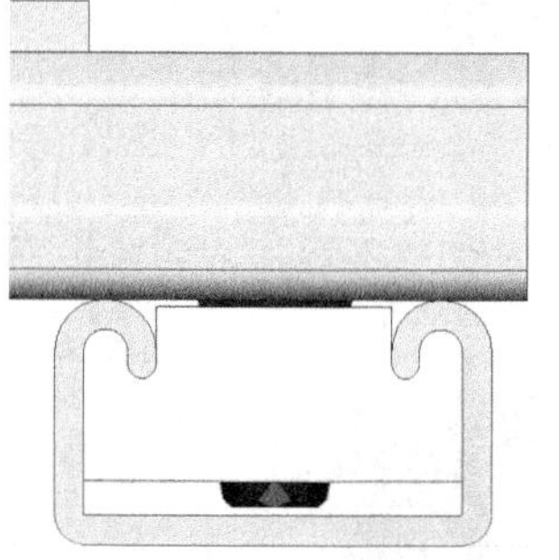

图 2-10　设定允许贯通接触

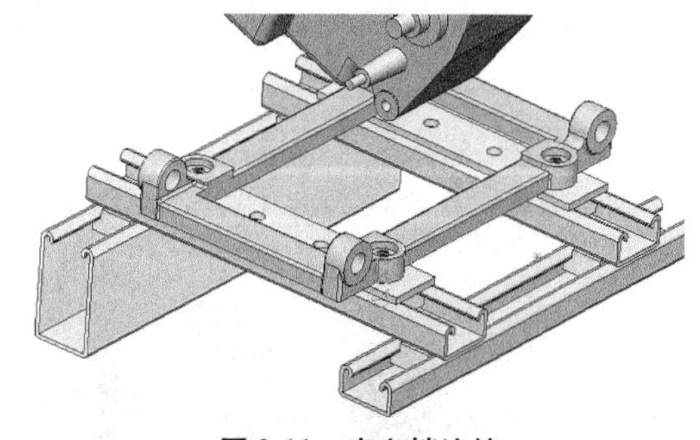

图 2-11　定义销连接

调整装配体的位置，并定义剩下的 3 个销连接。使用爆炸视图能使定义操作更加方便，如图 2-12 所示。

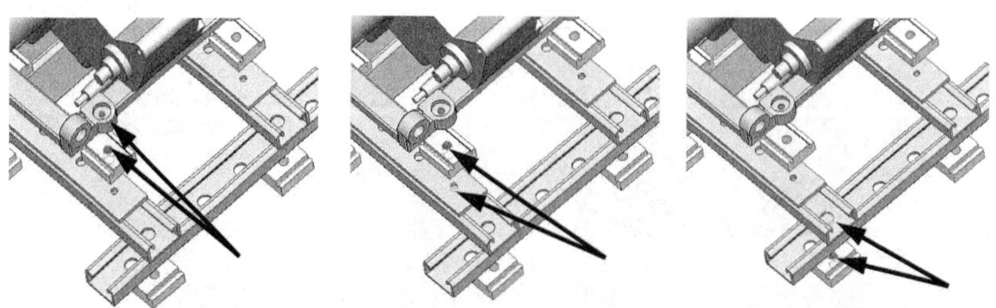

图 2-12　在爆炸视图中定义其余 3 个销连接

注意

剩下的 3 个销连接已经定义完成。

步骤 4　约束装配体

在各个支杆的 4 个面上添加【固定几何体】的约束。这些约束可以从前面的算例中复制得到。

提示：发动机已经作为远程质量加以处理。

步骤 5　划分装配体网格

使用草稿品质网格、默认的网格参数和【基于曲率的网格】选项划分装配体网格。

步骤 6　运行分析

步骤 7　列出共振频率

从图 2-13 中可以看出，频率的数值发生了变化，可以更改设计以避开这些频率区域。

步骤 8　显示前 4 阶模式

与 “all bonded” 算例中的结果进行对比，重点关注模式形态。同一方向的振型可以作为比较的对象，如图 2-14 所示。

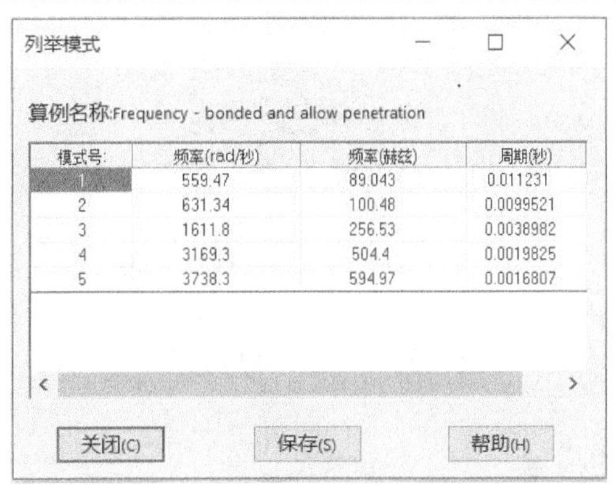

列举模式

算例名称:Frequency - bonded and allow penetration

模式号	频率(rad/秒)	频率(赫兹)	周期(秒)
1	559.47	89.043	0.011231
2	631.34	100.48	0.0099521
3	1611.8	256.53	0.0038982
4	3169.3	504.4	0.0019825
5	3738.3	594.97	0.0016807

关闭(C)　保存(S)　帮助(H)

图 2-13　共振频率

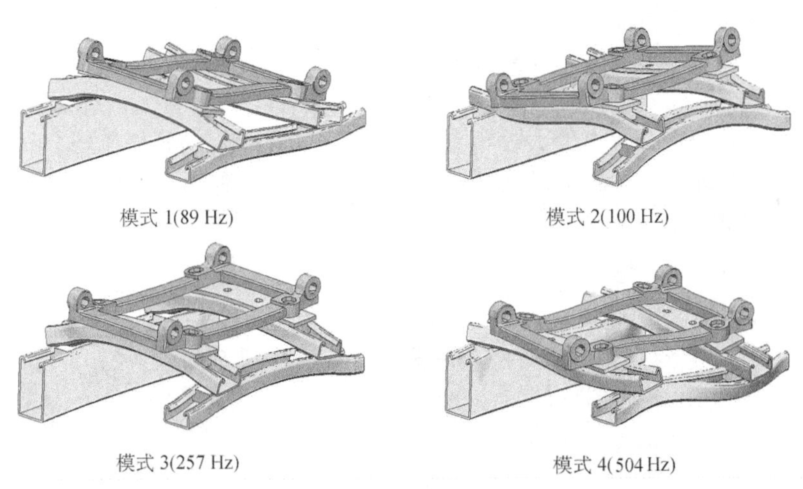

图 2-14　模型的前 4 阶模式

讨论：

频率分析的结果显示，本章第二部分中的算例使用的 “bonded and free” 模式要比接触全部接合在一起的模式柔性更强，这与预期的效果一致。也可以看到，相应的模式顺序仍然保持一致，但这种情况在其他例子里却不一定存在。

上面两个算例都没有得出精确的答案，但是可以作为对确定相应模式下边界条件的一种探索。值得注意的是，当处理这些结果时，不同算例中的模式形态并不一定是相同的(例如，一个算例中的模式形态 1 可能与另一个算例中的模式形态 1 不同)。例如，“all bonded” 算例中的模式 1 就对应着 “bonded and free” 算例中的模式 2。因此，要比较的是形态一致的模式，而不用理会它的阶数。

2.5 总结

本章探讨了装配体振动频率的概念。从中可以得知，由于分析中涉及刚度矩阵，所以无穿透接触不能在频率分析中使用，必须选择另外一种近似的方式。举例来说，对于装配体中不同的接触和连接，可以用接合、自由接触、销连接和点焊等方式近似模拟。对这些方式的组合使用，可以有代表性地建立一些模型，以便得到更加刚性或者更加柔化的结果，从而得到原装配体的振动特征信息的范围。

提示 通过对装配体施加冲击载荷并分析其结构响应(位移、速度等)的方法，也可以得到装配体的真实振动特征。

提示 在这两个算例中，最低的 4 阶自然频率的范围为 89 ~ 673Hz(5 340 ~ 40 380r/min)。这低于大多数传统发动机的工作转速范围。如果使用了减振器，结果会有很大不同。

练一练

1. 当装配体中存在无穿透的接触时，频率特性(是/不一定是)唯一的。在这种情况下，获取唯一的自然频率(是/不是)可能的。相似的情况也发生在装配体包含(允许穿透接触/虚拟壁)接触的时候。

2. 当一个装配体中的所有零件都是接合的时候，(存在/不存在)唯一的频率特性，并(可以/不可以)被获取。

3. 在装配体的频率分析中(允许/不允许)使用冷缩配合的接触条件。

4. 对大多数的连接定义接合的接触条件，会导致模型(变硬/变软)，进而得到(较高/较低)的自然频率数值。

练习 颗粒分离器的频率分析

本练习的主要任务是对一个承载颗粒分离器的支架进行频率分析。

本练习将应用以下技术：

- 频率及模式形态。
- 全部接合接触条件。
- 频率分析结果处理。

项目描述：

如图 2-15 所示，对一个承载颗粒分离器的支架进行频率分析。在《SOLIDWORKS® Simulation 基础教程(2020 版)》的第 10 章“混合网格——实体、梁和壳单元”中，已经对分离器做过静应力分析。分析中需要同时使用横梁、壳和实体单元。支架承受分离器 400N 的自重，此外，风从 X 方向刮过来，从而在支架上下游相对的两侧产生 4 500N 的力。在频率计算时不会考虑载荷。

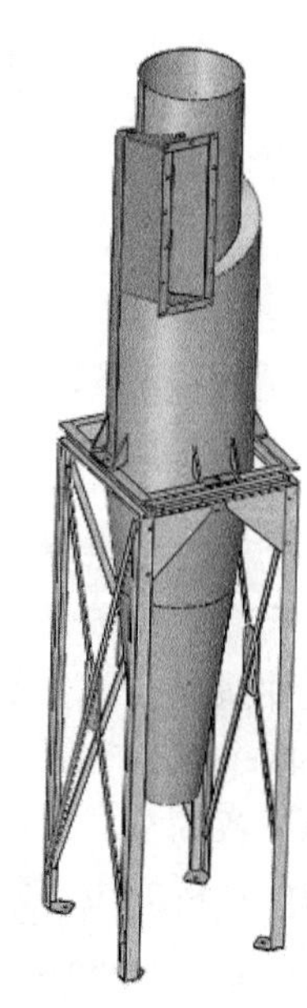

图 2-15 颗粒分离器模型

操作步骤

扫码看视频

步骤 1　打开装配体

从 Lesson02\Exercises 文件夹中打开名为“particle separator”的装配体，查看其中的应力分析（即《SOLIDWORKS® Simulation 基础教程(2020 版)》中的第 10 章“混合网格——实体、梁和壳单元”运算过的“frame”算例）。

步骤 2　新建一个算例

新建一个算例，命名为“frequency analysis”。

步骤 3　复制文件夹

从静应力分析算例中复制【连结】和【夹具】两个文件夹的内容，粘贴到频率分析中。

提示　由于在频率计算中不考虑载荷，因此无须复制【外部载荷】文件夹的内容。

步骤 4　复制接触

复制所有连接分离器壳体的接触。

提示　当前并不复制包含横梁的相触面组。

步骤 5　生成网格

单元的整体大小设定为 25mm，创建一套高品质的网格，使用【标准网格】选项。

步骤 6　选择求解器

在算例属性下，选择直接稀疏矩阵求解器。

步骤 7　运行分析

步骤 8　列出共振频率(见图 2-16)

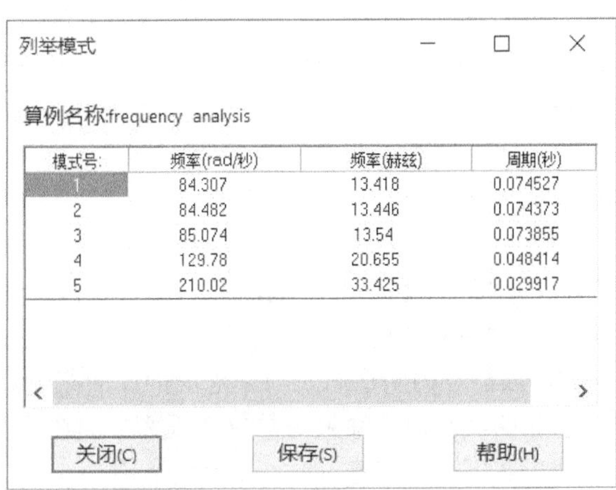

模式号:	频率(rad/秒)	频率(赫兹)	周期(秒)
1	84.307	13.418	0.074527
2	84.482	13.446	0.074373
3	85.074	13.54	0.073855
4	129.78	20.655	0.048414
5	210.02	33.425	0.029917

图 2-16　共振频率

将得到的自然频率与任何潜在的振动源产生的频率进行比较，以避免发生共振。

步骤 9　动画显示模式形态

图解并动画显示部分模式形态。

讨论：

尽管该模型由多个不同零件及单元类型构成，但所有的接触条件都是接合的。这表明虽然该模型是装配体，但所有零部件都很好地连接在一起。因此，整个模型可看成是一个零件。

第3章 屈曲分析

学习目标

- 进行屈曲分析
- 理解屈曲载荷系数的概念，并能判定结构失效的原因是强度问题还是稳定性问题

3.1 屈曲分析基础

屈曲是指在压力作用下的突然大变形。细长结构的物体受到一个轴向压缩载荷的作用，会在远小于引起材料失效的载荷水平下发生屈曲失效。

在不同载荷的作用下，屈曲能以不同的形式出现。在大多数情况下，只有最低的屈曲载荷才是有意义的。

为了理解屈曲的概念，必须知道任何结构载荷都会影响应力刚度，从而影响结构的刚度。拉力产生正的应力刚度，从而使弹性刚度增强；压力产生负的应力刚度，从而使弹性刚度减弱，结构变软。

当结构合成刚度(受压力作用而使弹性刚度降低)减小到0时，屈曲就会发生。

下面的公式描述了合成刚度削弱的原因

$$[\boldsymbol{K}_{\mathrm{E}}+\lambda_i\boldsymbol{K}_{\mathrm{S}}][\boldsymbol{\varphi}_i]=0$$

式中 $\boldsymbol{K}_{\mathrm{E}}$——弹性刚度矩阵；

$\boldsymbol{K}_{\mathrm{S}}$——应力刚度矩阵；

λ_i——特征值，其乘以外加载荷就可以得到临界载荷；

$\boldsymbol{\varphi}_i$——特征向量，用以描述屈曲的模态。

SOLIDWORKS Simulation 可以计算多阶模态及与之对应的屈曲载荷。

第1阶模态及与之对应的屈曲载荷值往往最为重要，因为屈曲往往会使结构突然失效或者不能使用，即使此时结构在弯曲形状下仍然能承受这个载荷。

3.1.1 线性和非线性屈曲分析

屈曲可以理解成这样一种情况：即使载荷有一个极小量的增加，也会导致结构失稳或失效。

线性屈曲分析仅仅得出在给定载荷和约束情况下的特征值，而不考虑实际结构中存在的缺陷和非线性。相对于线性分析得到的屈曲载荷，考虑缺陷和非线性影响而得到的实际屈曲载荷与之相比要低得多。因此，线性分析得到的结果应该谨慎地加以说明。

在一般情况下，会使用非线性屈曲分析来获得精确的屈曲载荷值，并研究后屈曲效应。

有一些屈曲问题甚至只能用非线性屈曲分析,而不能用线性分析来近似地分析,这些情况包括:

- 材料的非弹性或非线性特性比不稳定性特性更显著。

- 变形过程中施加压力的重新调整。
- 大变形现象比屈曲现象更显著。

在受到压力的细长结构中，屈曲是一种常见的潜在失效模式。事实上，许多结构的失效是由屈曲引起的，只是在后屈曲阶段才由于应力过载而造成最后的破坏，如图 3-1 所示。

在 SOLIDWORKS Simulation 中，无论单个零件还是装配体都能进行屈曲分析。如果是对装配体进行屈曲分析，那么所有的零件都必须接合在一起，不允许有接触或间隙存在。

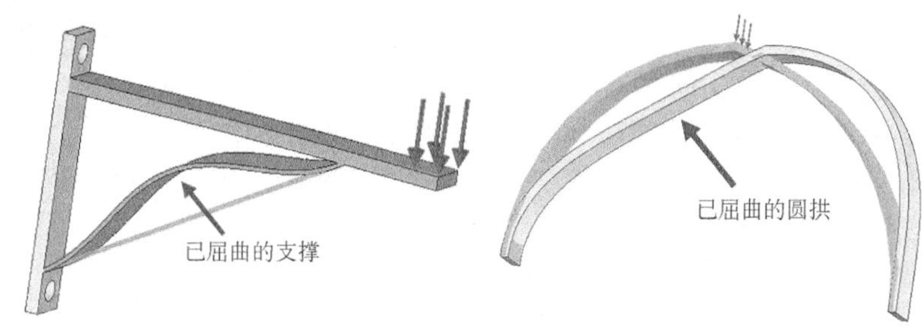

图 3-1　屈曲失效的类型

3.1.2　屈曲安全系数(*BFS*)

屈曲安全系数(*BFS*)是一个特征值，该特征值乘以施加的载荷 P_{app} 即可得到屈曲载荷 P_{cr}，即

$$BFS = \frac{P_{cr}}{P_{app}}$$

需要注意的是，屈曲模态表示屈曲开始时的形状，并预测屈曲后的形状，但是屈曲模态不表示变形的实际大小。

这一点类似于模态分析，模态分析的结果只表示振动模态的定性信息，而不是位移的实际大小。

3.1.3　屈曲分析需要注意的事项

前面提到，线性的屈曲分析一般会得到过高的屈曲载荷。在线性屈曲分析过程中，载荷和支撑的施加都很精确，没有偏差。但事实上，载荷经常有偏差，墙壁不会绝对平整，支撑也不会绝对是刚性的等。

由于这些因素，这里必须再次申明，考虑到离散误差(次要影响)和模型误差(主要影响)的综合影响，屈曲分析的结果必须给予警示性的解释。

3.2　实例分析：颗粒分离器

本例将对颗粒分离器(见图 3-2)进行屈曲分析。在《SOLIDWORKS® Simulation 基础教程(2020 版)》的第 10 章中使用过该模型，这里将采用相同的模型及载荷条件，计算出模型的屈曲安全系数，并学习如何正确解释屈曲结果。

项目描述：

作用在支架上的载荷包含颗粒分离器的自重，因此需要施加引力。另外，还会在支架正面施加向下 150N 的力，来模拟附着在分离器上的新增零部件。最后，在分离器的进口处还将加载沿法线方向的 75N 的力和沿方向 1 的 45N 的力，来模拟分离器在安装过程中可能受到的其他载荷。

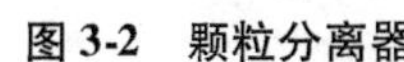

图 3-2　颗粒分离器

3.3　关键步骤

1）运行应力分析。运行之前定义好的应力分析来获取安全系数。

2）屈曲分析。通过复制静应力分析的大部分内容，创建并运行一次屈曲分析。

3）后处理结果。分析结果，判断什么样的载荷对屈曲的发生是不可缺少的。此外，判断屈服和屈曲两种实效模式哪个会首先发生。

操作步骤

扫码看视频

步骤 1　打开装配体

从 Lesson03\Case Studies 文件夹中打开名为“particle separator”的装配体，运行《SOLIDWORKS® Simulation 基础教程(2020 版)》的第 10 章“混合网格——实体、梁和壳单元”中运算过的静应力分析算例。

该载荷并未使其材料达到屈服极限，计算得到屈服的安全系数大约为 19。

步骤 2　生成一个屈曲算例

创建一个名为“buckling analysis”的【屈曲】算例。

步骤 3　复制文件夹

从算例“static stress”中，复制【零件】、【连结】、【夹具】和【外部载荷】文件夹的内容到算例“buckling analysis”中。

步骤 4　复制接触

复制所有连接分离器壳体的接触。

当前并不复制包含横梁的相触面组。

步骤 5　生成网格

网格单元的大小设定为 25mm，使用【标准网格】选项创建一套高品质的网格。

与频率分析相似的是，屈曲分析也不允许存在【无穿透】的接触和其他一些接头(如螺栓)。

步骤 6　设置屈曲分析算例属性

定义屈曲模式数为 2。

步骤 7　运行分析

步骤 8　列出屈曲安全系数

右键单击【结果】文件夹，选择【列出安全系数】，如图 3-3 所示。屈曲安全系数的最小正数可以用来计算屈曲载荷，如图 3-4 所示。

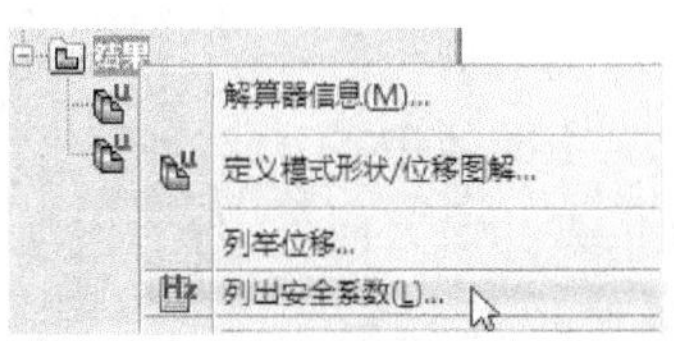

图 3-3　列出安全系数

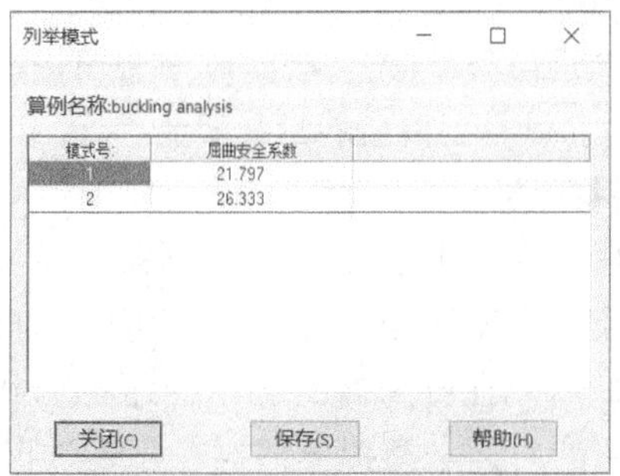

图 3-4　屈曲安全系数

步骤9 图解显示第1阶屈曲模式形状

对第1阶屈曲模式创建模态位移幅值图解，如图3-5所示。

会发现支架大梁发生严重变形。在一定的载荷条件下，会促成这样的变形。这样的变形是屈曲失效刚发生时的近似形状。

本例的屈曲安全系数为21，这意味着该结构没有屈曲的危险，因此屈曲是安全的。如果载荷乘以屈曲安全系数的值加大，结构就可能发生屈曲。

提示：与频率分析类似，位移的数值并不代表真实的位移。位移图解可以理解为结构在假定屈曲失效时变形的形状。

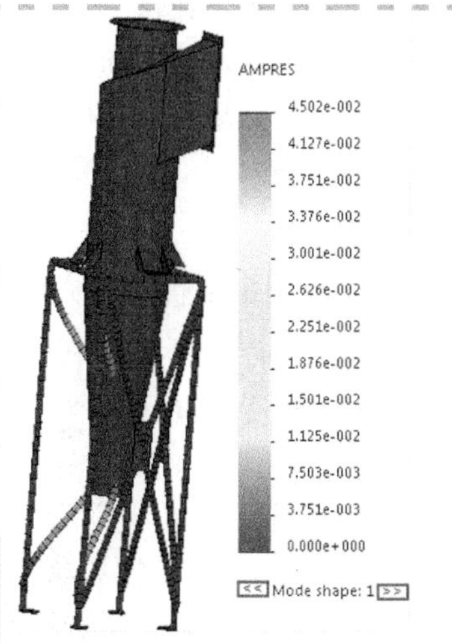

图3-5 第1阶屈曲模式

3.3.1 结论

屈曲安全系数(21)明显大于强度安全系数(19)，因此屈曲不起主导作用。通常在设计中必须考虑屈曲。

3.3.2 计算屈曲载荷

要计算特定模式的屈曲载荷，只需将所施加的载荷乘以屈曲安全系数(*BFS*) 即可。

第2阶的屈曲模式在很大程度上只存在学术上的意义。如果分离器要发生屈曲，则会出现在第1阶屈曲模式上。如果第1阶模式在某些情况下被限制了，则有可能在第2阶模式发生变形。

可以对屈曲分析中得到的屈曲安全系数予以概括，见表3-1。

表3-1 屈曲安全系数

屈曲安全系数(*BFS*)值	屈曲状态	结果分析
$BFS>1$	无屈曲	所施加的载荷小于临界载荷估计值
$0<BFS<1$	屈曲	所施加的载荷超过临界载荷估计值
$BFS=1$	屈曲	所施加的载荷等于临界载荷估计值
$BFS=-1$	无屈曲	如果将所有载荷方向翻转，就会发生屈曲。例如，在杆上施加一个拉力，则*BFS*就是个负值
$-1<BFS<0$	无屈曲	如果将所有载荷方向翻转，就会发生屈曲
$BFS<-1$	无屈曲	即使将所有载荷方向翻转，也不会发生屈曲

3.3.3 结果讨论

结果显示，颗粒分离器可以承受21倍的已加载的载荷。

当然，这个数值仅在载荷与有限元模型中的情况一致时才成立。任何载荷施加的缺陷和对框架的对称性的偏离都会使屈曲安全系数降低，也会使屈服强度安全系数降低。

假设一根细长梁受到一个压缩载荷的作用。一个很小的载荷偏移引起了力的作用线和结构中性轴之间的偏离。在这个偏移载荷的作用下，梁分成两个方向来承受压缩载荷，一个是轴向压缩方向，另一个是弯曲方向。

因为细长梁承受弯曲的能力要低于承受纯轴向压缩的能力，所以在偏移载荷的作用下，变形显著增加，轴向应变能转变成弯曲应变能，从而快速降低了梁承受任何载荷的能力，如图 3-6 所示。

3.3.4　先屈曲还是先屈服

本例的应力安全系数 19 与屈曲安全系数 21 相差不大，故颗粒分离器在发生屈服之前将发生屈曲。

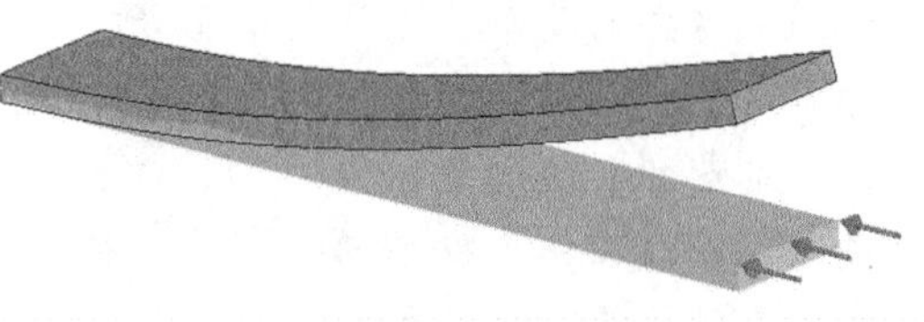

图 3-6　细长梁的受压弯曲

在许多例子中都可以看到屈服会改变几何形状，从而降低屈曲安全系数。由此可知很多情况下结构的失效是材料的屈服和屈曲共同引起的。在 SOLIDWORKS Simulation Premium 中可以进行非线性分析以处理这些复杂问题。

3.4　总结

本章进行了颗粒分离器的应力分析和屈曲分析，应力分析用于评价强度设计性能(使用屈服准则)，而屈曲分析用于估计结构的稳定性。

本章也解释了与材料屈服强度和屈曲安全系数相关的安全系数的概念。

多数情况下，与过高的应力相比，屈曲往往是细长受压结构中占主导地位的失效模式。

练一练

1. 屈曲的发生意味着结构的总体刚度(结构的弹性刚度与源于载荷的________刚度的总和)变为(非常大/零/负值)。

2. 屈曲的发生(会/不会)与材料发生屈服的最大应力点相同。

3. 屈服的发生通常(早于/同于/晚于/所有结果都正确)屈曲的发生。

4. 对于承受压力载荷的细长结构，屈曲(是/不是)可能的失效模式。

练习 3-1　凳子的屈曲分析

本练习的主要任务是对一个凳子进行屈曲分析。

本练习将应用以下技术：

- 屈曲分析。
- 计算屈曲载荷。

项目描述：

如图 3-7 所示，在对一个钢凳进行破坏试验前，需要预测它的失效模式和保持不失效前提下所能承受的最高载荷。并计算钢凳是否能承受一个 8 900N(2 000lbf)的垂直向下的载荷，当它失效时，是因为应力过大，还是产生了屈曲？

需要注意的是，像凳子腿这类细长物体在受压时发生屈曲现象的可能性是很大的。

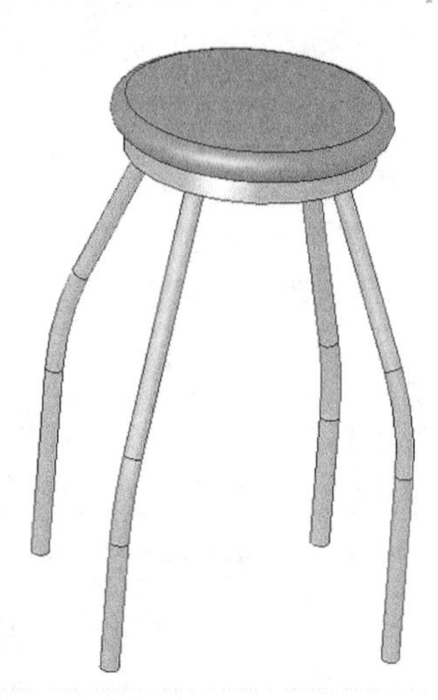

图 3-7　钢凳模型

操作步骤

步骤1 打开零件

从 Lesson03\Exercises 文件夹中打开名为“stool”的零件。

扫码看视频

步骤2 创建名为“stool stress”的静应力分析算例

步骤3 检查材料属性

材料属性中的材料为“AISI 304 Steel”，其屈服强度为207MPa(30 000lbf/in^2⊖)。该属性在 SOLIDWORKS 中已经定义，这些材料属性会自动导入 SOLIDWORKS Simulation 中。

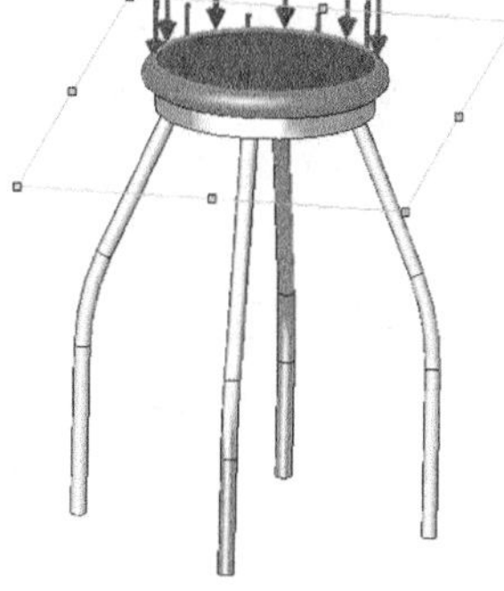

图 3-8 施加载荷

步骤4 施加载荷

对凳子表面施加 8 900N(2 000lbf)的力。使用顶面作为参考基准面，如图 3-8 所示。

步骤5 对凳子添加约束

要准确模拟凳子被人坐时的情况，需要将凳子腿部的位移设置为零。这使得凳子腿可以绕轴转动并发生屈曲。

要完成这样的定义，可以添加一个【远程载荷/质量】，并选择【位移(刚性连接)】，然后在【参考坐标系】中指定固定凳子腿底部已经定义好的坐标系。在【转换】选项中选中3个方向，保持其默认值0mm 不变，如图 3-9 所示。

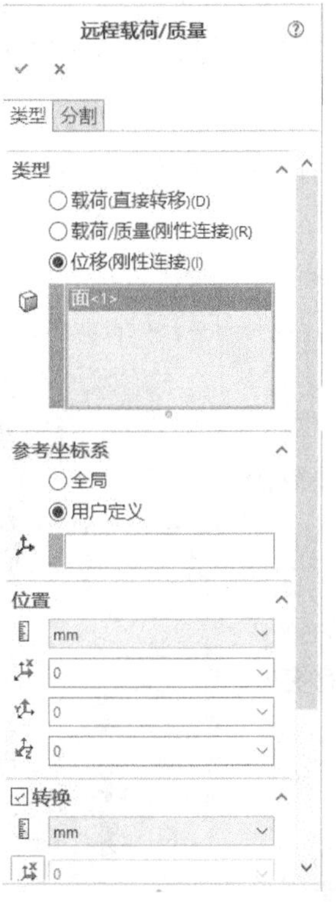

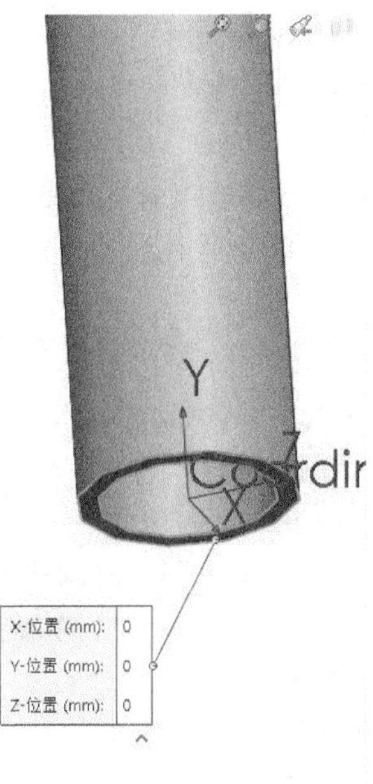

图 3-9 添加约束

⊖ lbf/in^2 为非法定计量单位，换算关系为 1lbf/in^2 = 6894.76Pa。——编者注

对其余 3 个凳子腿重复该设置。

步骤 6　应用网格控制

对凳子腿的表面应用 10mm 的网格控制。这里需要选取 20 个面，如图 3-10 所示。

步骤 7　对模型划分网格

采用高品质单元划分模型网格，【最大单元大小】保持为默认的 19.309mm。采用默认的【基于曲率的网格】选项。

步骤 8　运行分析

步骤 9　图解显示 von Mises 应力

从 “stool stress” 算例的结果可以看到，最大的 von Mises 应力大约为 138.5MPa（20 015lbf/in^2），如图 3-11 所示。而 AISI 304 Steel 的屈服强度为 207MPa（30 000lbf/in^2）。

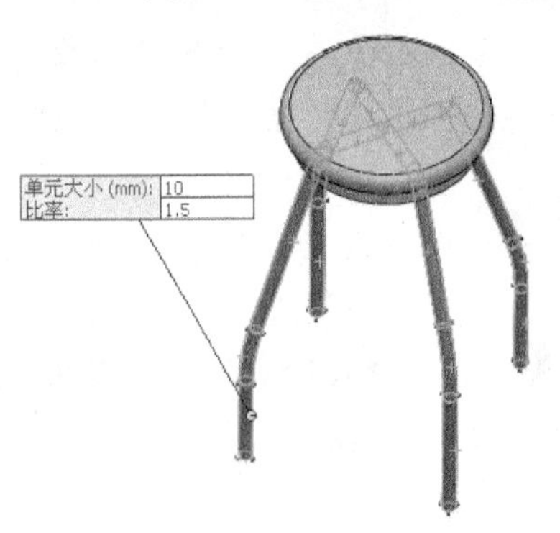

图 3-10　应用网格控制

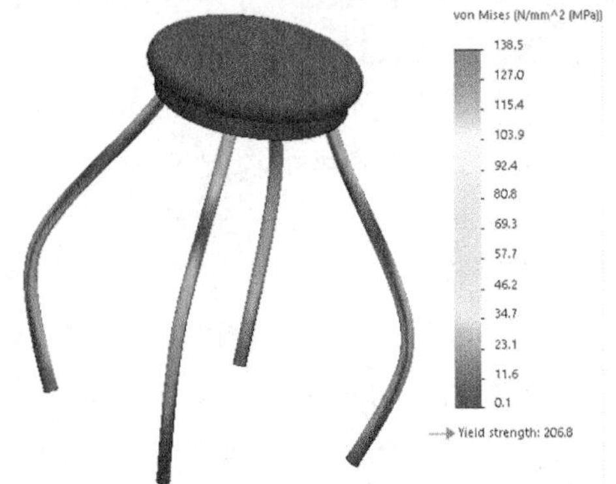

图 3-11　von Mises 应力分布

步骤 10　定义设计检查图解

安全系数可以通过屈服强度除以最大 von Mises 应力来得到，即

$$207/138.5 = 1.5$$

可以通过设计检查图解来查看安全系数的分布。

图 3-12 所示为由屈服强度和最大 von Mises 应力所得的安全系数分布。

提示　将图例的上界设定为 100.00。

步骤 11　创建名为 “stool buckling” 的屈曲算例

步骤 12　设置算例属性

设定屈曲模式的阶数为 2。

步骤 13　从静应力分析算例中复制输入的参数

将 “stool stress” 算例中的载荷、约束和网格复制到 “stool buckling” 算例中。

步骤 14　运行分析

步骤 15　图解显示两个模式形态

用动画模拟上面两个图解，以理解凳子在每个模式下是如何发生屈曲的，如图 3-13 所示。

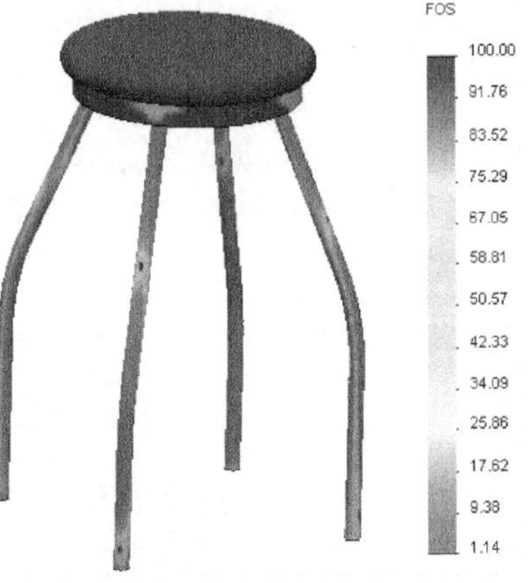

图 3-12　安全系数分布

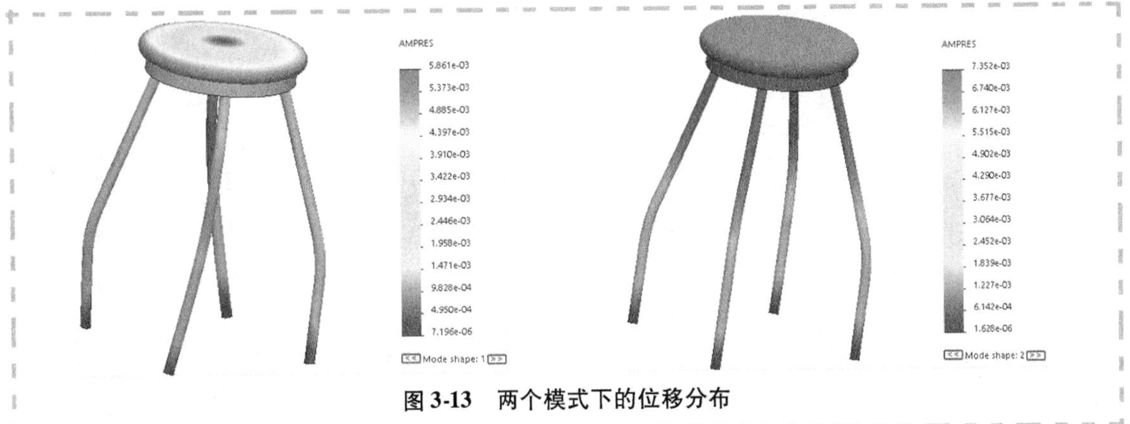

图 3-13 两个模式下的位移分布

注意

位移图解是定性的，正如频率分析一样，图 3-13 所示图解中的数值并非真实的位移。在线性屈曲理论的假设下，图解显示了屈曲开始时的变形形状。其数值可以用于参照比较模型各部分之间的相对位移，但真实的值仍是未知的。正确的位移结果及屈曲后的行为只能借助于非线性分析来得到。

步骤 16 列出屈曲安全系数

如图 3-14 所示，列出屈曲安全系数。结果显示凳子可以承受 8 900N(2 000lbf) 的载荷。

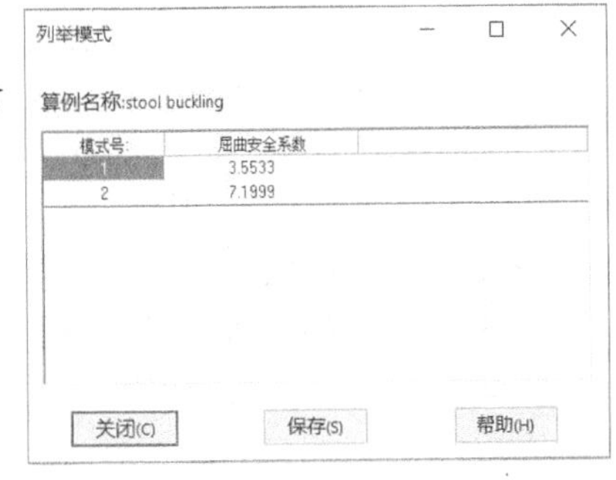

图 3-14 列出屈曲安全系数

讨论：凳子将先屈曲还是屈服

应力安全系数小于屈曲安全系数。然而，应力安全系数是保守的，它描述的是结构体第一次产生屈服时的载荷情况，而屈曲安全系数则是非保守的。

一条凳子腿在屈曲之前有可能已经发生了屈服。屈服改变了凳子的几何结构，降低了屈曲载荷，最终导致凳子在材料屈服和屈曲的作用下破坏。

要分析这种情况，需用到 SOLIDWORKS Simulation Premium 中的非线性分析功能。

提示

已经知道，压力产生的应力刚度会削弱弹性刚度。当应力刚度减小为 0 时，屈曲就会发生。那么屈曲分析和频率分析有什么关系呢？

提示

建议在学习本章时学习以下内容：

创建一个频率算例，并计算凳子在不同载荷大小下的基本频率。

观察基本频率(当然也包括高阶频率)随压力的升高而减小的过程。当基本频率降为 0 时，载荷的大小就是屈曲载荷的值。

练习 3-2 柜子的屈曲分析

本练习将对柜子运算一次屈曲分析。

本练习将应用以下技术：

- 屈曲分析。
- 计算屈曲载荷。

项目描述：

一个制作材料为 H32 状态的 5052 铝合金的柜子（见图 3-15）受到一个大小为 4 450 N（1 000lbf）的集中载荷和两个大小为 4 450N（1 000lbf）的分布载荷的作用，载荷分别作用在一个拐角和拐角的两条边上。为了简化模型，其他所有载荷和质量（如搁板载荷）等都不考虑在内。柜子的底部沿着基架用 4 个地脚螺栓固定在地面上。

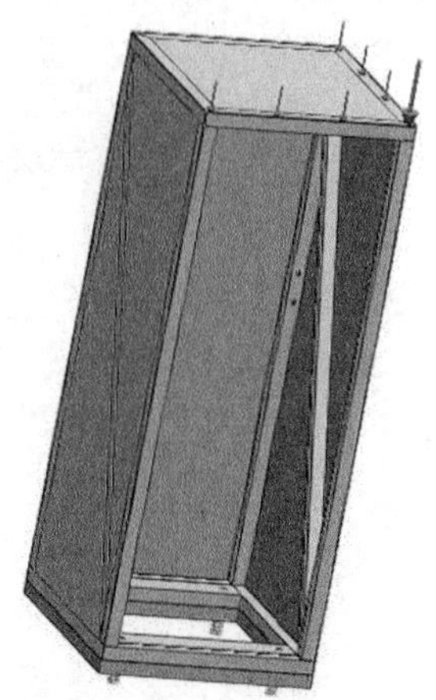

图 3-15 柜子

操作步骤

扫码看视频

步骤 1 打开装配体

从 Lesson03\Exercises 文件夹中打开名为“Cabinet Assy”的装配体。

步骤 2 生成网格

采用高品质的【基于曲率的网格】，并采用如下参数：

最大单元大小：111.37mm。

最小单元大小：5mm。

圆中最小单元数：16。

单元大小增长比率：1.6。

步骤 3 运行静应力分析

步骤 4 查看横梁的应力结果

从图 3-16 可以看到，最大应力 42.1MPa 位于下前方的结点。横梁在此处对应的安全系数为 4.6。

步骤 5 查看壳和实体的应力结果

观察图 3-17 可以得到，应力最大值约为 80.0MPa，对应的安全系数仅为 2.4。

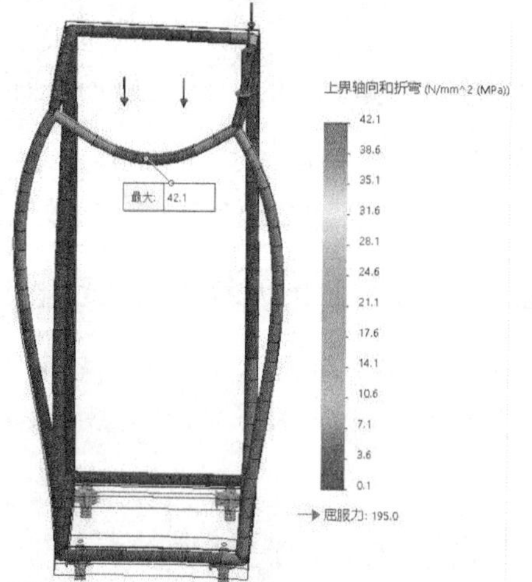

图 3-16 查看应力结果

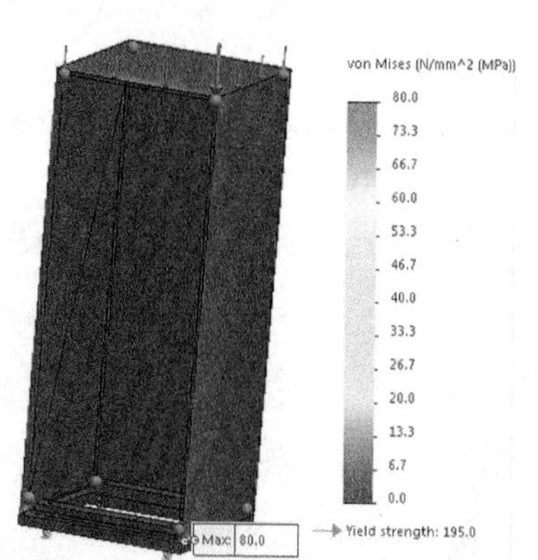

图 3-17 查看壳和实体的应力结果

步骤6 关注应力最大的位置

将最大应力的部位放大。从图3-18可以看出最大应力非常集中。这是使用接合的边界带来的直接结果。

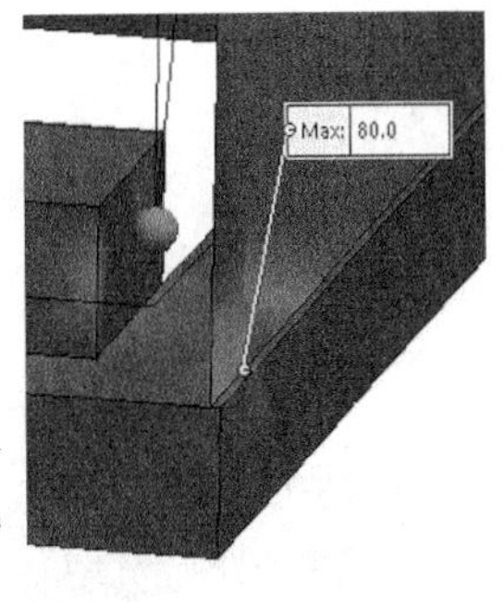

图3-18 应力最大位置

步骤7 检查安全系数

将图例的【最大】上界设为4.6，此数字源于横梁的安全系数（步骤4）。

图3-19来自von Mises应力图解（步骤4和步骤5）。安全系数低是因为采用接合边界模拟螺栓导致的。可以忽略这个不真实的低数值，并采用4.6作为屈服的安全系数。

在本练习的下一环节，将评估柜子在稳定性方面的表现。

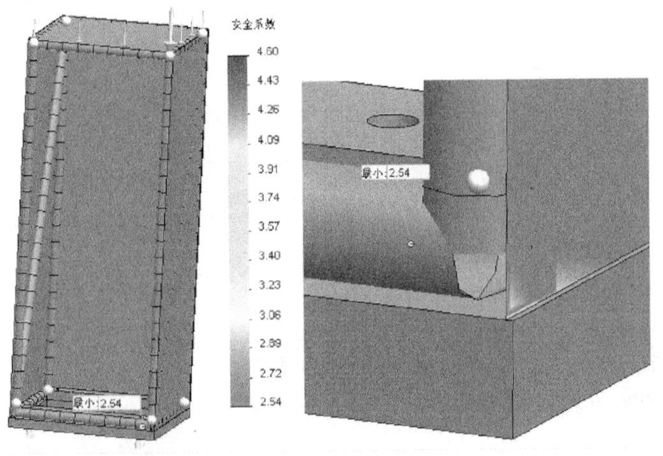

图3-19 检查安全系数

步骤8 创建屈曲算例

创建一个名为"buckling analysis"的【屈曲】算例。

步骤9 复制文件夹

将"stress analysis"算例中的【零件】、【连结】、【夹具】和【外部载荷】文件夹复制到"buckling analysis"算例中。

提示

由于屈曲求解的特性，屈曲算例在设置上也与"stress analysis"算例稍有区别。类似于频率分析，屈曲分析也不允许无穿透的接触和某些接头（例如螺栓）。在这些情况下，只能取得屈曲载荷的估计值或上下限。本例中，将采用不包含"Base"零件并增加两个额外的夹具的方法来模拟无穿透的接触。

步骤10 不包含"Base"在分析中

步骤11 添加夹具

选择之前连接到"Base"零件的螺栓孔的4条边线，定义一个【固定几何体】的夹具，如图3-20所示。

步骤 12　约束外露的表面

在竖直方向约束底部的两个平面，如图 3-21 所示。

步骤 13　约束外露的结点

在竖直方向约束底部的 4 个结点，如图 3-22 所示。

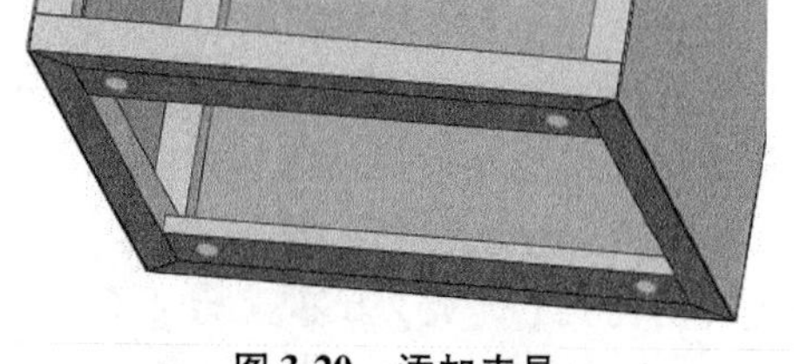

图 3-20　添加夹具

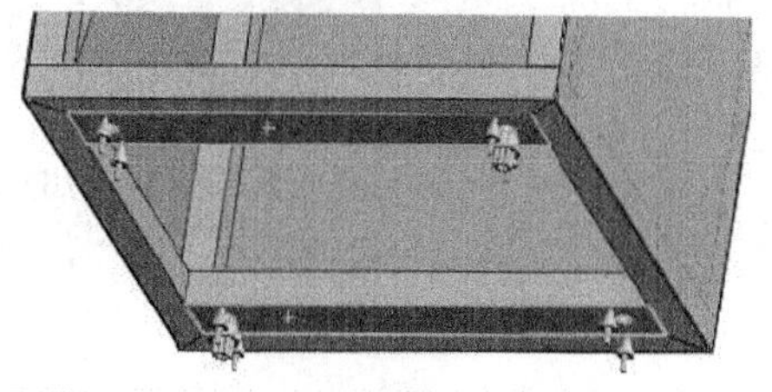

图 3-21　约束外露的表面

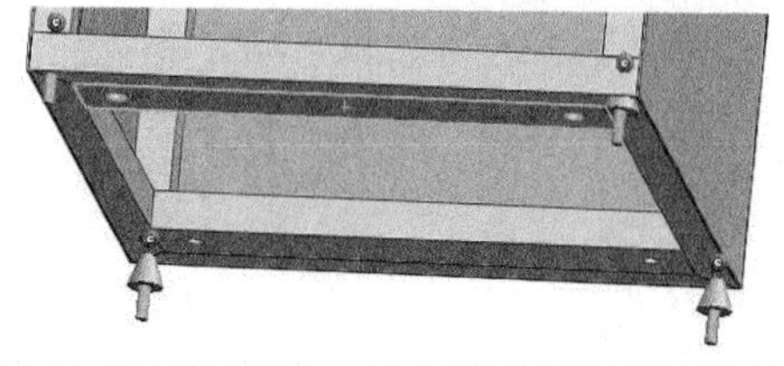

图 3-22　约束外露的结点

提示　前面步骤中假定不包含在分析中的“Base”零件在竖直方向具有无限大的刚度，并且忽略“Base”及“Cabinet”之间的摩擦。请思考一下，当前屈曲分析中的模型相对于“stress analysis”算例中的模型而言，是更硬了还是更软了？在这个算例中获取的临界屈曲载荷的结果是什么？

步骤 14　定义接触

与静应力分析算例一样，定义 8 个接合的横梁接触。

步骤 15　应用网格控制

对图 3-23 所示的两个横梁以默认参数应用网格控制。

提示　这里指定的网格控制是为了提高实体侧面的接合。

图 3-23　应用网格控制

步骤 16　生成网格

使用如下参数来创建高质量的基于曲率的网格：最大单元尺寸为 51.54mm，最小单元尺寸为 5mm，圆中最小单元数为 16，单元大小增长比率为 1.6。

步骤 17　设置屈曲分析算例的属性

请计算 5 阶屈曲模式。

步骤 18　运行屈曲分析

步骤 19　列出屈曲安全系数

右键单击【结果】文件夹并选择【列出安全系数】。屈曲安全系数的最小正值即屈曲安全系数，该值可以用于计算屈曲载荷，如图 3-24 所示。

$$P_{CR} = 4\,450\text{N} \times 3.68 = 16\,376\text{N}$$

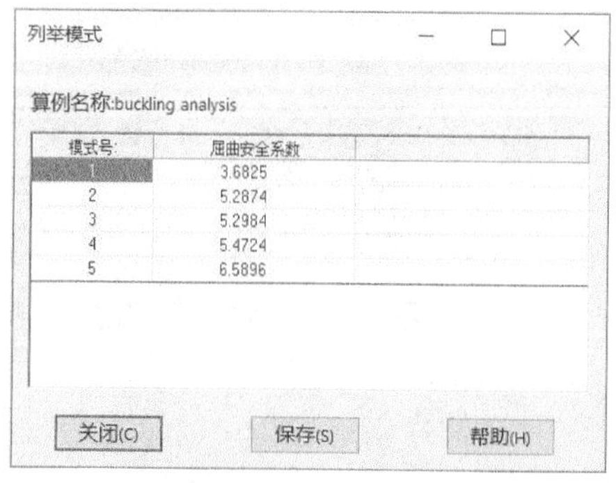

列举模式

算例名称:buckling analysis

模式号	屈曲安全系数
1	3.6825
2	5.2874
3	5.2984
4	5.4724
5	6.5896

关闭(C)　保存(S)　帮助(H)

图 3-24　列出屈曲安全系数

屈曲安全系数的最小值3.68小于屈服安全系数的值4.6。这说明屈曲失效会先于屈服失效。

步骤20 图解显示第1阶屈曲模式

为第1阶屈曲模式生成一幅变形图解。观察发现，柜子的顶面已经失稳并发生屈曲。这个形状是屈曲刚发生时的大致变形，如图3-25所示。

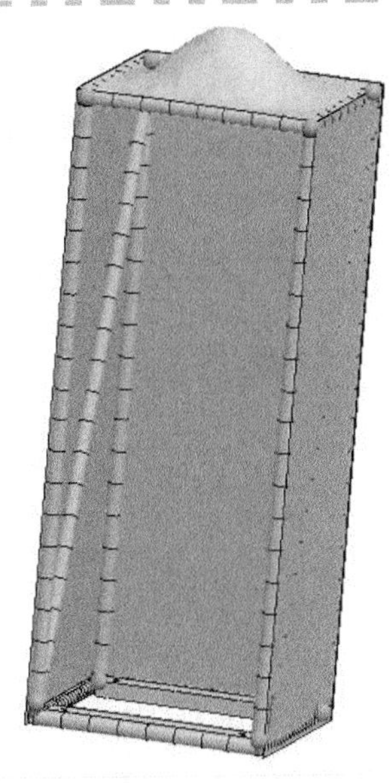

图3-25 图解显示第1阶屈曲模式

提示 如果柜子表面的结构不是很重要，则有必要计算更高阶的屈曲模式，以研究涉及框架的失稳问题。

第4章　工　　况

学习目标

- 理解工况管理器的特性，并使用它来分析多个载荷组合的工况问题

4.1　工况概述

工况管理器允许用户获得已定义的载荷，并可以组合它们来定义基本工况，如恒定载荷工况、风力载荷工况等。基本工况能进一步被线性组合成次级载荷组合，例如“1.3×恒定载荷工况+2×风力载荷工况”。通过这种方式能快速地评价作用在模型上的多种组合载荷的效果。

4.2　实例分析：脚手架

此脚手架模型（见图4-1）由一个带有木质平板的水平台、两个立架和两个连接支架组成。

水平台位于稍微偏离中心线的位置，以模拟实际的装配误差。所有的结构组件被对应位置上的连接支架连接到管形的立架上，紧固螺栓和安全组件没有包含在此模型中。

假设在被连接的结构组件之间只有非穿透的接触行为存在。所有部件都是由牌号为AISI 304（相当于我国牌号06Cr19Ni10）的钢制造的，木质平台由松木制成。

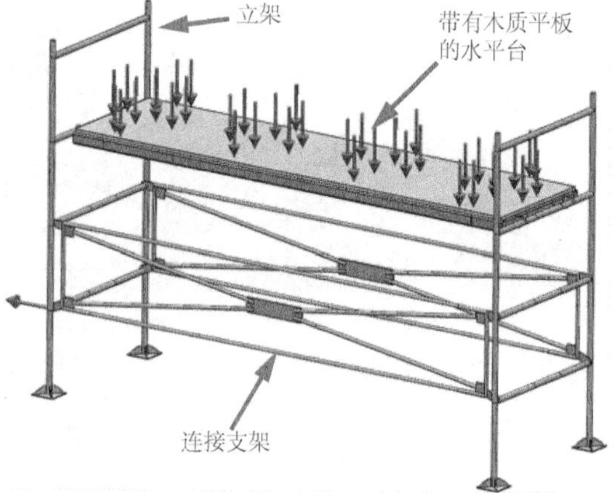

图4-1　脚手架模型

4.2.1　项目描述

脚手架的设计需遵循设计规范，明确脚手架的工作条件。通常要求它能在最不利的恒定载荷、可变载荷以及环境载荷等组合载荷条件下正常使用。

4.2.2　环境载荷

环境载荷尤其指风、雨、雪等环境因素对脚手架的作用力。例如，如果脚手架上附有遮阳布、指示牌或外围隔板等物体，那么由于风、雨而施加到脚手架上的环境载荷就可能会被加强。

4.2.3　恒定载荷

恒定载荷指脚手架结构及其组件的自重载荷，例如组件包含工作中用的或附带的平台、楼梯、梯子、隔板、护墙板、平台支架、悬挂绳、备用绳、黏结在一起的装配件、脚手架起吊装置和电缆等。

4.2.4　可变载荷

可变载荷包括人的重力、材料及残渣的重力、工具及工作设备的重力、碰撞冲击力等。

4.2.5　载荷组合

具体的载荷组合必须遵循当前的原则和规范。本章应用的一个由恒定载荷和可变载荷组成的载荷组合为“2×恒定载荷+2×可变载荷”。

本章的目标是计算该脚手架在此载荷作用下的最大位移。

4.2.6　关键步骤

基本步骤如下：

1）定义静态分析算例。定义约束、载荷、接触以及网格划分。

2）定义基本工况。定义恒定载荷工况和可变载荷工况。

3）定义载荷组合。使用方程“2×恒定载荷+2×可变载荷”来定义一个线性工况组合。

4）分析结果。查看得到的输出结果，确定计算的最大位移是否在要求的界限以内。

操作步骤

扫码看视频

步骤1　打开装配体模型文件

从 Lesson04\Case Studies 文件夹中打开脚手架模型文件。

步骤2　查看静态分析设置

在本章实例 Load cases 中包含的特征已经在之前定义好了。子装配体的4个角从分析模型中排除掉了，并用在表面上定义的【固定几何体】约束来取代，如图4-2所示。

图4-2　固定约束

脚手架模型中，两侧支架子装配体中的圆管使用梁单元建模。为了便于网格划分，分析中删除了角撑加固板，而使用梁接头来替代并模拟它的作用，如图4-3所示。

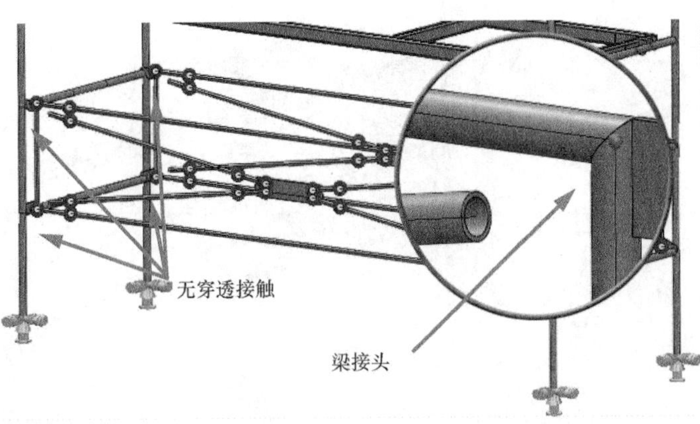

图4-3　查看相关设置

两侧的支架搭接在两头立架的水平管上面。对于支架与立架水平管的连接，将使用已经定义好的无穿透接触来模拟。

两侧支架中间的连接平板被焊接在斜置圆管上。这种连接可以使用黏结接触来模拟，如图4-4所示。

步骤 3　查看固定约束

因为两侧支架和水平台自由地放置在立架的圆管上，它们能在 Z 方向随意地移动。所以，必须在此脚手架模型的 Z 方向施加使其稳固的约束。

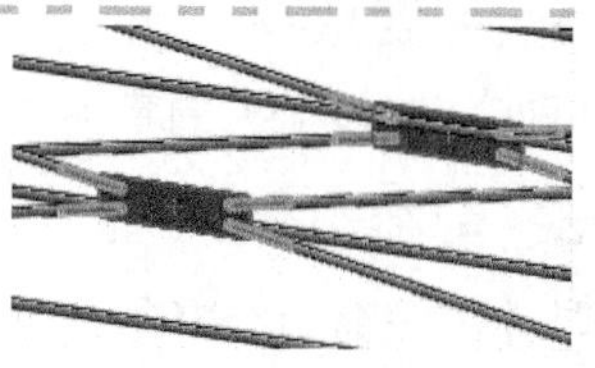

图 4-4　黏结接触

以正视平面作为参考平面，在 10 个已标志的位置上施加 Z 方向的平动约束从而达到稳定约束的目的，如图 4-5 所示。

图 4-5　施加约束

步骤 4　删除木质平板

这里的木质平板对仿真的结果几乎没有影响，所以从分析中将它删除，如图 4-6 所示。

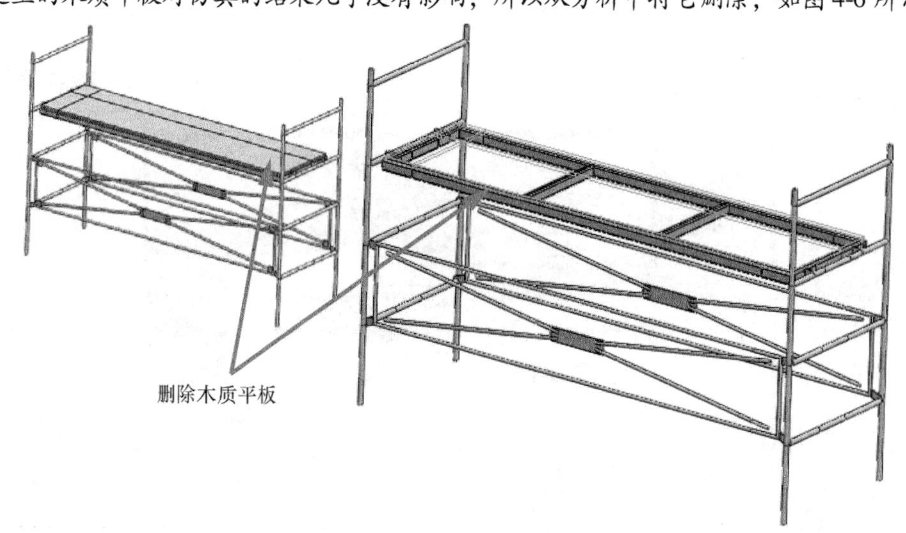

图 4-6　删除木质平板

步骤 5　定义材料属性

选择牌号为 AISI 304 的钢，其属性已经赋予了脚手架的所有组件。这种材料的屈服强度为 206.8MPa。

步骤6 定义水平台和立架之间的无穿透接触

水平台的框架自由地放置在立架的水平圆管上，它们之间的相互作用使用无穿透接触来模拟。这里已经定义了4个无穿透接触，如图4-7所示。

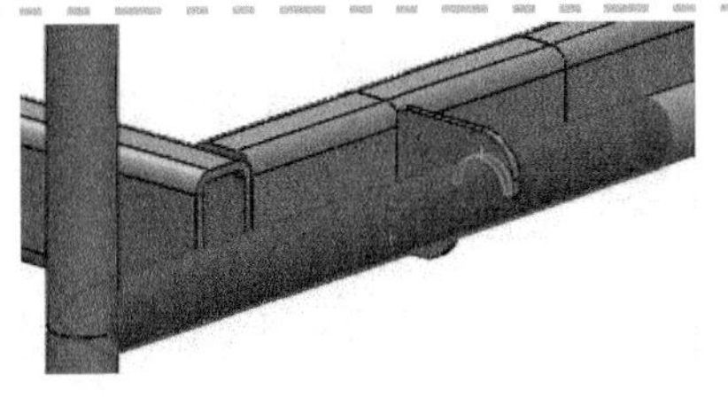

图4-7 定义无穿透接触

步骤7 定义垂直分布力

定义一个总和为3 500N、垂直作用于水平台框架上表面的分布力，如图4-8所示。

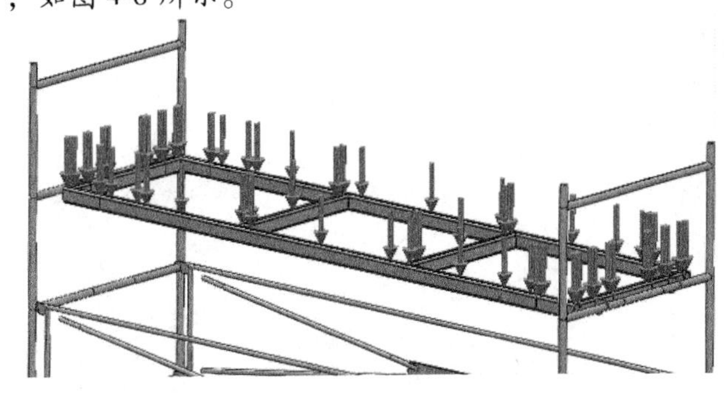

图4-8 定义框架上表面的垂直分布力

步骤8 定义垂直集中力

定义一个总和为1 650N、垂直方向的力，作用于平台框架指定组件的上表面，如图4-9所示。

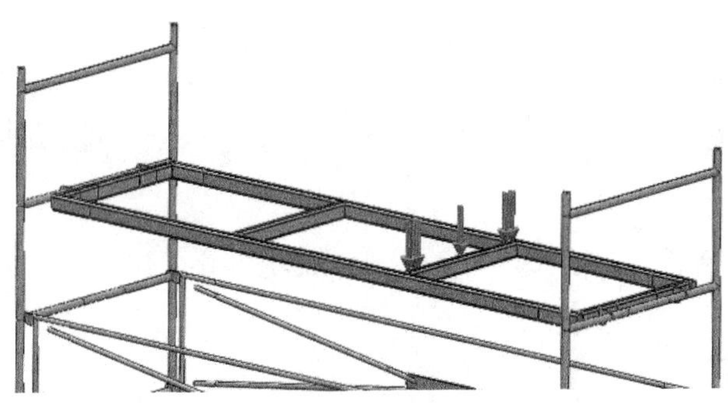

图4-9 定义框架上表面的垂直集中力

步骤9 定义稳固垂直力

定义4个大小为1N、垂直向下的力，分别作用于两侧支架的4个角搭接点上，如图4-10所示。

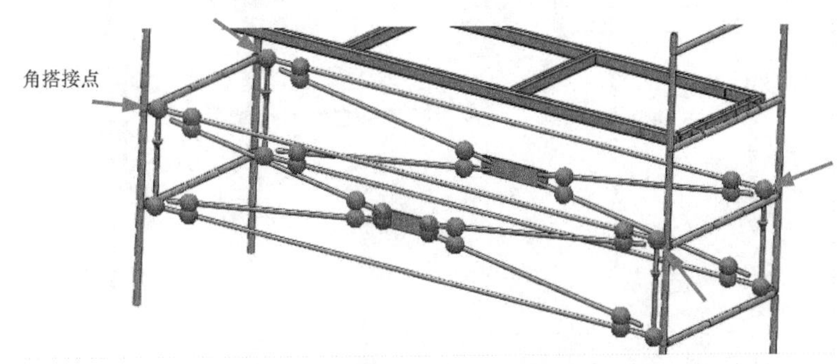

图4-10 定义稳固垂直力

> 注意　在没有重力作用的情况下（某些需要考虑的工况并不包含重力载荷），两侧支架在垂直方向上不会受到约束。具体情况要具体分析，这种约束的缺失可能会导致求解过程初始时不稳定。在垂直方向上增加 4 个很小的使其稳固约束的力，以提供所需的稳定性。

步骤 10　定义重力

定义 *Y* 轴负方向上的重力载荷。

步骤 11　定义网格控制

网格控制参数设置如下：单元尺寸为 18.4mm，比率为 1.5，施加在两侧支架中间的平板上。

另外，设置网格控制参数，单元数设定为 30 个，施加到两侧支架中 4 个垂直的圆管上，如图 4-11 所示。

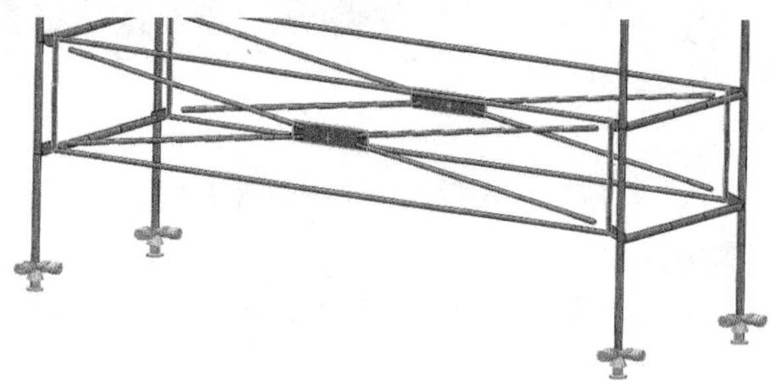

图 4-11　定义网格控制

> 注意　以上两种网格控制方法是为了提高和改进黏性接触的求解方法而定义的。

步骤 12　显示网格

使用高质量显示网格，基于曲率的网格已经创建完成，如图 4-12 所示。

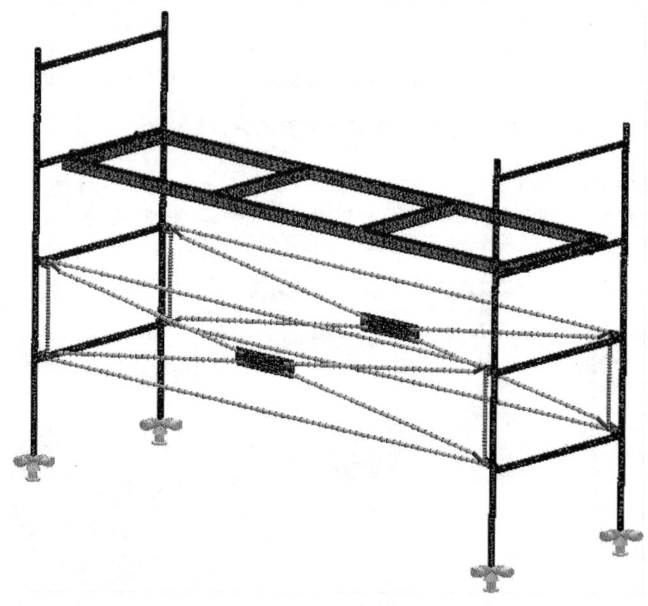

图 4-12　显示网格

步骤 13　打开工况管理器

在 Simulation 分析树中右键单击【负载实例管理器】，选择【查看/编辑定义】，如图 4-13 所示。

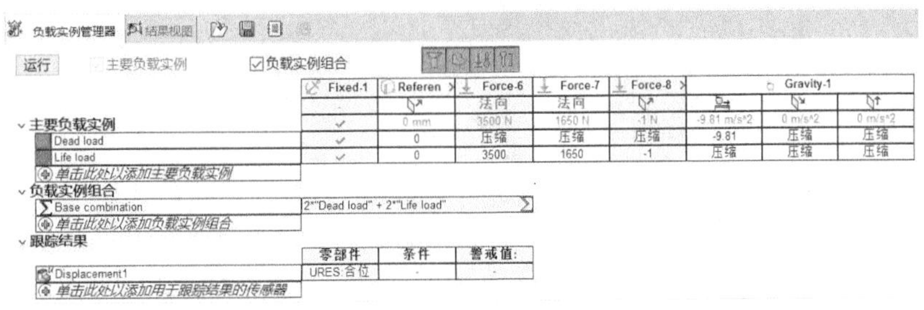

图 4-13　打开工况管理器

步骤 14　定义恒定载荷工况

增加一个【主要负载实例】工况，重命名为“Dead load”，如图 4-14 所示。

让所有的约束处于激活状态，确保所有的力为【压缩】状态。解压缩所有重力载荷的 3 个分量。

运行　主要负载实例　☑负载实例组合

	Fixed-1	Referen	Force-6	Force-7	Force-8	Gravity-1		
			法向	法向				
主要负载实例	-	0 mm	3500 N	1650 N	-1 N	-9.81 m/s^2	0 m/s^2	0 m/s^2
Dead load	✓	0	压缩	压缩	压缩	-9.81	压缩	压缩
Life load	✓	0	3500	1650	-1	压缩	压缩	压缩
单击此处以添加主要负载实例								

负载实例组合

Base combination	2*"Dead load" + 2*"Life load"
单击此处以添加负载实例组合	

跟踪结果

	零部件	条件	警戒值:
Displacement1	URES:合位	-	-
单击此处以添加用于跟踪结果的传感器			

图 4-14　定义恒定载荷工况

步骤 15　定义基本的工况

定义一个名为“Life load”的基本工况，如图 4-15 所示。再一次保持所有约束处于激活状态，压缩重力载荷。解压缩所有力载荷（包含为稳定而施加的 1N 的初始载荷）。

	Fixed-1	Referen	Force-6	Force-7	Force-8	Gravity-1		
			法向	法向				
主要负载实例	-	0 mm	3500 N	1650 N	-1 N	-9.81 m/s^2	0 m/s^2	0 m/s^2
Dead load	✓	0	压缩	压缩	压缩	-9.81	压缩	压缩
Life load	✓	0	3500	1650	-1	压缩	压缩	压缩
单击此处以添加主要负载实例								

图 4-15　定义可变载荷工况

步骤 16　定义载荷工况组合

在【负载实例组合】中，增加一个载荷工况组合。在【编辑方程式（负载实例组合）】对话框中，输入图 4-16 所示的线性方程。单击【确定】✓关闭对话框。将这个载荷组合重命名为“Base combination”。

步骤 17　定义位移传感器

在【跟踪结果】中，增加一个【仿真传感器】以分析最大的合位移值，单击【确定】✓，如图 4-17 所示。

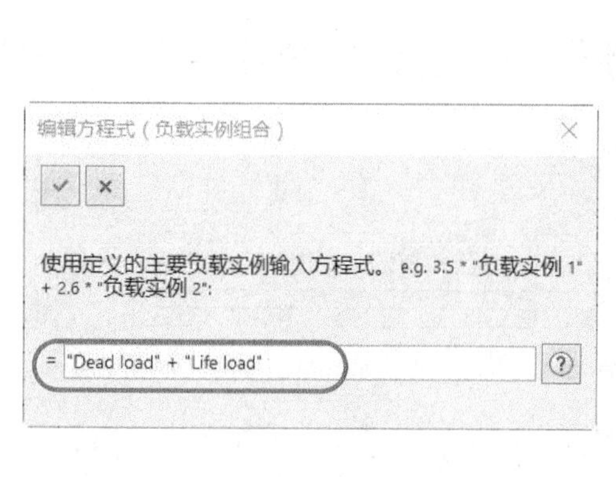

图 4-16　定义载荷工况组合

图 4-17　定义位移传感器

步骤 18　查看工况设置

现在可以看到有两个基本工况（恒定载荷工况和可变载荷工况）、一个次级的载荷工况组合“Base combination”和一个用来跟踪最大合位移结果的仿真传感器，如图 4-18 所示。

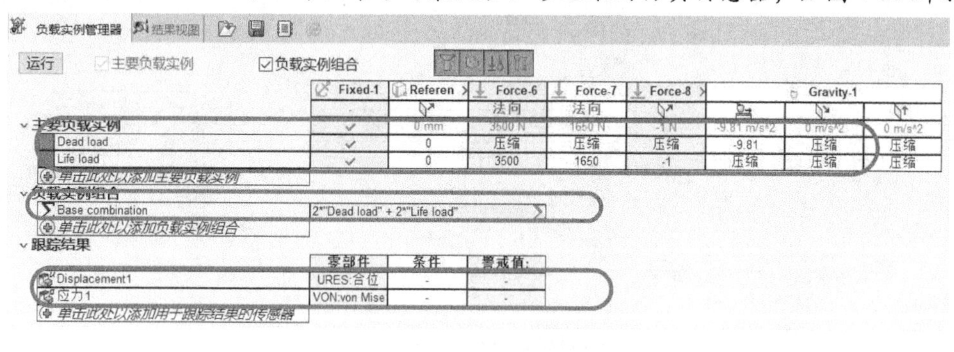

图 4-18　查看工况设置

4.2.7　初始工况

在【工况查看视图】的第一行中，所有仿真属性都处于激活状态，它就是初始工况，该行不能被编辑修改，如图 4-19 所示。

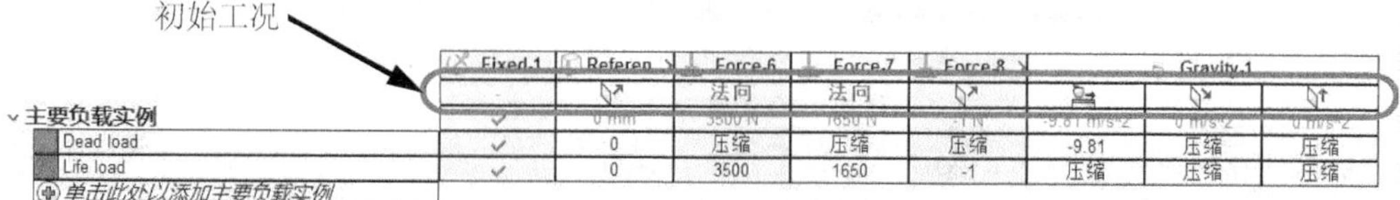

图 4-19　查看初始工况

步骤 19　计算基本组合工况

在工况管理器中单击【运行】按钮，软件将首先独立计算每一个基本载荷工况。首先计算静态载荷工况，其次计算可变载荷工况。组合工况的分析结果是由已经计算得到的静态载荷工况的结果和可变载荷工况的结果线性组合计算而得到的，如图 4-20 所示。

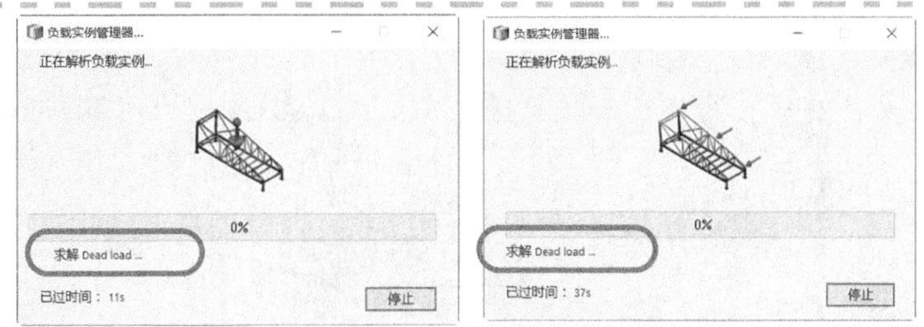

图 4-20　计算基本组合工况

步骤 20　查看计算结果

在【结果视图】选项卡中，显示了仿真传感器的计算结果，并且提供了所输入的载荷和约束的概况，如图 4-21 所示。

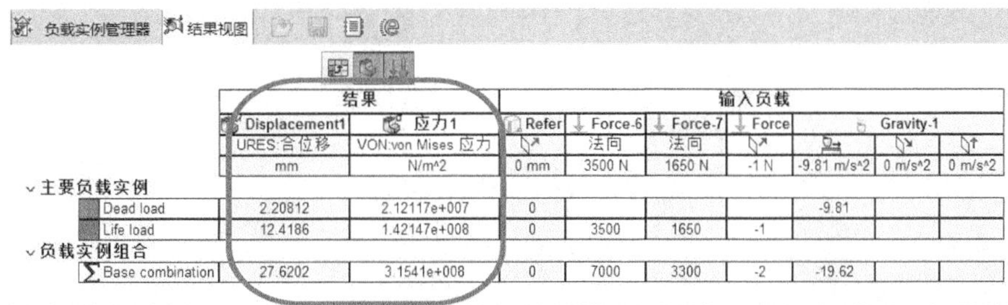

	结果		输入负载						
	Displacement1	应力1	Refer	Force-6	Force-7	Force	Gravity-1		
	URES:合位移	VON:von Mises 应力		法向	法向				
	mm	N/m^2	0 mm	3500 N	1650 N	-1 N	-9.81 m/s^2	0 m/s^2	0 m/s^2
主要负载实例									
Dead load	2.20812	2.12117e+007	0				-9.81		
Life load	12.4186	1.42147e+008	0	3500	1650	-1			
负载实例组合									
Base combination	27.6202	3.1541e+008	0	7000	3300	-2	-19.62		

图 4-21　查看计算结果

在基本工况中，在固定载荷工况“Dead load”作用下计算得到的最大位移是 2.21mm，而在可变载荷工况“Life load”作用下的最大位移是 12.42mm。在组合载荷的工况“Base combination”中，得到的最大位移是 27.62mm。

步骤 21　查看工况的计算结果

为了激活组合载荷工况“Base combination”的计算结果，在【结果视图】选项卡中单击对应的行，如图 4-22 所示。

负载实例管理器　结果视图

	结果		输入负载						
	Displacement1	应力1	Refer	Force-6	Force-7	Force	Gravity-1		
	URES:合位移	VON:von Mises 应力		法向	法向				
	mm	N/m^2	0 mm	3500 N	1650 N	-1 N	-9.81 m/s^2	0 m/s^2	0 m/s^2
主要负载实例									
Dead load	2.20812	2.12117e+007	0				-9.81		
Life load	12.4186	1.42147e+008	0	3500	1650	-1			
负载实例组合									
Base combination	27.6202	3.1541e+008	0	7000	3300	-2	-19.62		

图 4-22　查看计算结果

已经激活的工况也会在【Load cases】下方的【负载实例管理器】中被标记出来，如图 4-23 所示。

> ⚠ 注意　用户可以激活任意一个基本工况的计算结果。

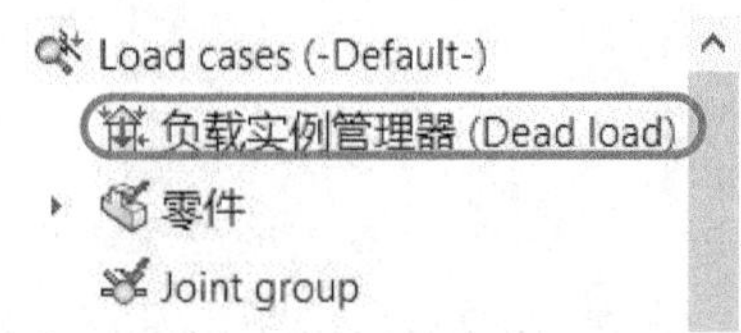

图 4-23　激活的工况

步骤 22　查看实体的应力结果

在【结果】文件夹中，为实体和板壳单元定义 von Mises 应力图解，如图 4-24 所示。

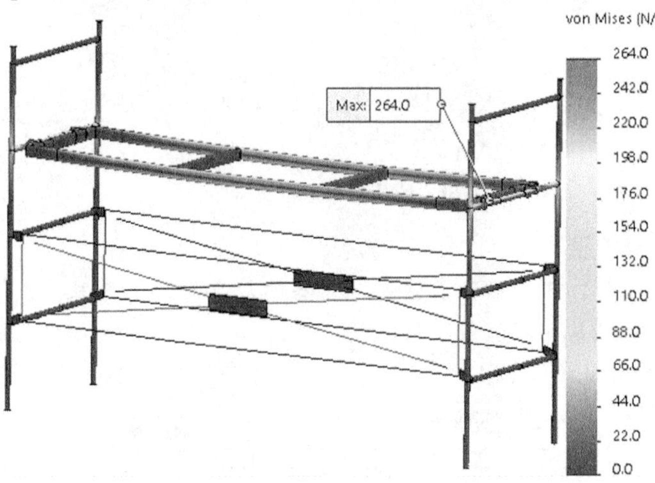

图 4-24　查看实体的应力结果

在实体组件中，最大应力值大约是 264MPa，位于其中的一个水平支架附近。该应力已经超出了材料的屈服强度 206.8MPa。

然而，该计算结果标志的屈服区域需要使用质量更好的网格单元质量，并且重新分析计算来获得更加可信的结果。

步骤 23　查看梁的应力结果

图 4-25 所示为梁的应力结果，梁组件的最大应力是 28.44MPa，位于一个支架的角落上。该应力值明显小于材料的屈服强度 206.8MPa。

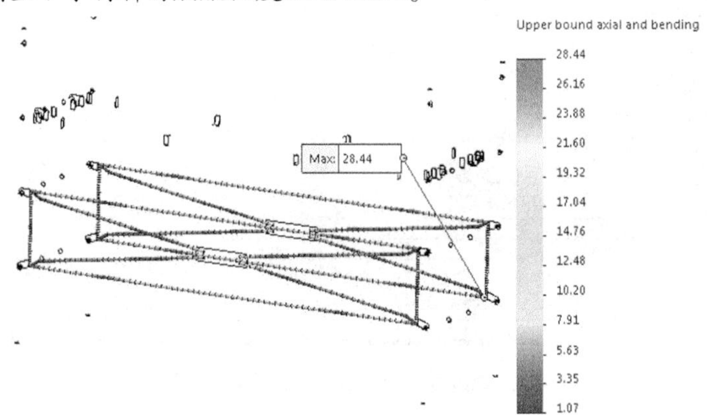

图 4-25　查看梁的应力结果

步骤 24　查看位移结果

图 4-26 所示为位移结果，最大位移值大约是 27.04mm，出现在受载的水平梁的中间位置上。

注意

由于该工况的位移结果同时使用了一个位移传感器监测着，所以同样的位移结果图也可以在工况结果文件夹中定义。

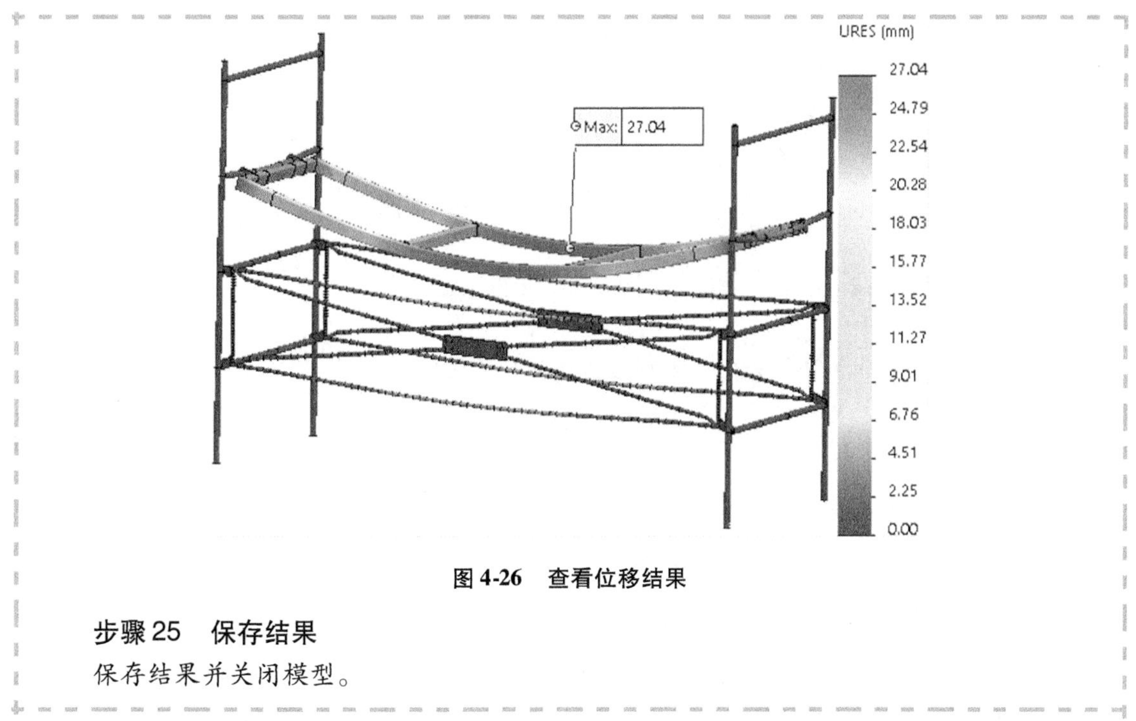

图 4-26 查看位移结果

步骤 25 保存结果

保存结果并关闭模型。

4.3 总结

本章介绍了工况技术，使用此功能可快速得到不同载荷组合的计算结果。

工况管理器允许用户首先定义基本载荷工况，它们是通过组合在实例中的外部载荷文件中已经设置的载荷来定义的。

本例中定义了固定载荷工况和可变载荷工况两个基本载荷工况。

基本的载荷工况可以进一步被线性组合成次级工况组合。在本章案例中定义了一个次级工况组合“2×固定载荷工况+2×可变载荷工况”。

当运行分析计算时，每个基本的载荷工况作为单独的静态分析独立地求解计算。次级组合工况的分析结果是由基本工况的计算结果按原始的组合方程计算获得的。

在工况管理器中，不仅允许用户后处理显示每个单独的工况结果，而且可以显示后处理组合工况的结果。

第5章　子　模　型

学习目标

- 了解并使用子模型功能来分析结构的细节
- 对子模型进行后处理

5.1　子模型概述

使用子模型能方便地隔离出一个大型结构的特定区域，进而对其进行详细分析。

建立子模型的步骤如下：

第一步，使用较粗的网格先求解整个模型。此时，原始的基本模型必须提供可信的位移结果，以便于后续分析。应力结果很有可能不是很精确，特别像连接位置等结构复杂的区域。

第二步，定义一组组件来组成子模型的结构，并传递原始模型的位移边界条件。这样就能保证独立出来的子模型的边界条件与原始父模型中对应部分的边界条件一致。

尺寸缩小后的子模型允许用户在重要区域重新定义更细的网格，从而获得更为精确的应力结果。

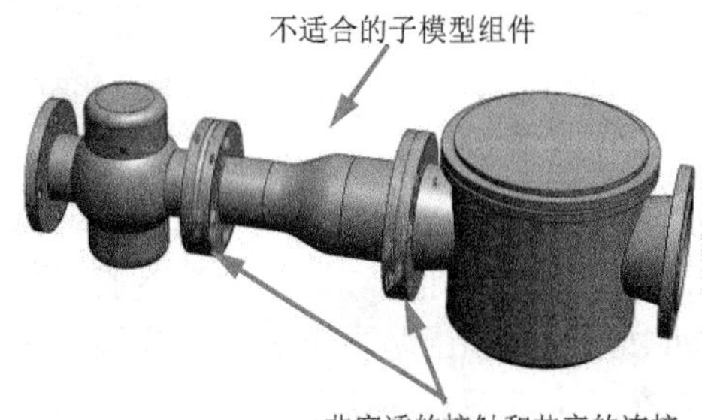

图5-1　模型示例

如图5-1所示，父模型必须有确定的边界条件，以便于子模型的建模：

1）父模型必须有多个组件，并且能进行线性静态分析或者非线性静态分析。

2）父模型不能为二维简化模型。

3）已选择作为子模型的组件与未被选择的父模型的组件之间不能有非穿透接触边界条件。

4）已选择作为子模型的组件与未被选择的父模型的组件之间不能共享连接单元。

5）子模型的边界必须足够远离要求解的应力区域。

5.2　实例分析：脚手架模型

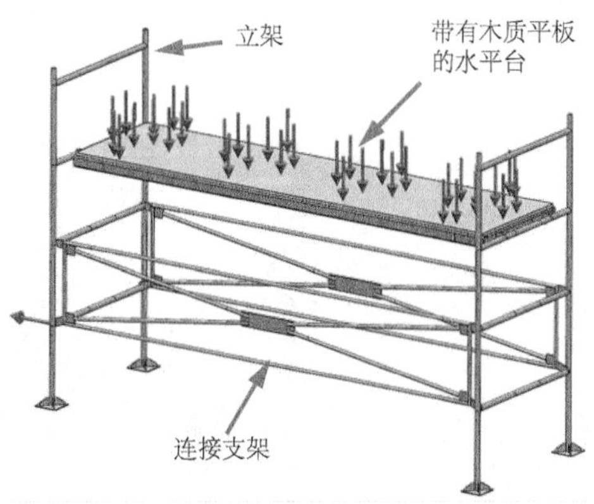

图5-2　脚手架模型

此脚手架模型（见图5-2）由一个带有木质平板的水平台、两个立架和两个连接支架组成。水平台位于稍偏离中心线的位置，以模拟实际的装配误差。所有的结构组件被对应位置上的连接支架连接到管形的立架上，紧固螺栓和安全组件没有包含在此模型中。

假设在被连接的结构组件之间只有非穿透的接触行为存在，所有部件都是由牌号为 AISI 304 的钢制造的，木质平台由松木制成。

5.2.1 项目描述

此装配体模型的最大特征是有大量的连接件且相互交错。若对该装配体整体建模，需要划分非常多的单元网格才能很好地模拟这些连接区域，并且将会耗费很长时间。

因此，可使用子模型的方法来分析计算图 5-3 所示的连接区域的应力，查看水平搭接架与立架之间的连接区域应力是否超过屈服极限。

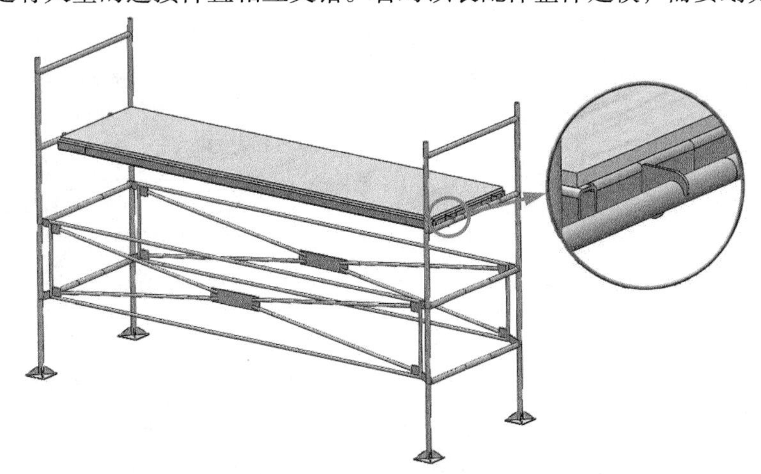

图 5-3 脚手架模型接触示例

5.2.2 关键步骤

子模型建模的基本步骤如下：

1）定义初始模型。在包含所有装配体部件的原始模型上定义好约束条件、载荷以及网格。

2）定义子模型。确定子模型中需要使用的组件，然后使用更细的网格来划分子模型组件，从而得到可靠的应力结果。

3）计算结果。查看输出的结果，确定连接架结构的应力是否超过了材料的屈服极限（FOS =1）。

1. 父模型 作为原始的父模型，用户需使用完整的、包含所有部件的装配体模型。这里，我们直接使用第 4 章求解过的模型作为原始的父模型。

操作步骤

步骤 1 打开装配体文件

从 Lesson05\Case Studies 文件夹中打开“Scaffolding”模型。

步骤 2 查看几何模型

该装配体模型需要切分，以便于定义子模型结构，如图 5-4 所示。

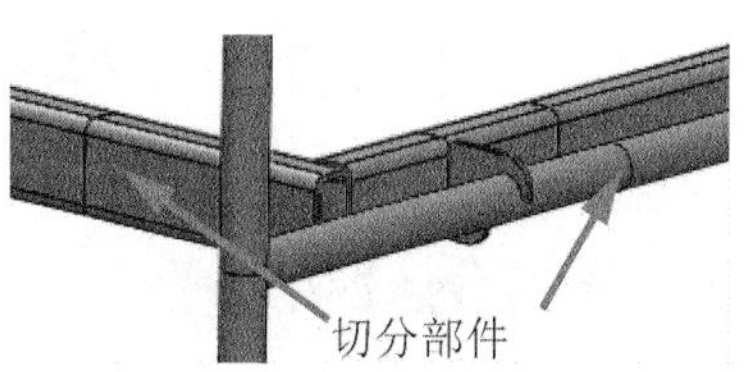

图 5-4 切分部件

2. 子模型中的工况 目前，在父模型中定义的工况结果不能直接用于子模型中，默认情况下，只有初始的工况结果可以使用。

步骤 3 查看实体结构的应力结果

在【结果】文件夹中，右键单击“应力 2（von Mises）”，选择【显示】，查看实体和壳体的应力结果，如图 5-5 所示。

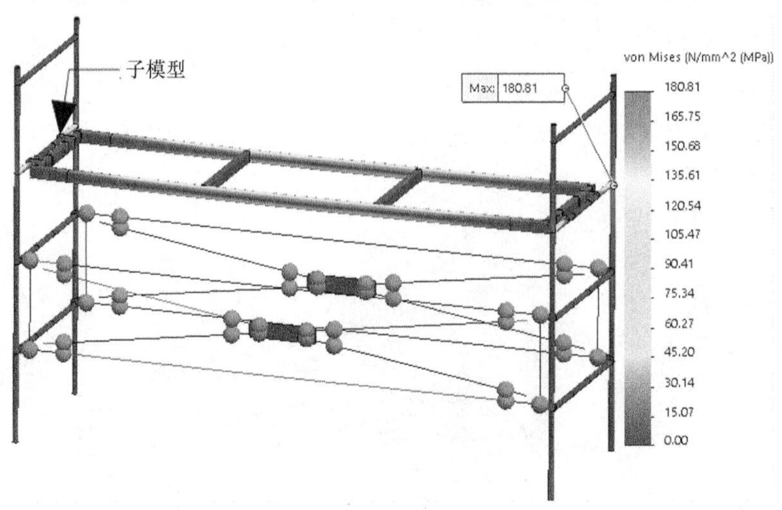

图 5-5　查看实体结构的应力结果

该实体结构的最大应力约为 181MPa，位于其中一个水平台支架接触区的附近。该值低于材料的屈服强度 206.8MPa。所以，该计算结果表明这个连接结构是安全的。为了充分证明该区域的承载能力，我们仍需要在该连接区域使用更细的网格划分，并进行计算。

步骤 4　查看局部应力

将应力最大的角落区域放大，观察网格，如图 5-6 所示，这里的网格非常粗糙，应力结果变得很不可靠。

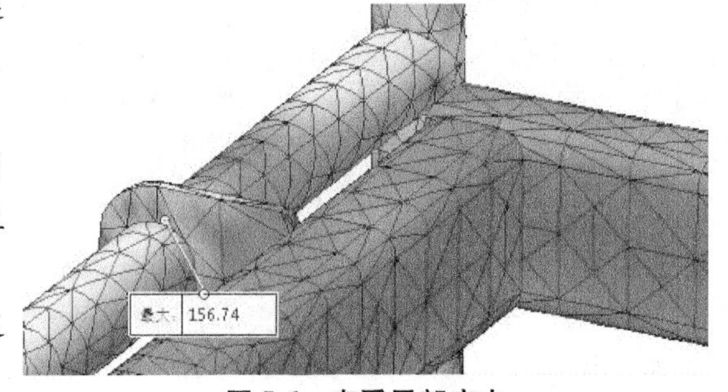

图 5-6　查看局部应力

接下来，将使用子模型的方法获得这个部位的高质量的应力结果。

步骤 5　保存应力结果

保存应力结果，保持模型处于打开状态。

5.3　子实例分析

下面针对子实例的连接部位进行详细的仿真分析。

扫码看视频

步骤 1　检查父实例部件

整个装配体模型的特征分割面被用来定义子模型结构，如图 5-7 所示。

步骤 2　创建子模型

右键单击实例“Parent”，选择【创建子模型算例】，除非被禁止，否则会弹出图 5-8 所示的【子模型信息】提示框。该提示框将列出有关子模型技术的所有限制。

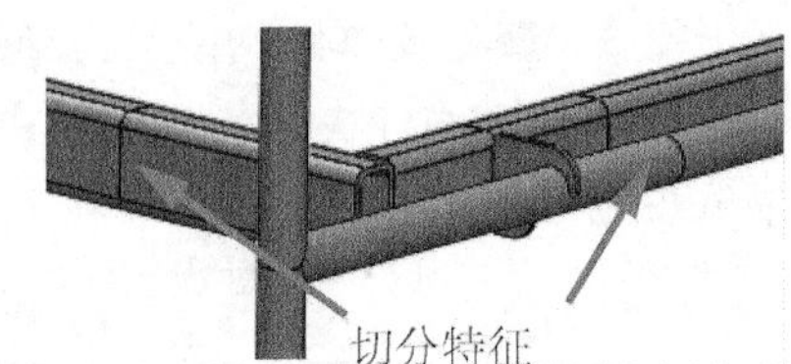

图 5-7　检查父实例部件

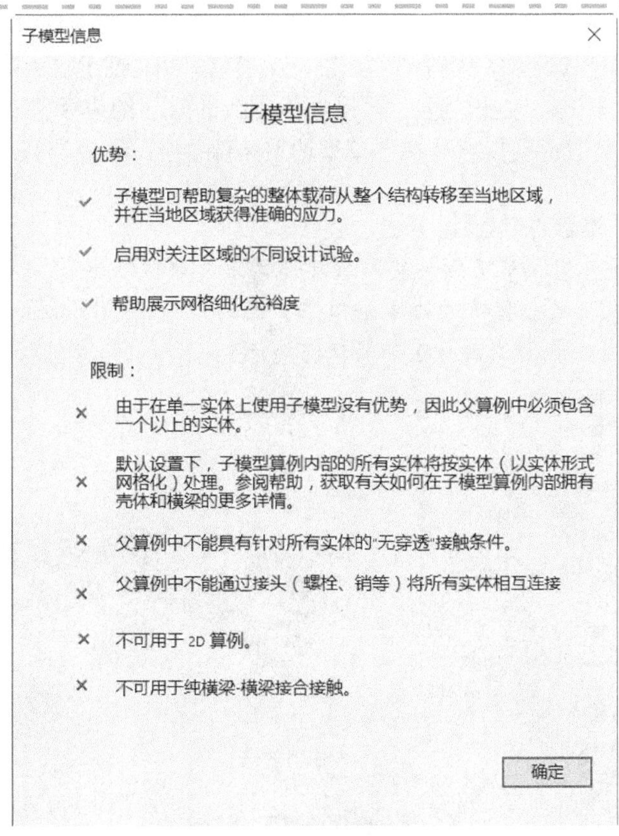

图 5-8 【子模型信息】提示框

大多数重要的限制在本章开始部分已经讨论过了。单击【确定】关闭提示框。

5.3.1 选择子模型组件

一般情况下，建模越详细（例如在子模型中考虑的因素越多），计算结果越好。然而，这将创建更大的有限元模型，需要花费更多的时间求解，因此，需要一些可靠的工程判断来简化模型。这里主要关心的是模型中的支架结构，同时也需要选择一个临近部件，来组合成子模型。

步骤 3 为子模型选择组件

放大并观察转角的最大应力区域，选择组成连接部位的组件，如图 5-9 所示。

也可以在【定义子模型】属性管理器的【几何实体列表】中选择组件，然后单击【确定】。

注意：计算机将花费 1 ~ 2min 来创建子模型实例。

图 5-9 为子模型选择组件

5.3.2 子模型约束

由于子模型只是来自父模型实例的一个子集，所有的约束条件都直接从父模型实例及其计算结果中转化而来，并且不能被改变。这也意味着任何新的附加约束条件都不能被定义在子模型上，【显示所有】和【隐藏所有】将是在子模型约束条件中唯一可以执行的命令。

步骤 4 查看子模型约束条件

所有的约束条件都直接从父模型实例及其计算结果中转化而来，如图 5-10 所示。“自父级的位移”约束包括父模型传递的 4 个裸露截面的位移，“Reference Geometry”（参考几何约束）包括限制支架在 Z 方向运动的位移约束。

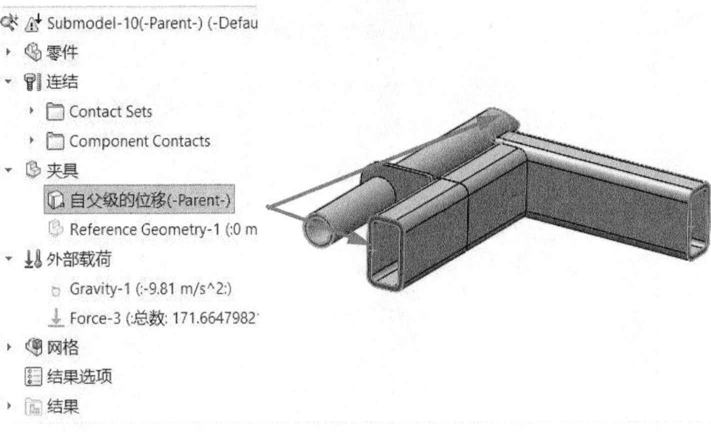

图 5-10 查看子模型约束条件

步骤 5 查看子模型中的载荷

所有的载荷直接来自于父模型实例的转化。父模型上的“Gravity-1”以及平台梁上表面的“Force-3”被转化到子模型中，如图 5-11 所示。

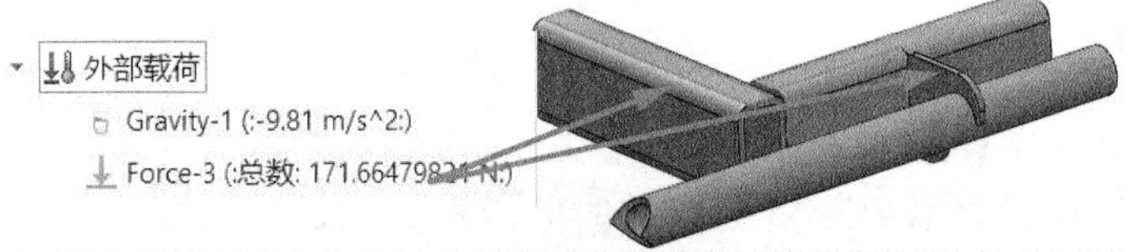

图 5-11 查看子模型中的载荷

步骤 6 施加网格控制

在支架与管道的接触面上施加 0.5mm 的网格控制参数及默认的比率参数。在与支架接触的水平管的几何体上施加默认的网格控制参数，如图 5-12 所示。

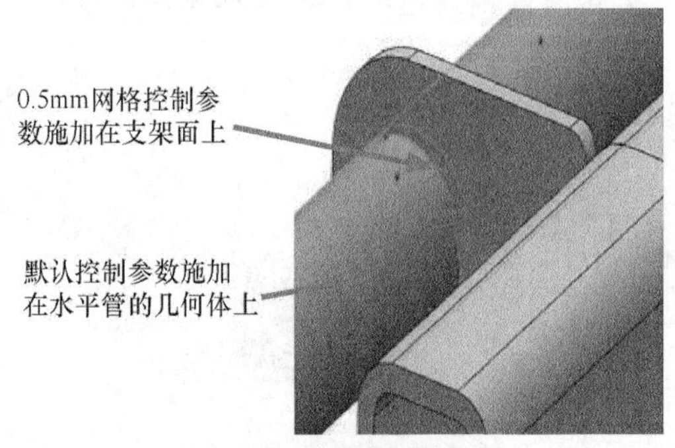

图 5-12 施加网格控制

步骤7 创建网格

使用默认的网格控制参数创建高质量的、基于曲率的网格，如图5-13所示。

> ⚠ 注意 最终得到的网格是已经在支架与水平管的接触区集中细化了的。

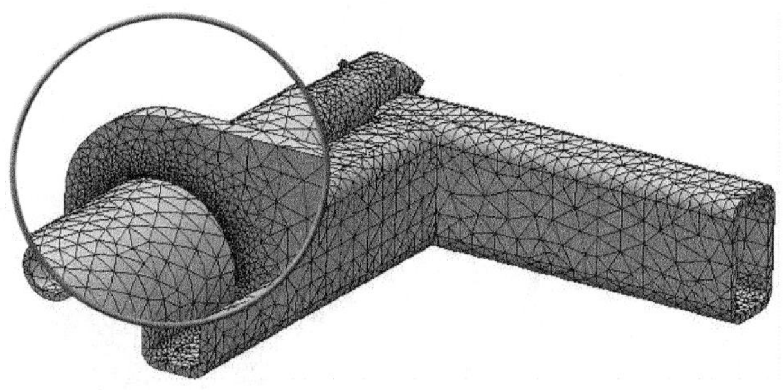

图5-13 创建网格

步骤8 运行分析

此实例分析在一台配置3GHz主频的处理器、12GB内存的计算机上将花费2min。

步骤9 查看应力结果

激活应力（实体和板壳）图解。

将图例中的最大值更改为材料屈服强度206MPa。

如图5-14所示，最大接触应力跃升至1 591MPa左右，远高于屈服强度。

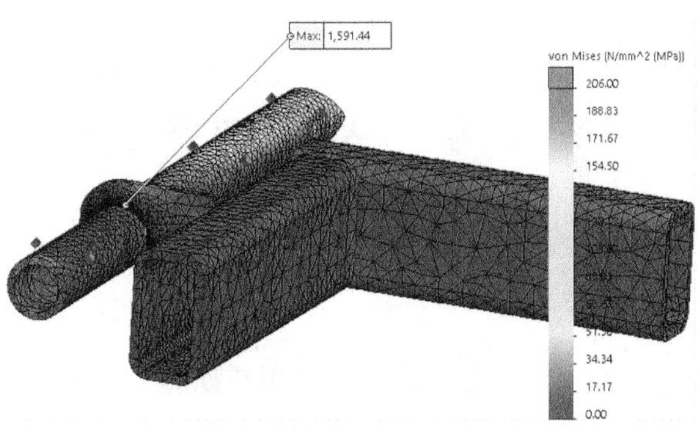

图5-14 应力图解

步骤10 在支架上隔离

在支架上隔离并检查接触应力的分布。

如图5-15所示，峰值应力是不连续的，不会造成材料的失效。更好的接触分辨率会导致更多的分布式压力。对负载接触面的探测揭示了更精确的最大应力约为110MPa。

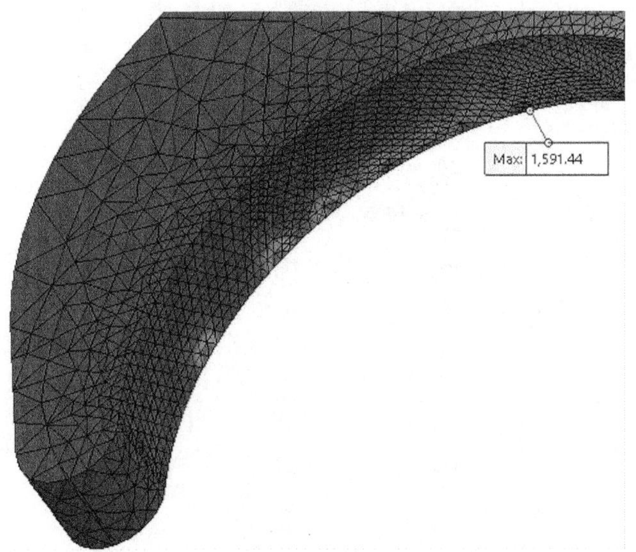

图5-15 不连续的接触应力

步骤 11　绘制能量规范误差

图 5-16 显示在临界区域几乎没有误差。这表明应力结果在关键接触区域可能是可靠的。

图 5-16　能量误差图解

为了证明应力的可靠性，用户必须研究各种网格细化对应力收敛的影响。

步骤 12　保存并关闭文件

5.4　总结

本章介绍了子模型技术，方便用户研究像连接区域这样复杂的应力分布位置的详细应力状态，而不需要对当前装配体的整个模型产生细化网格。

该技术需要分成两个步骤：

第一步，使用较粗的网格设置划分当前装配体模型，并保存计算结果。粗糙的网格在连接这样的复杂区域将得到不是非常可靠的应力结果，但是可以提供可信的位移结果。

第二步，选择关注区域的临近几何体，并定义一个子模型实例。子模型上的所有载荷和约束条件将自动地由父模型直接转化而来。用户仅需要自行创建更好的网格并且重新运行分析。

相比于运行整个装配体的计算来说，由于子模型的计算是在一个更小的模型上完成的，所以计算时间将大大缩短，而且计算结果也会更加可靠。

练一练

1. 什么是子模型技术？它有什么作用？
2. 选择的组成子模型的几何体，与未被选择的实体之间能否存在穿透接触？
3. 子模型的载荷是怎么定义的？

第 6 章　拓 扑 分 析

学习目标

- 执行拓扑分析
- 创建一个负载实例，结合多个负载进行拓扑优化
- 导出优化的形状

6.1　拓扑分析概述

拓扑分析用于查找组件的最佳结构形状。该过程从作为初始设计空间的部分开始，然后分配材料，施加负荷并添加固定装置。可以添加控件来指示零件最终将如何制造，并可以添加目标来优化形状，以最小化模型质量、增加刚度或减小最大位移。拓扑分析示例如图 6-1 所示。

图 6-1　拓扑分析示例

杨氏模量和密度会在模型中的所有元素上均匀地减小。在解决过程中，材料属性被重新分配，以满足结构目标。得到的结果是一个非参数组件，可以将其导出为网格、曲面或实体。

6.2　实例分析：山地车后减震器的联动臂

下面将对山地车后减震器的联动臂进行拓扑分析。本小节包含两个案例研究：第一个将研究只有一个加载条件的组件如何优化；第二个将考虑连锁机构在整个使用过程中遇到的几种负载情况。

在拓扑研究中的组合负载通过负载情况管理器来执行。

项目描述：

在 3 个位置支撑联动臂：车架、座椅支撑和后减震器。

有 3 个独立的加载条件。第 1 个加载条件是满载条件，其中冲击被完全压缩，在连杆臂上提供 800N 的力，如图 6-2 所示。第 2 个加载条件是休息负载加载条件，其中冲击在连杆臂上施加 200N 的力，如图 6-3 所示。第 3 个加载条件是侧向载荷加载条件，其中 115N 的力施加在车轮的中心到侧面的位置上，如图 6-4 所示。这是为了模拟在滑行的同时骑单车或单个车轮撞击岩石的效果。

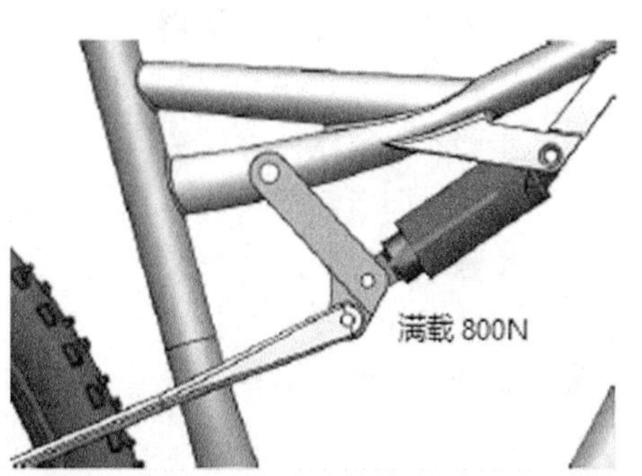

图 6-2　支撑联动臂受载 1

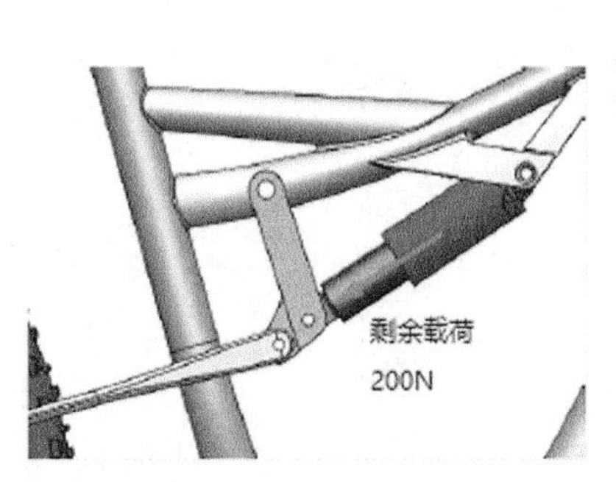

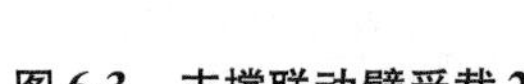
图 6-3 支撑联动臂受载 2

图 6-4 支撑联动臂受载 3

分析过程：

1）审查应力分析。审查已经完成的几个仿真实例，然后运行。

2）针对单个负载情况的拓扑研究。首先将满载静态研究的设置复制到拓扑研究中，然后对其应用约束和目标，并在运行和分析模型之前创建网格。

3）针对多种负载情况的拓扑研究。创建一个新的拓扑研究，并复制组合负载静态研究的设置。【多个负载实例】命令将被用来组合负载，并且拓扑研究将被运行。最后将生成的几何体作为实体输出。

操作步骤

扫码看视频

步骤 1　打开部件

从 Lesson06 \ Case Studies 文件夹中打开“linkage”文件，如图 6-5 所示。

步骤 2　观察静态仿真

有 4 个已经建立的静态仿真任务，观察每个仿真分析的设置。“Combined Load”模拟将来自“Full Load”，“Rest Load”和“Side Load”模拟的所有载荷和固定装置组合在一起，并将在本节后面部分中使用。

图 6-5 连接件

步骤 3　运行所有仿真

运行所有仿真实例。

步骤 4　创建拓扑研究

创建一个名为“topology-full_ load”的拓扑研究。单击【确定】。

步骤 5　复制文件夹

将【零件】、【夹具】和【外部载荷】文件夹从“Full Load”复制到“topology-full_ load”。

6.3 目标和约束

拓扑研究总是针对一个目标进行优化。其有 3 个可用的目标：最佳强度重量比、最小化最大位移和最小化有位移约束的质量。可以使用以下 4 种约束：位移约束、质量约束、频率约束和应力/安全系数约束。

知识卡片

最佳强度重量比	此目标的目的是尽量减少结构的符合性，同时减少一定的质量。如果没有定义其他目标，则使用最佳强度重量比，质量减少30%。
操作方法	• CommandManager：【Simulation】/【目标和约束】/【最佳强度重量比】。 • 菜单：【Simulation】/【拓扑研究】/【最佳强度重量比】。 • Simulation 分析树：右键单击【目标和约束】，然后单击【最佳强度重量比】。

知识卡片

最小化最大位移	此目标的工作原理是首先在要最小化位移的模型上选择一个顶点，然后添加一个约束来减少模型的质量。
操作方法	• CommandManager：【Simulation】/【目标和约束】/【最小化最大位移】。 • 菜单：【Simulation】/【拓扑研究】/【最大限度地减少最大位移】。 • Simulation 分析树：右键单击【目标和约束】，然后单击【最小化最大位移】。

知识卡片

最小化有位移约束的质量	设置为此目标后，位移被假定为从原来的设计空间减少一个用户指定的数量，然后尽可能减少质量，同时保持位移限制。
操作方法	• CommandManager：【Simulation】/【目标和约束】/【最小化有位移约束的质量】。 • 菜单：【Simulation】/【拓扑研究】/【最小化有位移约束的质量】。 • Simulation 分析树：右键单击【目标和约束】，然后单击【最小化有位移约束的质量】。

步骤6 最小化质量

单击【最小化有位移约束的质量】。在这里，我们将尽可能减少部件的质量，同时确保最大位移不超过没有任何材料去除时的1.3倍。

单击【指定的因子】并输入“1.3”。检查【应力/安全系数约束】。在这里，我们将确保最大应力不超过零件材料屈服强度的90%。单击【指定系数】，然后输入90%。不编辑任何其他参数，单击【确定】。

6.4 制造控制

可以将制造控制应用于模型，以指定在拓扑研究中分配材料的方式。几个制造控制可以同时应用。

知识卡片

添加保留区域	【添加保留区域】命令用于指定必须保留的面，还可以添加厚度约束，以将额外的材料从选定的面中分离出来。
操作方法	• CommandManager：【Simulation】/【制造控制】/【添加保留区域】。 • 菜单：【Simulation】/【拓扑研究】/【添加保留区域】。 • Simulation 分析树：右键单击【制造控制】，然后单击【添加保留的区域】。

知识卡片

指定厚度控制	在进行拓扑研究时，会将材料分配到模型的各个区域以支持结构。【指定厚度控制】命令用于定义这些支持的厚度。
操作方法	• CommandManager：【Simulation】/【制造控制】/【指定厚度控制】。 • 菜单：【Simulation】/【拓扑研究】/【指定厚度控制】。 • Simulation 分析树：右键单击【制造控制】，然后单击【指定厚度控制】。

知识卡片		
	指定脱模方向	如果零件是通过冲压、模锻或挤压工艺制造的，则必须施加几何约束，以便将其从模具中取出。 脱模方向约束用于帮助形成这些形状。在这个约束中有 3 个选项可供选择：两侧对称（两个方向）、仅拉向和冲压（仅限拉向）。
	操作方法	• CommandManager：【Simulation】/【制造控制】/【指定脱模方向】。 • 菜单：【Simulation】/【拓扑研究】/【指定脱模方向】。 • Simulation 分析树：右键单击【制造控制】，然后单击【指定脱模方向】。

知识卡片		
	指定对称基准面	指定对称基准面可用于指定对称性。 对称性可以分别应用于具有半对称、1/4 对称或 1/8 对称的 1 个、2 个或 3 个平面上。
	操作方法	• CommandManager：【Simulation】/【制造控制】/【指定对称基准面】。 • 菜单：【Simulation】/【拓扑研究】/【指定对称基准面】。 • Simulation 分析树：右键单击【制造控制】，然后单击【指定对称基准面】。

步骤 7　指定对称约束

单击【指定对称基准面】。

该部分将关于中心线对称。因此，选择【半对称】。选择右视基准面作为对称平面。单击【确定】。

步骤 8　指定脱模方向

单击【指定脱模方向】。

单击【两侧对称（两个方向）】，并确保勾选了【自动确定中央中间基准面】复选框。选择图 6-6 所示的部件的边线作为拔模方向。单击【确定】。

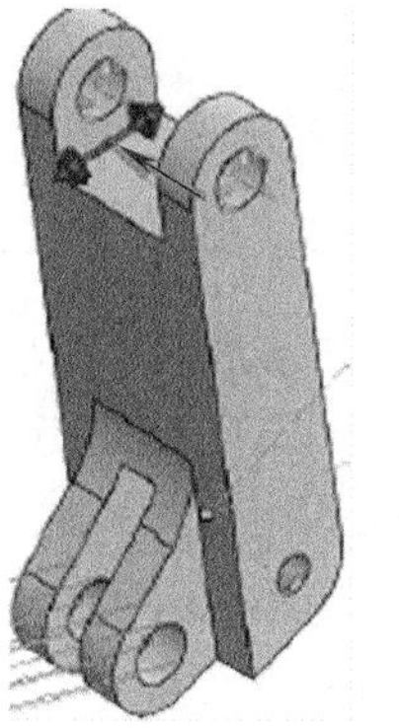

图 6-6　定义脱模方向

步骤 9　创建网格

单击【创建网格】。创建一个草图质量、基于曲率的网格，最大单元尺寸为 3mm，最小单元尺寸为 1mm。单击【确定】。

6.5　网格的影响

当进行拓扑研究时，材料密度和杨氏模量会被均匀地降低并重新分配到模型内的元素上。

由于材料属性会重新分配给单元构成的几何体，因此，单元尺寸对端部的形状有显著的影响。图 6-7 所示是具有相同设置和不同单元尺寸的结构的几何形状（单元尺寸缩写为“ES”）。

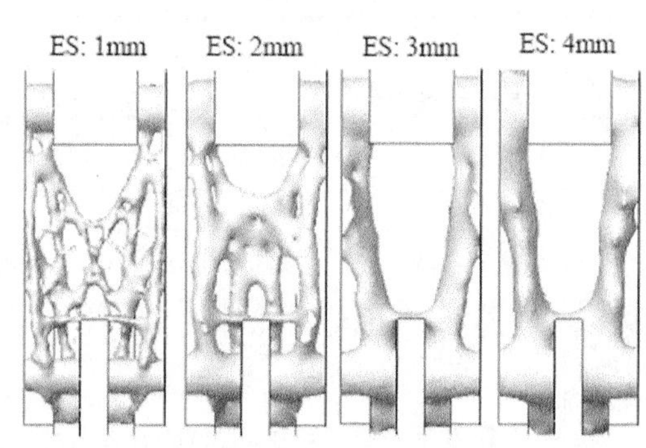

图 6-7　网格的影响

步骤 10 运行

单击【运行】。

注意 仿真计算将运行大约8min。

步骤 11 查看结果

图6-8显示了可以去除材料的位置。

步骤 12 计算平滑网格

右键单击"Material Mass1"，然后单击【编辑定义】。单击【计算平滑网格】。将【材料质量】滑块拖向"粗厚"。将【循环数】滑块拖向"平滑"。单击【确定】。

图6-9显示了最终形状的平滑网格。

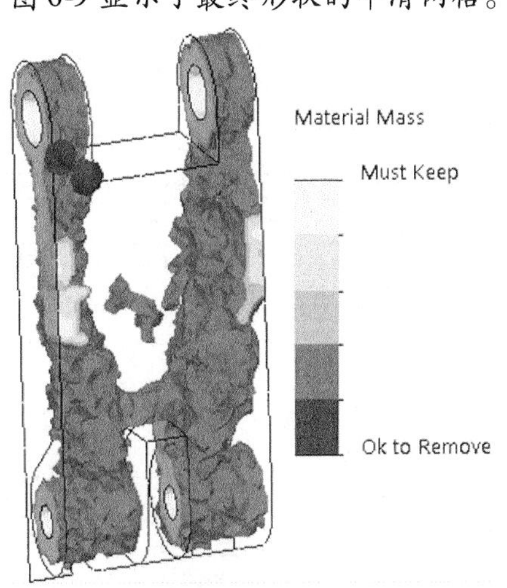

图 6-8 优化结果

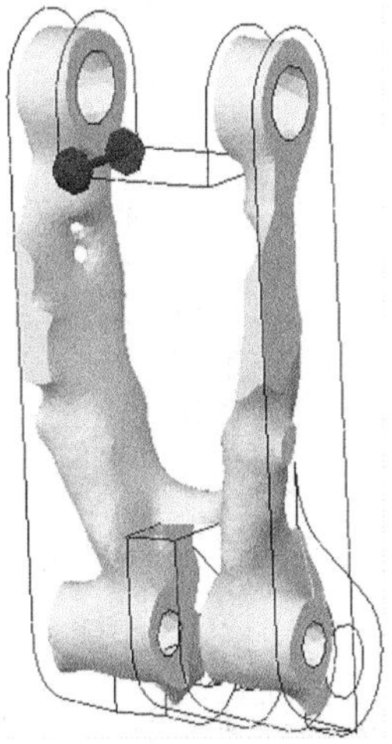

图 6-9 平滑结果

步骤 13 创建新的拓扑研究

下面将创建一个结合了多个负载的拓扑研究。

单击【拓扑算例】，并命名新的研究为"combined load topology"。单击【确定】。

步骤 14 复制文件夹

将"Combined Loads"中的【零件】、【夹具】和【外部荷载】文件夹复制到"combined load topology"中。将【制造控制】从"topology-full_load"复制到"combined load topology"。

步骤 15 设定目标

在这里，我们将找到最佳的强度重量比，同时减少50%的质量。右键单击【目标和约束】下的"Mass constraint1"，单击【最佳强度重量比】。选择【减少质量（百分比）】，输入50%。单击【确定】。

6.6 拓扑分析中的工况

在拓扑研究中结合多个加载条件的唯一方法是使用【多个负载实例】命令。在拓扑研究中考虑负载情况时，可以使用两种算法。软件默认使用第一种算法，它通过在每个负载方向上创建保持比例刚度的部件来工作。第二种算法首先观察负载在设计空间上的响应，然后使结构在变形的最大的方向上变硬。该算法被称为最小最大公式，可以通过仿真的【属性】进行访问。

步骤 16　输入载荷工况视图

右键单击“combined load topology”，然后选择【多个负载实例】。

步骤 17　创建满载工况

创建一个名为“Full Load Case”的主要负载实例。解除固定装置和与满载模拟相对应的负载，同时保持其他所有负载不变，如图 6-10 所示。

		Fixture t	Full L	Full Load Center Wheel Fixture				Rest	Rest Load Center Wheel Fixture			
主要负载实例	本地约束	☑	800 N	0 mm	0 mm	0 mm	0 mm	200 N	0 mm	0 mm	0 mm	0 mm
Full Load Case	单击此处添加本地约束	☑	800	0	0	0	0	压缩	压缩	压缩	压缩	压缩
单击此处以添加主要负载实例												

图 6-10　创建满载工况

步骤 18　创建“Rest Load Case”和“Side Load Case”

再添加两个名为“Rest Load Case”和“Side Load Case”的主要负载实例。在剩余载荷工况载荷条件下，解除夹具和剩余载荷研究的载荷，如图 6-11 所示。

	Full Load Center Wheel Fixture				Rest	Rest Load Center Wheel Fixture				Si
主要负载实例	0 mm	0 mm	0 mm	0 mm	200 N	0 mm	0 mm	0 mm	0 mm	0 mm
Full Load Case	0	0	0	0	压缩	压缩	压缩	压缩	压缩	压缩
Rest Load Case	压缩	压缩	压缩	压缩	200	0	0	0	0	压缩
Side Load Case	压缩	压缩	压缩	压缩	压缩	压缩	压缩	压缩	压缩	0

图 6-11　剩余载荷工况

同样，在侧面载荷工况载荷条件下，解除夹具和侧面载荷研究的载荷，如图 6-12 所示。

	Rest Load Center Wheel Fixture				Side Load from Wheel				Side Shock Fixture			
主要负载实例	0 mm	0 mm	0 mm	0 mm	0 mm	0 mm	0 mm	115 N	0 mm	0 mm	0 mm	0 mm
Full Load Case	压缩	压缩	压缩	压缩	压缩	压缩	压缩	压缩	压缩	压缩	压缩	压缩
Rest Load Case	0	0	0	0	压缩	压缩	压缩	压缩	压缩	压缩	压缩	压缩
Side Load Case	压缩	压缩	压缩	压缩	0	0	0	115	0	0	0	0
单击此处以添加主要负载实例												

图 6-12　侧面载荷工况

提示　如果一个本地约束被添加到一个负载实例下，它将覆盖 Simulation 分析树中添加的目标和约束。

步骤 19　激活最小最大公式

右键单击“combined load topology”，并选择【属性】。

勾选【使用最小最大公式（对于负载案例）】复选框，如图 6-13 所示。单击【确定】。

图 6-13　激活最小最大公式

步骤 20　创建网格

使用与上一个研究相同的尺寸参数创建草稿质量网格。

注意　草稿质量网格用于减少此解决方案中所需的计算时间。

步骤 21　运行模拟

单击【运行】。

注意　模拟将运行大约 10min。

步骤 22　查看结果

右键单击“Material Mass1”，然后单击【编辑定义】。

单击【计算平滑网格】。将【材料质量】滑块拖向“粗厚”。将【循环数】滑块拖向“平滑”。单击【确定】。

图 6-14 显示了最终形状的光顺网格。

知识卡片

导出光顺网格	最终形状确定后，形状可以作为实体、曲面实体或图形实体输出。
操作方法	右键单击“Material Mass1”，然后单击【导出光顺网格】。

步骤 23　导出形状

单击【导出光顺网格】。在【将网格保存至】下选择【新配置】，并给零件命名。在【高级导出】下选择【图形实体】。单击【确定】，如图 6-15 所示。

步骤 24　打开文件

由此产生的实体没有任何特征（这是非参数的），如图 6-16 所示。

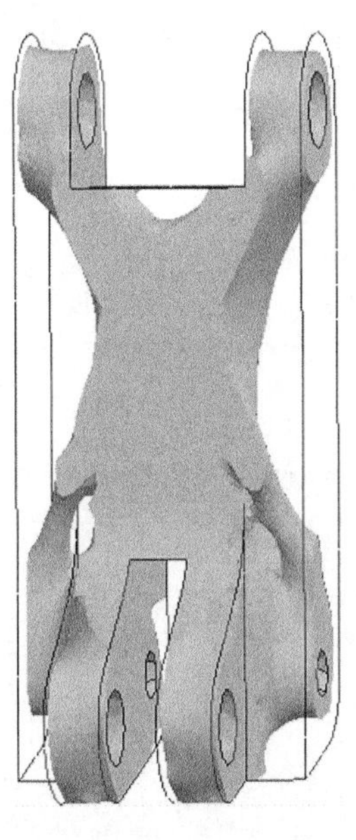

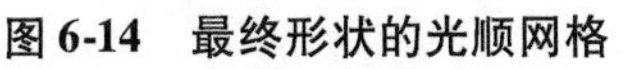

图 6-14　最终形状的光顺网格

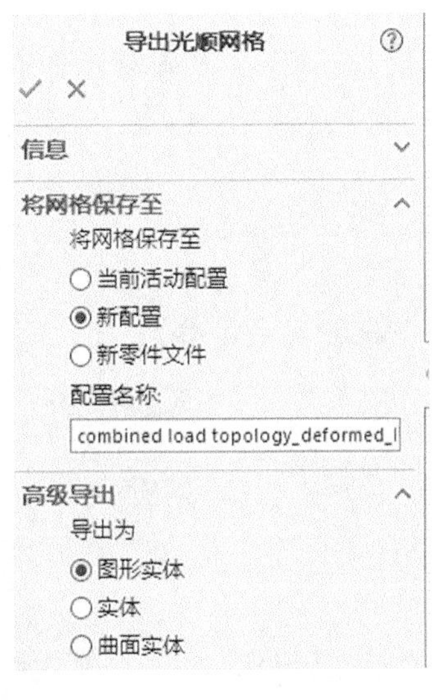

图 6-15　导出光顺网格

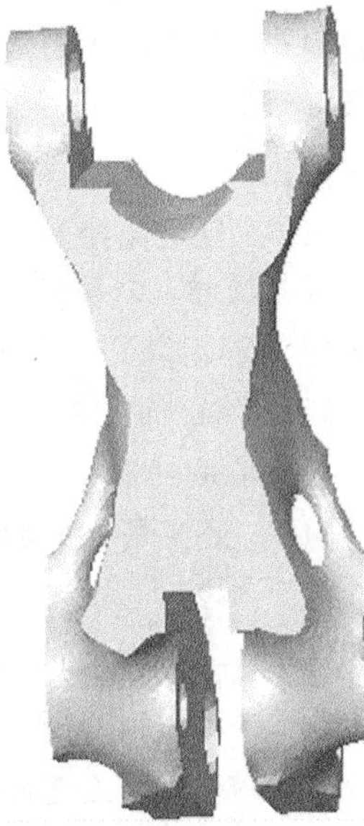

图 6-16　导出的实体

步骤 25　保存并关闭这些文件

6.7 总结

本章进行了两个拓扑分析，创建了结构优化的模型。在第一个分析中只考虑了一个负载。该负载表示完全压缩的后部撞击对连杆臂的影响。增加了目标和约束条件，尽可能减少部件的质量，同时将变形限制在原来部件的 1.3 倍，然后添加对称和脱模控制。在第二个分析中，使用【多个负载实例】命令组合多个负载，然后获得优化后的形状，并将其作为新的零件文件导出。

练习 椅子的拓扑分析

在本练习中，将为一把椅子执行拓扑分析。本练习将应用以下技术：

- 拓扑分析。
- 目标和约束条件。
- 制造控制。
- 在拓扑研究中加载案例。

项目描述：

为了找到最有效的椅子设计，将执行一个包含 3 个负载条件的分析，椅子如图 6-17 所示。这些负载条件是为了模拟坐在椅子上的人的重量、背部支撑的力量以及扶手上支撑人手臂的力量。

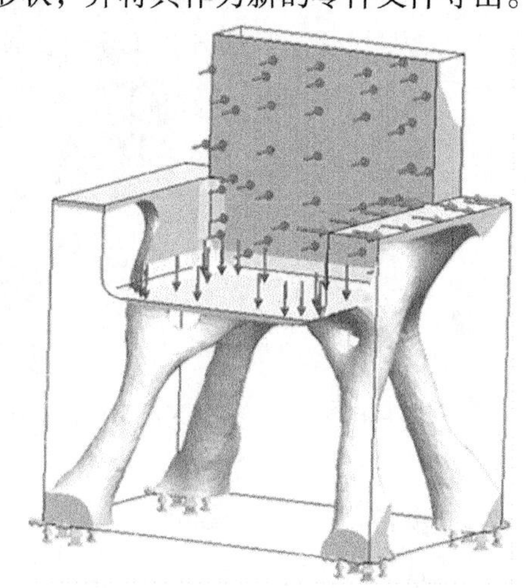

图 6-17 椅子

操作步骤

扫码看视频

步骤 1 打开一个零件文件

从 Lesson06\Exercises 文件夹中打开椅子模型。

步骤 2 观察静应力分析算例

提前创建了 3 个静应力分析算例来表示 3 个负载。单击【运行所有研究实例】。

步骤 3 创建拓扑研究

命名新的拓扑研究为“combined load topology”，如图 6-18 所示。将 3 个静应力分析算例中的每个负载拖放到该拓扑研究中。将夹具和材料从一个静应力分析算例拖放到该拓扑研究中。

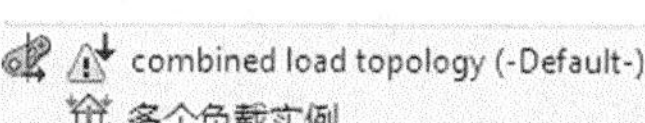

图 6-18 创建拓扑研究

步骤 4 定义目标和约束

在【目标和约束】下，单击【最佳强度重量比】。指定一个 75% 的质量减少。

步骤 5 定义制造控制

单击【指定对称基准面】。在右侧指定半对称。

步骤 6 定义多个负载实例

单击【多个负载实例】。创建 3 个负载实例。命名为“Weight of Person”“Back Support”和“Arm Support”，并分别配置载荷，如图 6-19 所示。

		ground	weight	back su	arm s
		-	Normal	Normal	
主要负载实例	局部约束	☑	2000 N	500 N	-400 N
Weight of Person	Click here to add local c	☑	2000	Suppress	Suppress
Back Support	Click here to add local c	☑	Suppress	500	Suppress
Arm Support	Click here to add local c	☑	Suppress	Suppress	-400
Click here to add a primary load case					

图 6-19 负载情况

步骤 7 创建网格模型

使用 25mm 的网格控制参数，创建高质量的、基于曲率的网格。

步骤 8 使用最小最大公式

单击【属性】，并确保勾选了【使用最小最大公式（对于负载案例）】复选框。

步骤 9 运行研究

研究将运行大约 25min。

步骤 10 观察结果

运行结果如图 6-20 所示。

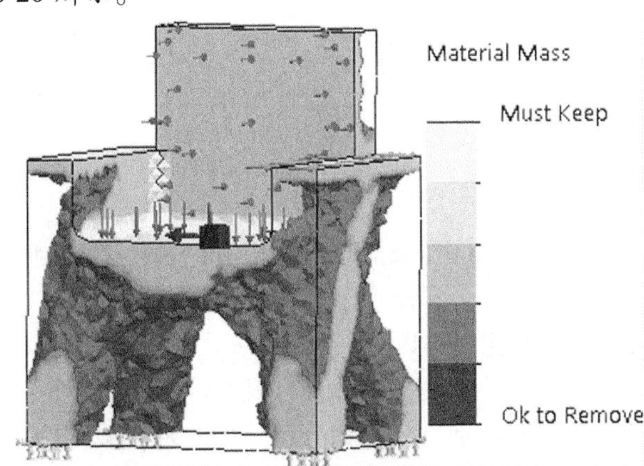

图 6-20 结果

步骤 11 创建一个平滑的形状

编辑“Material Mass1”，然后单击【计算平滑网格】。将【材料质量】滑块拖向“轻”。

步骤 12 保存并关闭文件

第7章　热力分析

学习目标

- 理解并进行热力分析
- 对带热阻的装配体进行热力分析
- 进行带热源和对流系数的热力分析
- 使用时间曲线运行瞬态热力分析
- 使用恒温器特征进行瞬态热力分析
- 使用热力对称的边界条件
- 创建结果图解的截面视图

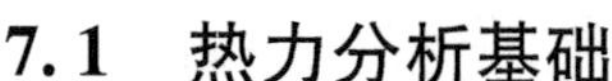

7.1　热力分析基础

前面已经进行了大量的结构分析，例如静应力分析、频率分析、屈曲分析，这些都对应着结构方面的问题。

热力分析是用来处理固体热传导的。虽然热力分析看上去不如结构分析直观，但是在计算上是非常简单的。

热力分析中主要的未知量是温度，它是一个标量(与之对立的是位移,它由3个方向的分量构成)。因此，无论在什么类型的单元中，在热力分析有限元模型的节点上，只需要考虑1个自由度。

结构分析和热力分析最显著的区别是：结构分析处理的是在载荷作用下的平衡状态；而热力分析并不描述这种平衡状态，它模拟的是热流的稳态情况，即热流持续进行，不随时间变化。因此，稳态的热力分析就类似于线性的静力分析，而瞬态（时间相关）的热力分析就类似于动态的结构分析。

温度是热力分析中的基本未知量，它类似于结构分析中的位移。热力分析和结构分析的相似之处见表7-1。因为有这些相似的地方，所以结构分析的经验可以直接运用到热力分析的工作中。

表7-1　结构分析与热力分析的相似之处

结构分析	热力分析	结构分析	热力分析
位移	温度	确定位移	确定温度
应变	温度梯度	弹性支承	对流系数[⊖] （膜层传热系数）
应力	热通量		
载荷	热源/热沉	弹性模量	热导率

7.1.1　热传递的机理

热传递的机理有传导、对流和辐射3种。

1. 传导　传导是固体中热传递的最重要的方式。传导并不牵涉物体运动，流体通过分子间的碰撞来传递热量。引起分子碰撞的能力来自温度。

非金属固体通过晶格的振动来传递热量，所以热量在其中传播时并没有介质的运动。在常温

⊖ 中国国家标准中为表面传热系数，为与软件一致，此处用对流系数。

下金属比非金属具有更好的传热性能，因为金属可以通过自由电子传递热能。

热导率是一种材料属性，它表示材料通过传导的方式传递热能的效率。它定义为单位温差下通过材料单位面积的热传送比率。热导率通常用 λ 表示。

热量的传导方式是从高温区传送到低温区。传送热量的大小与下列因素成正比(见图 7-1)：

- 热传送介质的热导率 λ。
- 温度梯度：$T_{HOT}-T_{COLD}$。
- 热传送通过的面积 A。

热量的大小与介质的厚度 L 成反比：

$$Q_{传导}=-\lambda A(T_{HOT}-T_{COLD})/L$$

热导率的单位在 SI 单位制下为 W/(m · K)，在 IPS 单位制下为 Btu/(ft · s · ℉)。

不同材料的热导率相差很大，如图 7-2 所示。

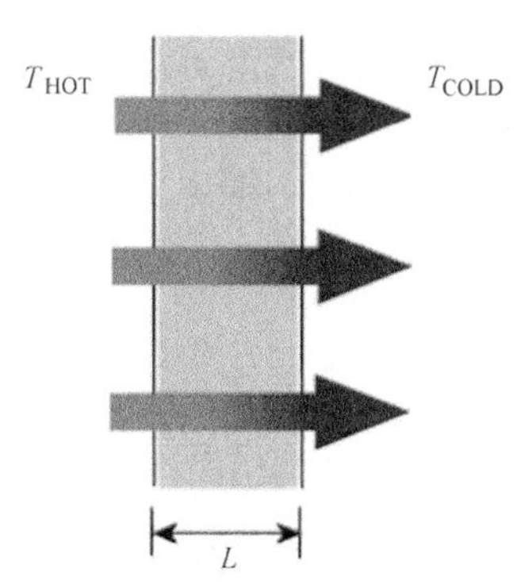

图 7-1 热传导示意图

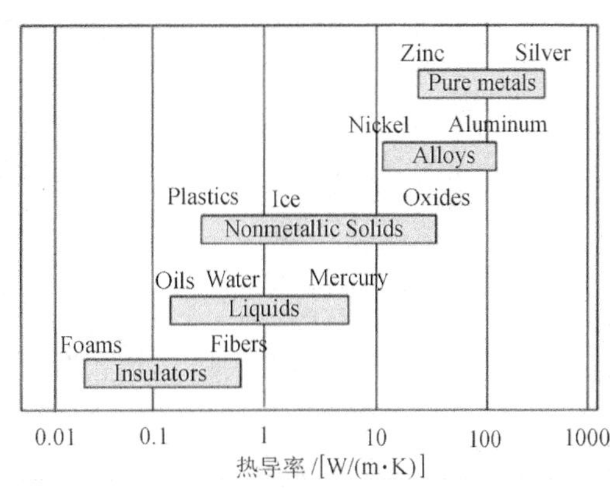

图 7-2 不同材料的热导率

2. 对流 如图 7-3 所示，对流是一种传热模式，即固体表面与附近流体(液体或气体)间的传热。固体表面与附近流体之间对流传热的大小与下列因素成正比：对流系数 h、表面积 A、表面与周围气体之间的温差，即

$$Q_{传导}=hA(T_s-T_f)$$

一般来讲，对流传热有自然(自由)对流和强制对流两种方式（见图 7-4)：

1）自然对流。在自然对流中，固体表面附近的流体运动是由浮力引起的，浮力是由流体密度变化引起的，而密度的变化又是由于固体与流体之间的温差所致。

例如，当一块热板置于空气中冷却时，热板表面附近的空气粒子温度升高，密度降低，使其往上升。

2）强制对流。在强制对流中，使用风扇或泵来加速固体表面流体的流动。固体表面流体的快速运动不但增大了温度梯度，还提高了热交换率。

表 7-2 为典型的对流系数。

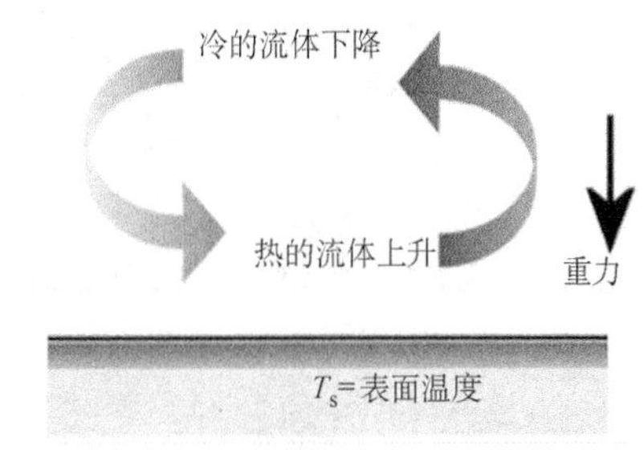

图 7-3 对流示意图

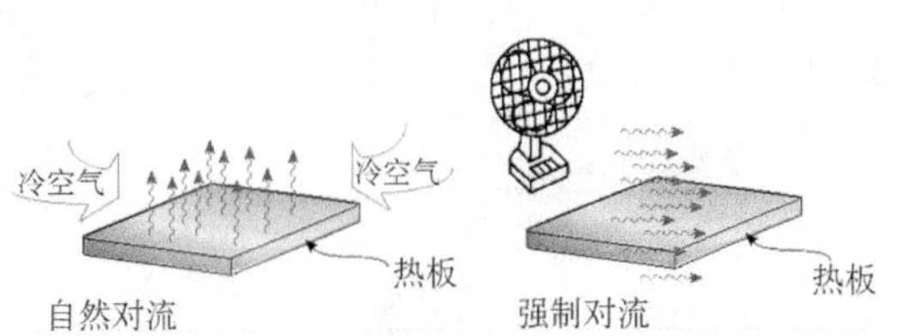

图 7-4 对流的两种方式

表 7-2　典型的对流系数

介　质	对流系数 h/[W/(m^2·K)]	介　质	对流系数 h/[W/(m^2·K)]
空气(自然对流)	5 ~ 25	水(强制对流)	300 ~ 6 000
空气/过热蒸汽(强制对流)	20 ~ 300	水(沸腾)	3 000 ~ 60 000
油(强制对流)	60 ~ 1 800	蒸汽(压缩)	6 000 ~ 120 000

3. 辐射　辐射就是在一定温度下的物体的热能通过电磁波的形式向外发射的过程。任何在热力学 0℃以上的物体都会发射热能。

因为辐射不需要介质，所以辐射是在真空中唯一的传热方式，如图 7-5 所示。

物体温度越高，辐射传热就越明显。辐射的热量与热力学温度的 4 次方成正比。

在辐射波段中，热辐射只占据很窄的一段，如图 7-6 所示。

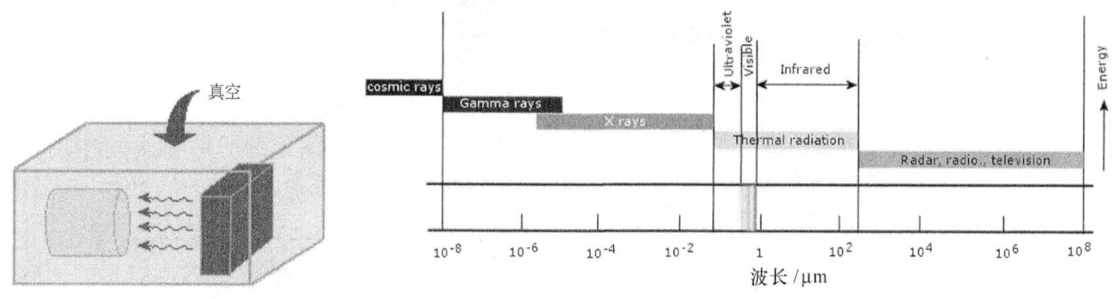

图 7-5　辐射示意图　　**图 7-6　辐射波段**

黑体的辐射能量由 Stefan-Boltzmann 准则确定，该准则给出了黑体总的发射能量 Q 为

$$Q_{黑体辐射} = \sigma T^4$$

其中，σ 为 Stefan-Boltzmann 常数，T 为黑体的热力学温度。σ 的值为 5.67×10^{-8}W/(m^2·K^4)或 3.3063×10^{-15}Btu/(s·in^2·℉^{4})。

当温度为 T_S、表面积为 A 的黑体进入介质时，该介质的环境温度为 T_A，则黑体热辐射的净比率为

$$Q_{辐射} = \sigma A(T_S^4 - T_A^4)$$

其中 T_S 为黑体的热力学温度，T_A 为周围介质的热力学温度(环境温度)。

对于非黑体的表面，热辐射的表达式为

$$Q_{辐射} = \sigma \varepsilon A(T_S^4 - T_A^4)$$

其中 ε 为辐射表面的发射率，即物体表面的发射能量与相同温度下黑体的发射能量之间的比率。

材料的发射率在 0 ~ 1.0 之间。黑体的发射率为 1.0，而理想的反射镜的发射率为 0。发射率是一种材料属性，它取决于物体表面的温度和表面粗糙度。

7.1.2　热力分析的材料属性

表 7-3 列举了一些仅在各种热力分析中需要特别指定的材料属性。

表 7-3　热力分析中需要的材料属性

材料属性	定　义	热力分析类型
热导率	材料通过传导的方式传递热能的效果	稳态和瞬态分析
比热容	单位质量的材料升高 1K 所需要的热量	仅适用于瞬态分析
质量密度	尽管热分析中不会直接用到，但是需要质量密度来提供质量信息，因为比热容的定义为单位质量下的热变化量	仅适用于瞬态分析

7.2　实例分析：芯片组

本实例研究的任务是对一个芯片组运行一次稳态热力分析，并介绍热阻的概念以及模拟芯片与散热片之间的胶水层，还将学习如何添加热力边界条件及热力载荷。

此外，还将运行几个瞬态热力分析（分析随时间变化的热流），以显示芯片组随热力载荷的变化。

项目描述：

芯片装配体的 CAD 模型包含 5 个组件（见图 7-7）：

- 黄铜散热片。
- 陶瓷芯片。
- 3 个黄铜终端（连接器）。

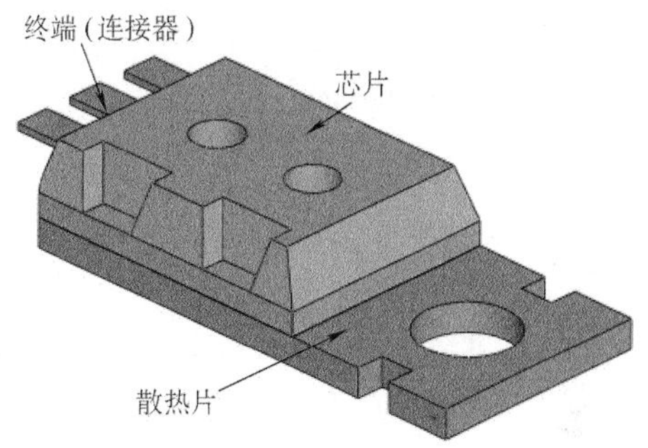

图 7-7　芯片组模型

陶瓷芯片是产热的，它通过自身和黄铜散热器的所有外表面以对流的方式向环境散发热量。

3 个终端是隔热的，也就是说它们并不散发热量。环境温度为 300K。

陶瓷芯片和黄铜散热片通过一层 Ag^{+5} 的导热胶粘合在一起，胶层非常薄（25μm），如果把它作为装配体的一个组件进行建模，网格划分将会十分困难。

可以将芯片和散热器之间的连接表面定义为热阻，来模拟真实的胶水层。

7.3　关键步骤

1）稳态分析。计算模型中的稳态温度分布。稳态是指模型的最终温度在经过足够长时间之后，热流量达到平衡并且温度场稳定。

2）瞬态分析（阶梯热载荷）。模拟 300s 的温度时间历史，当热源启动时开始计时。阶梯热载荷是指整个热载荷在 0 时刻加载完毕，并且在之后的分析中保持常量。

3）瞬态分析（变化热载荷）。模拟 300s 的温度时间历史。本例中是从热源第一次启动时开始计时，30s 后达到最大值，在随后的 30s 内又逐步减小为 0。

4）瞬态分析（恒温器控制的热载荷）。模拟 300s 的温度时间历史，从热源启动开始计时。但是在本例中，热源被恒温器控制（开启或关闭热量），以保证芯片不会过热。

7.4　稳态热力分析

首先进行最基本的稳态热力分析。热能来自于芯片自身的产热，然后通过散热片、终端以及空气进行对流散热。

操作步骤

扫码看视频

步骤 1　打开装配体文件

从 Lesson 07\Case Studies 文件夹中打开名为“regulator”的装配体文件。

步骤 2　创建热力算例

创建名为“steady state”的算例。选择【热力】作为分析类型。

知识卡片

热量	【热量】是指添加到零件、表面、边线或顶点上的定量热能。
操作方法	• 快捷菜单：在 Simulation 分析树中右键单击【热载荷】，并选择【热量】。 • CommandManager：【Simulation】/【热载荷】/【热量】。 • 菜单：【Simulation】/【载荷/夹具】/【热量】。

步骤 3　定义热量

右键单击【热载荷】，选择【热量】。选择芯片（可使用 FeatureManager 来选取），设置【热量】为 25W。

单击【确定】，如图 7-8 所示。

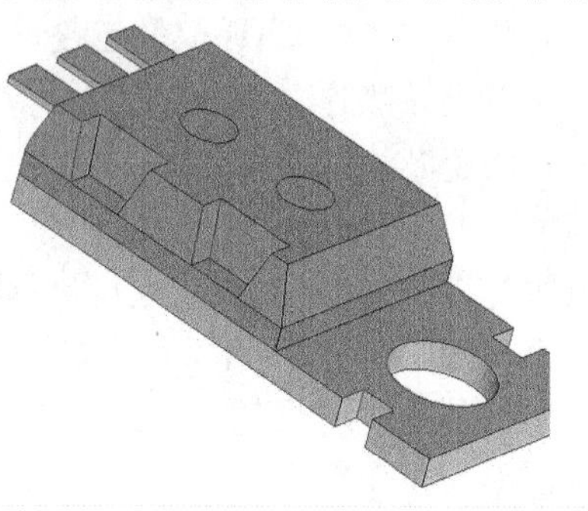

图 7-8　定义热量

提示：芯片与散热片之间的连接界面不可能视为完全接触。两者之间有一层耐热胶水，下面将用热阻来模拟其效果。

7.4.1　接触热阻

两个固体表面压在一起时不可能完全接触。因为产品表面都存在表面粗糙度，所以在接触表面之间有一层薄薄的空气间隙。

两个接触表面间的界面上存在两种热传递的方式。一种是固体间点相触面组上的热传导，这是非常有效的一种方式。另一种是通过空气间隙层的热传导，因为气体的热导率较低，所以这种方式的传热效果较差。

要理解接触热阻，需要先了解两个固体之间的界面传热系数 K。该传热系数 K 与对流系数类似，它们有相同的单位[W/(K·m²)]。

接触热阻可由 K 的倒数求得，而 $K = L/\lambda A$，其中 A 为接触面积。典型的传导系数见表 7-4。

表 7-4　典型的传导系数

接触表面	传导系数 K/[W/(K·m²)]	接触表面	传导系数 K/[W/(K·m²)]
铁/铝	45 000	不锈钢/不锈钢	2 000 ~ 3 700
黄铜/黄铜	10 000 ~ 25 000	不锈钢/不锈钢(真空间隙)	200 ~ 1 100
铝/铝	2 200 ~ 12 000	陶瓷/陶瓷	500 ~ 3 000

知识卡片

热阻	【热阻】可以有效地用于模拟很薄的隔层材料，而这些薄层可以用来接合(黏结层)或隔离(隔热层)两个部件。在本例中，25μm 的黏结层没有实际建模，而是用热阻进行了代替。
操作方法	• 快捷菜单：在 Simulation 分析树中右键单击【连结】，并选择【相触面组】。 • CommandManager：【Simulation】/【连接顾问】/【相触面组】。 • 菜单：【Simulation】/【接触/缝隙】/【定义相触面组】。

步骤4 定义相触面阻

定义散热片和芯片接触面的【相触面组】。可以采用爆炸视图来方便地选择各接触表面。

在【类型】中选择【热阻】，激活【热阻】选项。选择【分布】，并输入"2.857×10^{-6}"作为分布热阻(单位面积下的热阻)。

在【高级】中选择【曲面到曲面】，如图7-9所示，单击【确定】✓。

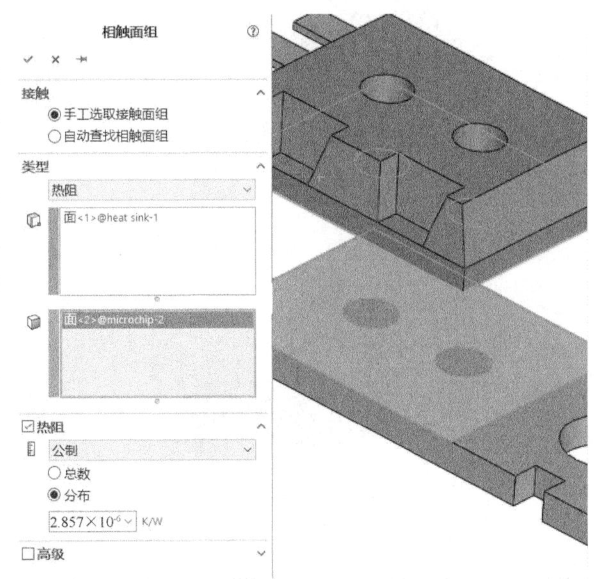

图7-9 定义相触面组

提示 25μm厚的导热胶材料的传导系数K大约是350 000W/(K·m²)。分布热阻是传导系数的倒数，即$1/350\ 000=2.857\times10^{-6}$(K·m²)/W。

【节到曲面】和【曲面到曲面】的接触热阻是相同的。

知识卡片

对流	【对流】允许在所选表面之间进行对流热交换。它需要给出对流表面周围的环境温度，以及表面与接触的流体介质之间的对流系数。
操作方法	• 快捷菜单：在Simulation分析树中右键单击【热载荷】，并选择【对流】。 • CommandManager:【Simulation】/【热载荷】/【对流】。 • 菜单：【Simulation】/【载荷/夹具】/【对流】。

步骤5 定义散热器的对流

右键单击【热载荷】，选择【对流】，选取散热器所有的外表面(除了已经被热阻定义过的表面)，如图7-10所示。

为选中的面指定【对流系数】为250W/(K·m²)。这么高的对流系数说明采用了强制空气冷却。

设置【总环境温度】为300K，300K代表周围空气的温度。单击【确定】。

步骤6 定义芯片的对流

对芯片重复同样的操作，选择芯片所有的外表面(除了参与定义热阻的表面)，如图7-11所示。设定对流系数为100W/(K·m²)。设定【总环境温度】为300K，单击【确定】。

步骤7 取消装配体爆炸状态

到此已经完成稳态热力分析的模型准备。

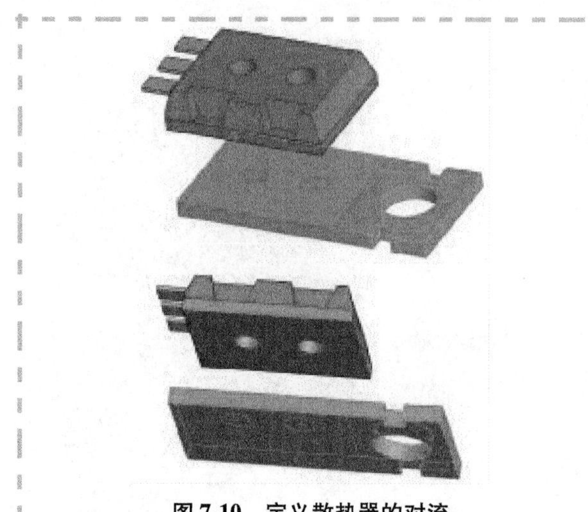

图 7-10　定义散热器的对流

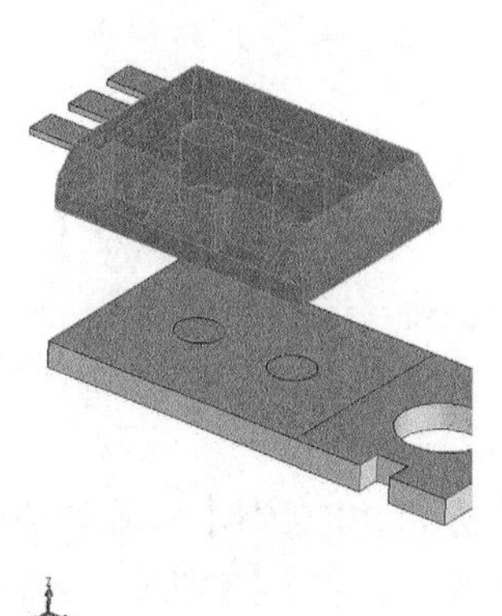

图 7-11　定义芯片的对流

提示　现在已经定义了加热后热量进入模型的方式。通过定义对流，也就确立了热量从模型中流失的机理。

7.4.2　绝热

如果一个物体的边界没有任何形式的传热方式，则被定义为绝热。本例中的连接器就是属于这种情况，也就是说没有热量可以通过这些边界。

7.4.3　初始温度

当分析稳态问题时，不需要输入模型的初始温度。稳态分析，顾名思义，指在给定条件下对温度场已经稳定的状态进行的分析。

初始温度可能加快或减慢达到稳定平衡的时间，但是并不影响稳态条件。因此，初始温度与稳态分析没有相关性。

步骤 8　划分网格

使用【基于曲率的网格】生成高品质的网格，并保持 1.345mm 的默认的【最大单元大小】。

步骤 9　运行分析

7.4.4　热力分析结果

要想知道热力分析能够提供哪些结果，可右键单击“Thermal1”，选择【编辑定义】，打开【热力图解】窗口，如图 7-12 所示。

注意　温度(TEMP)作为一种标量，只能提供云图类型。温度梯度和热流量(分量或总量)则能提供云图或矢量图解类型。

使用基本静力分析中的方法，可以修改或控制热力分析的图解。【动画】、【探测】等功能的使用与静力分析是一样的。

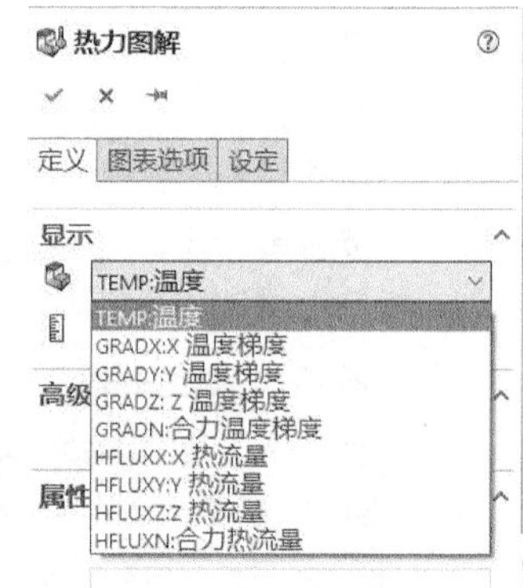

图 7-12　【热力图解】窗口

步骤 10　图解显示稳态温度的分布

双击自动生成的【结果】文件夹下的“Thermal1”图解。如图 7-13 所示，因为最高温度出现在芯片体内，所以最好采用截面图解来观察温度的分布。

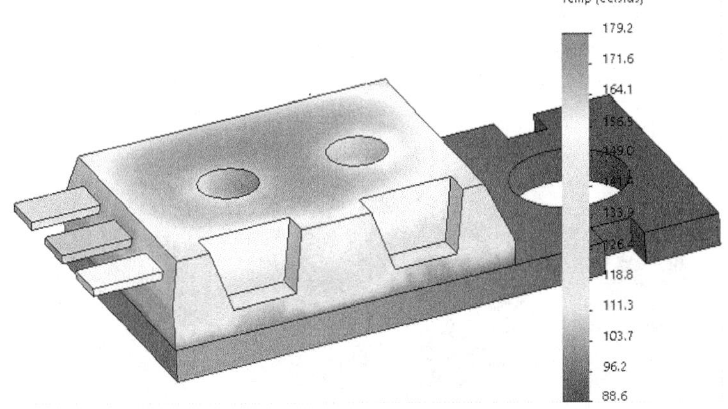

图 7-13　显示稳态温度的分布

步骤 11　用截面图解来显示温度的分布

右键单击“Thermal1”图解，选择【截面剪裁】。使用“Right Plane”作为剖面参考实体。关于截面剪裁的内容，请参阅《SOLIDWORKS® Simulation 基础教程(2020 版)》的第 1 章。

提示　如果要在图解中显示模型的边界，可使用图解的【设定】命令。

温度分布很大程度上取决于装配体组件的热导率。由于散热片良好的传导性，它的温度分布几乎是均匀的，如图 7-14 所示。

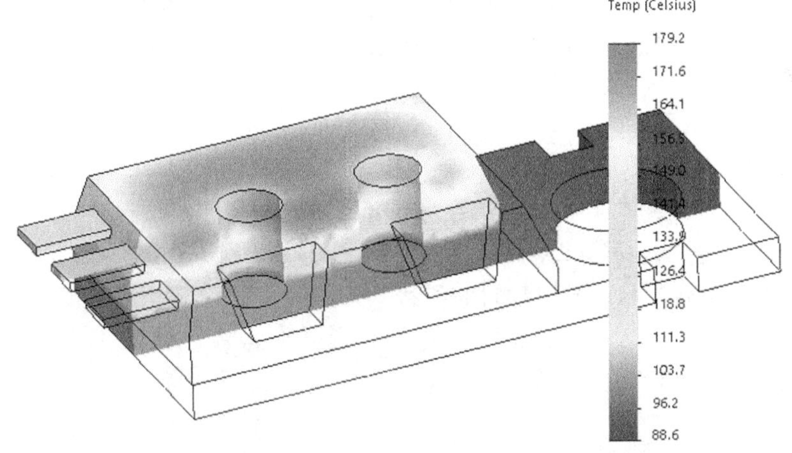

图 7-14　截面温度分布

同时也可看到芯片的冷却效果，散热片一侧通过对流冷却的温度比另一侧低一些，即冷却效果好一些。

最高温度必须低于设计极限，以确保零部件不发生故障。

7.4.5　热流量

温度与储存在物体系统内的能量水平有关，同一物体(相同的材料)的能量与 0℃时的能量差即为温度值。热流量则是指流过物体能量流的方向和密度的量。

热流量的单位 $W/m^2 = J/(s \cdot m^2)$，说明每秒钟 1J 的能量流出、进入或流过 $1m^2$ 的表面，该表面垂直于流量的方向。热流量的英制单位为 $Btu/(s \cdot in^2)$。

热流量是矢量，其有 3 个分量和 1 个合量。

步骤 12　图解显示合力热流量的分布

定义一个新的图解，显示合力热流量，如图 7-15 所示。

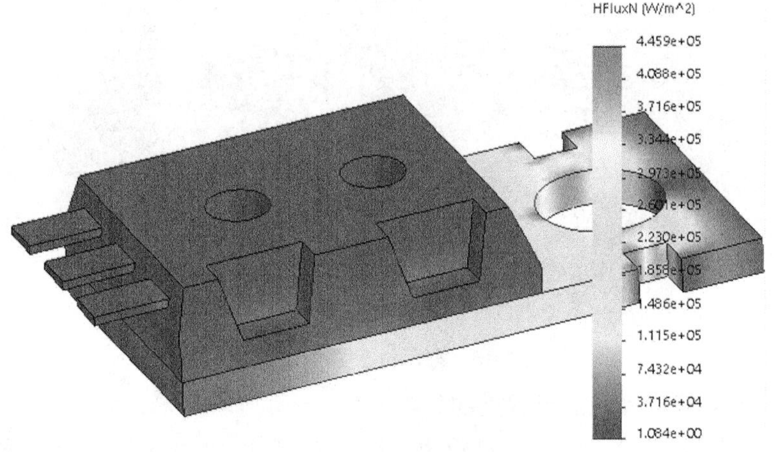

图 7-15　合力热流量分布

从图 7-15 中可观测到，每秒钟发生的最大能量流动位于散热器的切口处。

7.4.6　热流量结果

本章前段讨论过，热流量类似于结果分析中的应力。因此和应力类似，热流量的值在尖锐拐角处也会趋于无穷大。基于此原因，如果热流量的结果非常重要，就必须采用更精细的网格。

步骤 13　探测结果

将切口处的视图放大，探测如图 7-16 所示的位置。显示合力热流量的大小为 $3.48 \times 10^5 W/m^2$，即该处每秒钟有 $3.48 \times 10^5 J$ 的能量通过 $1m^2$ 的表面，该表面垂直于流量方向。

然而，这并不意味着所有显示的能量都是从该表面离开散热片的。图解显示热流量的 *X* 分量(HFLUXN:X 热流量)，并【探测】相同的位置。

观察发现，所选节点 *X* 方向的热流量(即沿着该表面离开散热片的热量)要小得多 $(2.4 \times 10^4 W/m^2)$，如图 7-17 所示。

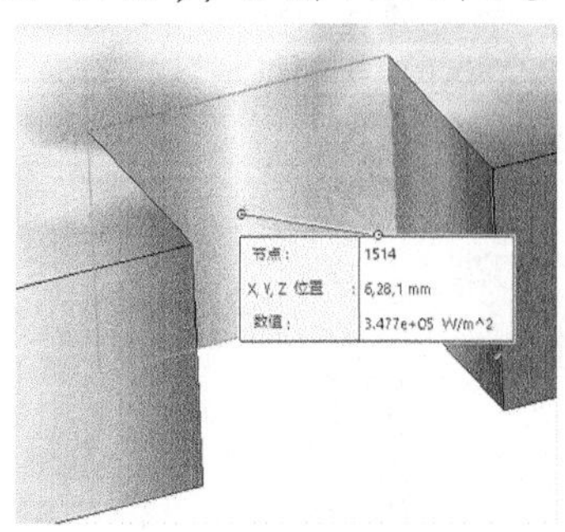

图 7-16　探测结果

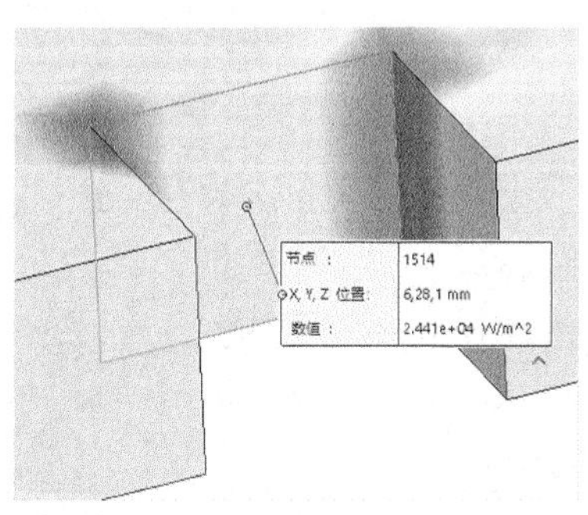

图 7-17　探测点的 *X* 方向热流量

步骤 14 显示总热量

右键单击【结果】文件夹并选择【列出热量】。选择图 7-18 所示的面，然后单击【更新】。【摘要】栏中显示，从散热器指定面散发的总热量为 0.0585W。

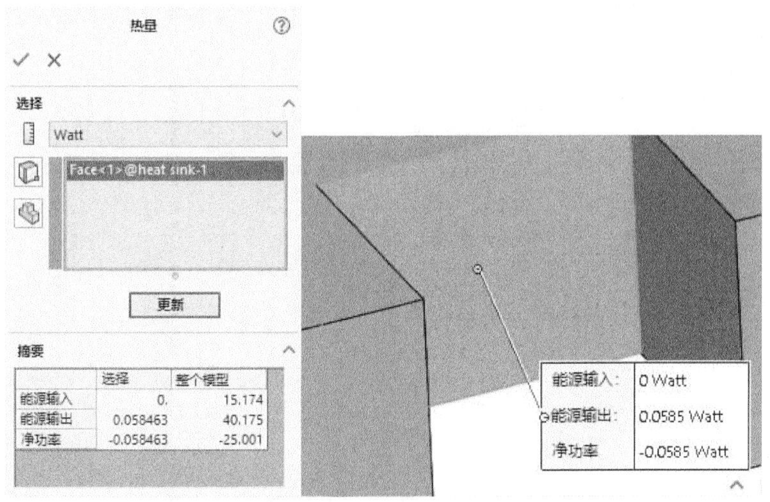

图 7-18 显示总热量

7.5 瞬态热力分析

稳态热力分析的结果表明，在运行一段时间之后，热流量会变得稳定，温度场也会达到平衡。但是达到平衡所需要的时间是未知的。虽然时间长短取决于初始温度的设定，然而在稳态热力分析中并不定义初始温度。

为分析温度随时间的变化情况，需要使用瞬态热力分析。

假定在热源启动前，所有模型组件的温度都是 25℃。在时刻 $t=0s$ 处，热源开始启动，芯片开始产生 25W 的热量(25J/s)。本节的目标便是监视在开始 300s 内的温度变化，特别要注意的是中间连接器的温度。

操作步骤

扫码看视频

步骤 1 创建一个新的热力算例

复制“steady state”算例，重命名新的算例为“transient 01”。

提示 需要对新建的算例“transient 01”进行两处修改，才能把默认的稳态热力分析改为瞬态热力分析。第一处修改是将【求解类型】从【稳态】改为【瞬态】，第二处修改是设置模型的初始温度。

步骤 2 设置分析类型为瞬态

右键单击“transient 01”并选择【属性】，打开【热力】窗口。【求解类型】选择【瞬态】。【总的时间】设为“300”，【时间增量】设为“10”。使用【Direct sparse 解算器】求解。如图 7-19 所示，单击【确定】。

瞬态分析会执行 300s，其结果每 10s 保存一次。

图 7-19 【热力】窗口

7.5.1 输入对流效应

还可以采用另一种方式，即首先使用 SOLIDWORKS Flow Simulation 进行详细的流体力学模拟，然后把对流效应的结果直接输入到 SOLIDWORKS Simulation 的热力分析算例中。【温度】选项对于强制对流非常有用，因为对流系数的大小是未知的，也很难通过手工计算得到。

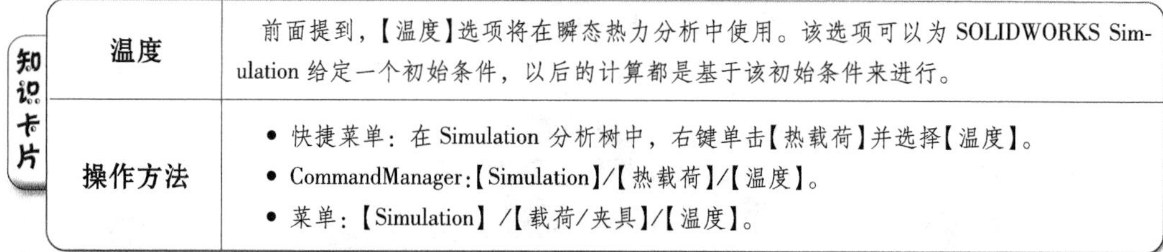

知识卡片

温度	前面提到，【温度】选项将在瞬态热力分析中使用。该选项可以为 SOLIDWORKS Simulation 给定一个初始条件，以后的计算都是基于该初始条件来进行。
操作方法	• 快捷菜单：在 Simulation 分析树中，右键单击【热载荷】并选择【温度】。 • CommandManager：【Simulation】/【热载荷】/【温度】。 • 菜单：【Simulation】/【载荷/夹具】/【温度】。

步骤 3 设置组件的初始温度

假定所有装配体组件的初始温度都为 25℃，这也刚好是总体(环境)温度的大小。当然，并不要求它们一定相等。

右键单击【热载荷】，选择【温度】。

【类型】选择【初始温度】，并设置【温度】为 25℃。在 FeatureManager 中选择所有的装配体组件，包括散热片、芯片和 3 个连接器。

单击【确定】，如图 7-20 所示。

提示 也可以从另外一个 SOLIDWORKS Simulation 热力分析中导入初始温度分布(请参阅前面热力算例的属性窗口)

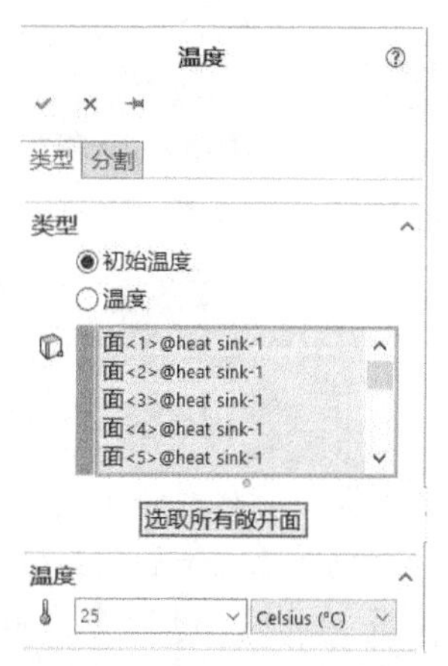

图 7-20 设置组件的初始温度

7.5.2 瞬态数据传感器

对应瞬态仿真而言,不可能使瞬态数据传感器及时监视所需数据。保存在瞬态数据传感器中的数据可以用来生成各种所选数据的图表。

步骤 4 定义瞬态数据传感器

为了监视温度变化,需要添加【Simulation 数据】传感器。在【数据量】下方选择【热力】和【TEMP: 温度】。

在【属性】下方选择【Celsius】和【最大过选实体】,并选择中间连接器的一个顶点,如图 7-21 所示。

另外,在【属性】下方选择【瞬时】,以保存这个瞬态仿真中所有时间步长的数据。

步骤 5 运行分析

步骤 6 显示温度分布图解

显示最后一步的温度图解,它对应的是第 30 步的结果。右键单击【结果】文件夹下的 "Thermal1" 图解,选择【编辑定义】。

设定【图解步长】为 "30"。单击【确定】✓,如图 7-22 所示。

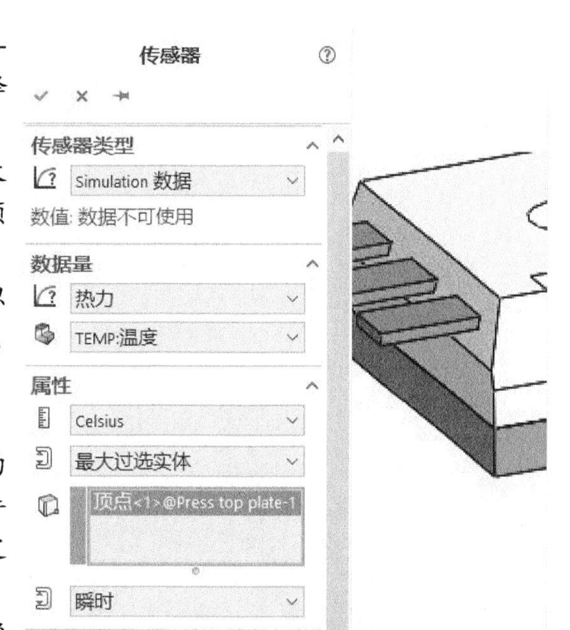

图 7-21 定义传感器

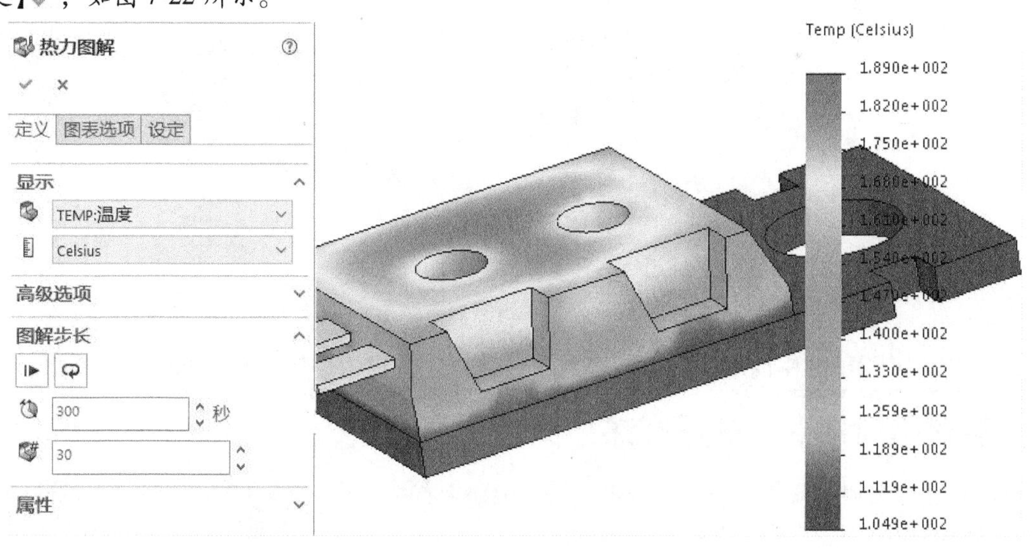

图 7-22 温度分布

步骤 7 生成瞬时传感器图

右键单击【结果】文件夹,选择【瞬态传感器图表】。指定【时间】为【X 轴】,【Temp】为【Y 轴】,单位设定为【Celsius】,单击【确定】。

观察温度与时间的历史曲线,可以发现,在给定的 300s 分析时间中,事实上只有不到一半的时间是稳定的(达到稳定状态),如图 7-23 所示。

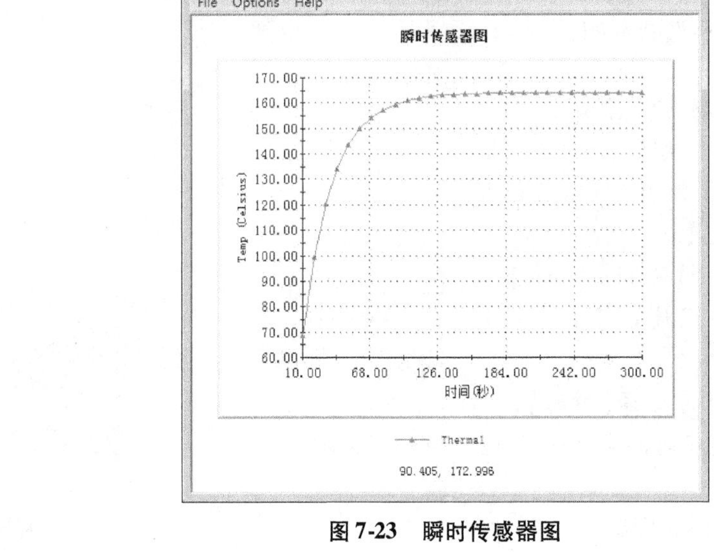

图 7-23　瞬时传感器图

7.5.3　结果对比

比较“steady state”算例与“transient 01”算例最后一步的温度分布结果，如图 7-24 所示，

会发现它们显示了相同的温度分布，这是因为它们具有相同的稳态热流量。

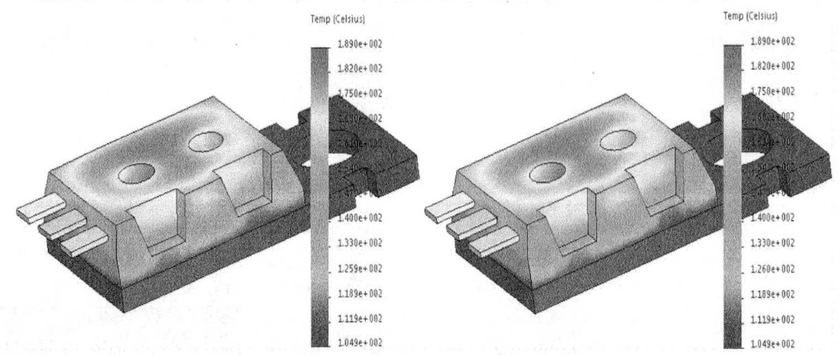

图 7-24　温度分布对比

利用 SOLIDWORKS 中的分割窗口技术，可以在【结果】窗口中同时显示两个结果图解。

7.6　载荷随时间变化的瞬态热力分析

下面将进行更加复杂的瞬态热力分析。设定分析时间为 300s，时间间隔为 10s，观察热量在随时间变化的情况下会产生什么结果。

操作步骤

扫码看视频

步骤 1　创建新的热力算例

复制算例“transient 01”，命名新的算例为“transient 02”。

步骤 2　创建热量的时间曲线

在算例“transient 02”中修改热量的定义，即热量随时间变化的情况。

在【热载荷】文件夹下，右键单击“Heat Power-1”并选择【编辑定义】，打开【热量】窗口，如图7-25所示。单击【使用时间曲线】，并选择【编辑】来打开【时间曲线】窗口。输入(0,0)、(30,1)、(60,0)3个点来定义时间曲线(双击一个单元格可以新建一行)，如图7-26所示。

在【热量】窗口中单击【视图】可以查看定义的曲线。单击【确定】。

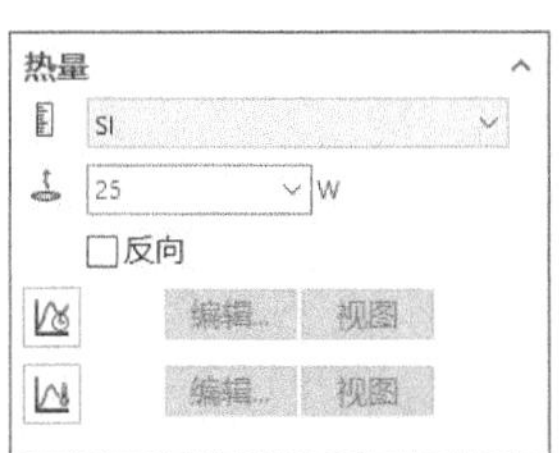

图7-25 【热量】窗口

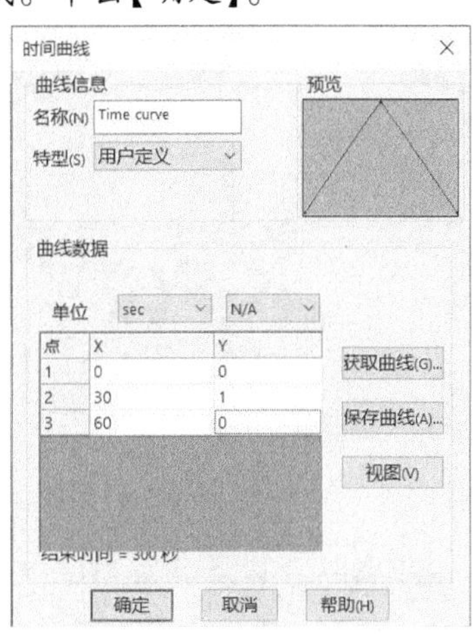

图7-26 【时间曲线】窗口

7.6.1 时间曲线

热量的时间曲线如图7-27所示。在最初的30s内，热量逐渐增加到最大值。在接下来的30s内，热量又逐渐回落到0。60s以后，不再产生热量。

热量的时间曲线并没有定义真实的热量大小。在【热量】窗口中，它只是一个与时间相关的参数。

注意，热流量、传热系数和总的温度都可以定义为与时间或温度相关的函数。

在将热量定义为与时间相关的函数后，可以进行算例“transient 02”的分析工作了。

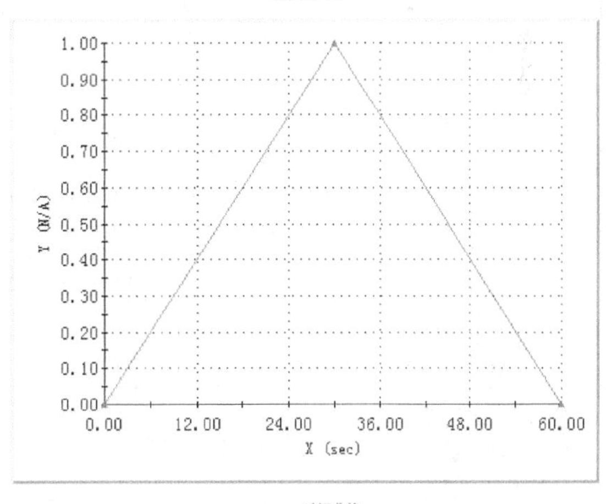

图7-27 时间曲线

7.6.2 温度曲线

和与时间相关的载荷使用时间曲线一样，任何温度载荷也可以使用与温度相关的温度曲线。

例如在本节中，可以将热力值指定为温度的函数。每个单元在不同的平均温度上产生不同的热力。

这里要注意的一点是，收敛迭代会使带有温度曲线的求解时间大大加长。

步骤3 运行分析

步骤4 探测图解显示中间连接器端点的温度结果

在与前面算例中相同位置处，生成瞬时传感器图，如图7-28所示。

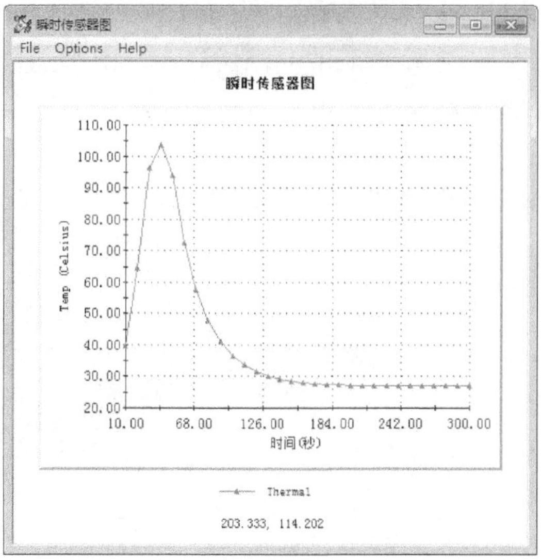

图 7-28　瞬时传感器图

温度将在第 4 步时达到最高，即在热量启动后的 40s 后达到最大值。

7.7　使用恒温器的瞬态热力分析

分析算例“transient 01”（热量稳定）的结果，会发现芯片的温度过高，在中间连接器的端部测量所得的稳态温度达到了 166℃。

这里希望中间连接器端部的温度能控制在 120℃以下。为达到此目的，需要控制芯片产生的热量。SOLIDWORKS Simulation 提供的恒温器特征可以模拟这种效果。

知识卡片

恒温器	【恒温器（瞬态）】可以在【热量】开启和关闭的情况下控制给定特征的温度。这种类型的反馈机制一般被称为开关控制，其被广泛应用于家用温控器。
操作方法	• 快捷菜单：右键单击 Simulation 分析树的【热载荷】，并选择【热量】。 • CommandManager：【Simulation】/【热载荷】/【热量】。 • 菜单：【Simulation】/【载荷/夹具】/【热量】。

提示　在【热量】窗口中勾选【恒温器（瞬态）】复选框。

步骤 1　创建一个新的算例

复制算例“transient 01”，命名新的算例为“transient 03”。

步骤 2　定义一个恒温器

扫码看视频

在算例“transient 03”中，右键单击“Heat Power-1”并选择【编辑定义】，打开【热量】窗口。

勾选【恒温器（瞬态）】复选框，在【传感器】中选择一个顶点，也就是要安装恒温器的位置。

设置【下界温度】为 100℃（373K）。设置【上界温度】为 120℃（393K），如图 7-29 所示。

单击【确定】✓。确保定义热量时没有使用任何曲线(如果复制的是算例“transient 02”而不是“transient 01”，可能会出现问题)。

所选位置的温度现在被完全监控起来了。如果温度超过了120℃，热量就会被切断。如果温度低于100℃，则热量又会重新启动。恒温器特征仅在瞬态热力分析中提供。

步骤3 修改时间增量

右键单击“transient 03”并选择【属性】。设置【时间增量】为5s。这会增加求解时间，但在图表中会提供更精确的结果。

步骤4 运行分析

步骤5 图解显示中间连接器端点的温度

在与算例“transient 01”中相同位置处，生成瞬时传感器图，如图7-30所示。

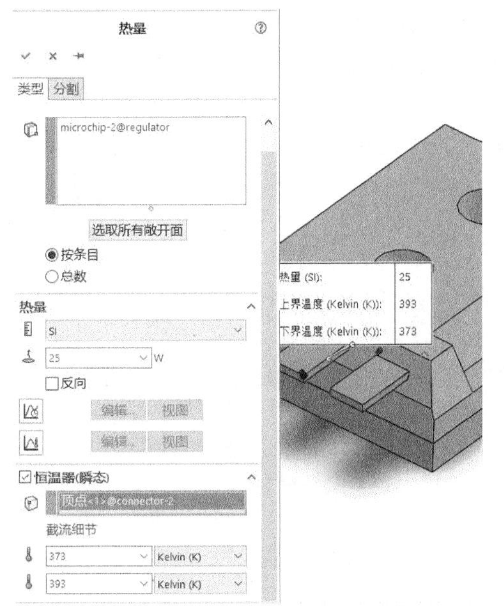

图7-29 定义恒温器

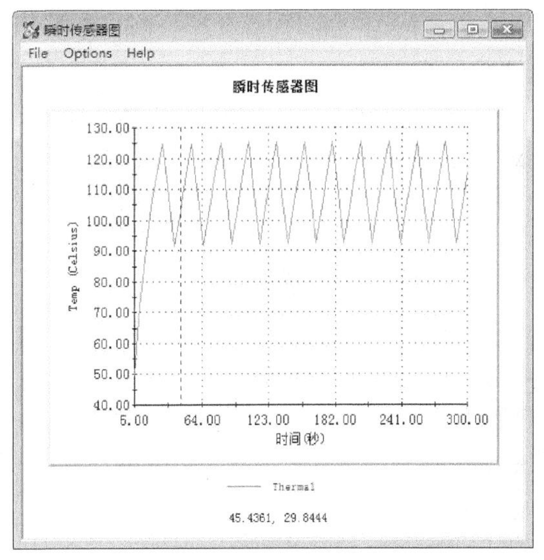

图7-30 瞬时传感器图

该图清楚地显示了恒温器对芯片热量的控制效果。由于热惯性的作用，温度在92℃(365K)和125℃(398K)之间振动，而不是预先指定的100℃(373K)到120℃(393K)之间。

为了使芯片的温度保持在最初预想的120℃(393K)以下，那么必须在【恒温器(瞬态)】中指定【上界温度】低于120℃(393K)。实际的上界温度可以通过试验和误差分析来获取。

热力的边界条件比结构分析的边界条件容易定义，因为无须在对称基准面上定义任何内容。没有传导系数的表面被认为是绝热的，没有热流通过它们(垂直于对称面的热流量为0)。这恰恰对应着没有热传导的情况。

本章接下来的练习会复习热力分析中的对称边界条件。

7.8 总结

本章介绍了传导、对流和辐射3种热传递的机理。不同类型的热力分析需要输入特定的材料属性。通过对比结构分析和热力分析，发现了二者的相似性很强，所以在结构分析中的经验可以很容易地运用到热力分析中。同时利用这种相似性，明确了热力分析结果中的奇异性概念。

本章介绍了热阻层的概念，热阻层的运用有利于简化有限元模型。本章还精确模拟了装配体组件之间通过边界的热传递。

本章完成了稳态和瞬态的热力分析，瞬态的热力分析需要定义初始温度，而稳态的热力分析不需要定义。

在定义基于时间的热量载荷时，需要用到时间曲线。其他参数，例如对流系数和总环境温度，也能够定义为时间或温度的函数。

利用恒温器特征可以通过调整生成的热量来控制指定位置的温度。

练一练

1. 3 种基本的传热方式为：①__________，②__________，③__________。

2. 热力分析中唯一的未知量是(温度/温度梯度/热流量)。

3. (温度/温度梯度/热流量)是标量且无方向，(温度/温度梯度/热流量)是矢量并拥有 X、Y、Z 分量。

4. 传热系数（是/不是）热力仿真算例的其中一个结果。

5. 当设置辐射边界条件时，(需要/不需要）使用传热系数。

6. 如果运行足够长的时间，瞬态算例（一定/不一定）会得到一个稳态的情况。

练习　杯罩的热力分析

本练习将对一个封装旋转轴的杯罩运行一次热力分析。

本练习将应用以下技术：

- 稳态热力分析。
- 对流。
- 向量图解。

项目描述：

热量是由于旋转轴和杯罩内圆柱面之间的连接部分产生的，本练习的目标是找出杯罩的稳态温度分布。使用【热流量】命令获取来自旋转轴的热量。

操作步骤

扫码看视频

步骤 1　打开零件

从 Lesson 07\Exercises 文件夹中打开名为“Cup”的零件。

步骤 2　创建热力分析算例

创建一个名为“thermal study”的算例，【分析类型】选择【热力】。

步骤 3　指定材料属性

选定材料“锰青铜”(在“红铜合金”目录下)。

步骤 4　定义热流量

选择内表面，定义【热流量】为 8 177W/m^2[0.005Btu/(s · in^2)]，如图 7-31 所示。

步骤 5　定义对流条件

选择外表面及底面，如图 7-32 所示。

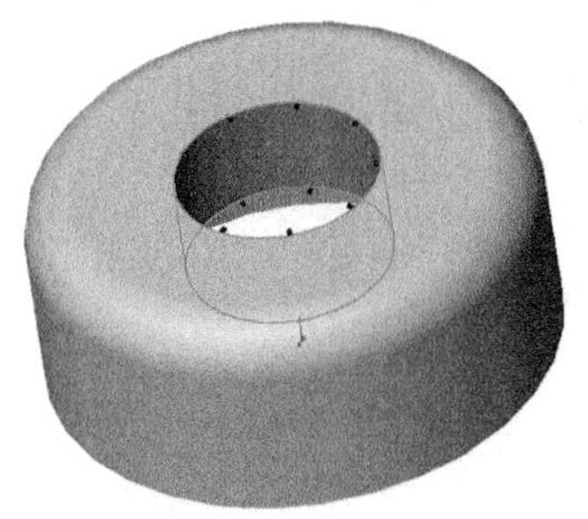

图7-31　定义热流量

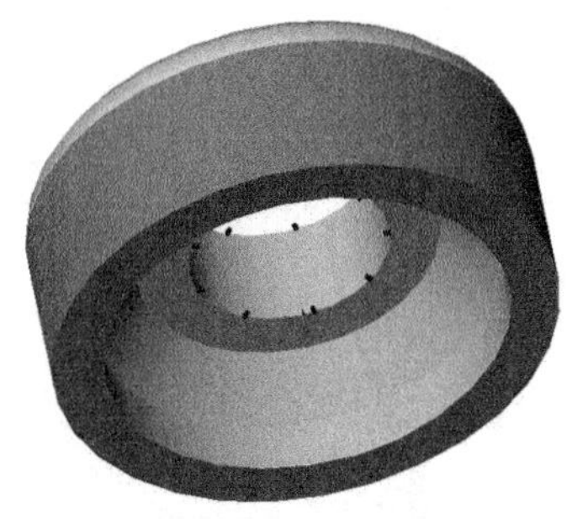

图7-32　定义对流条件

设置【对流系数】为30W/(K·m^2)[1.0×10^{-5}Btu/(s·℉·in^2)]，设置【总环境温度】为294K(70℉)。

步骤6　对模型划分网格

使用高品质单元划分网格，保持默认的全局【最大单元大小】为14.7mm。使用【基于曲率的网格】。

步骤7　运行该算例

步骤8　图解显示温度分布(见图7-33)

步骤9　对最终的热流量创建矢量图解(见图7-34)

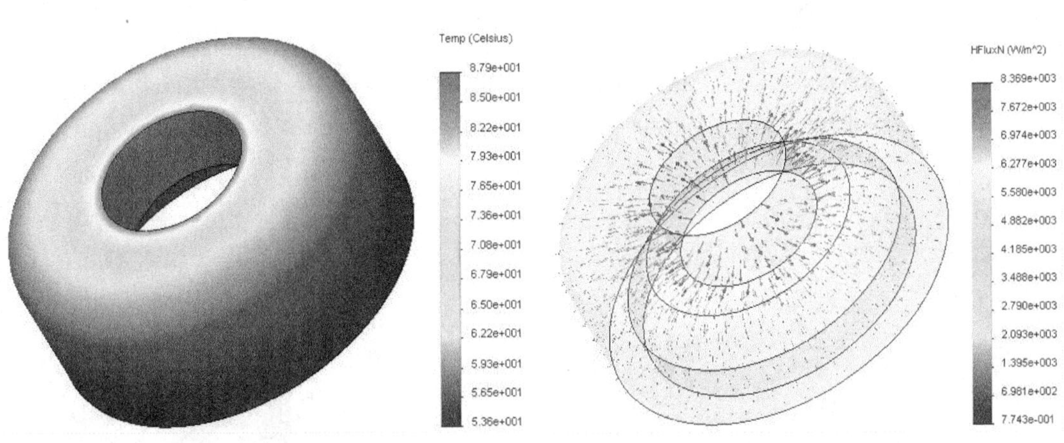

图7-33　温度分布　　　图7-34　热流量矢量图

步骤10　评估结果

为检查结果的精度，定义一个新的算例，并使用更细的网格重复此分析。如果使用了更细的网格设置后，分析的结果和第一次分析的结果相同，那么可以相信这两个算例的结果都是正确的。

结论：

本练习计算了杯罩的温度分布。内外表面的最大温度必须与设计的限定值进行比对。

为了得到更逼真的仿真结果，必须正确地确定载荷水平，也就是确定热流量及外表面的对流，但这有时是非常困难的。

第 8 章　带辐射的热力分析

学习目标

- 进行带有辐射的稳态热力分析
- 正确处理辐射分析后的结果

8.1　实例分析：聚光灯装配体

本实例将对一个聚光灯装配体进行一次带辐射的热力分析。本章将学习热辐射的传热机理及工作方式，并讨论传热的各种属性。另外，还将讨论辐射在什么情况下会成为传热的主导方式，什么情况下辐射可以被忽略。

项目描述：

如图 8-1 所示，该聚光灯的灯泡由一铝质反射壳罩着，并能够产生 50W(0.0475Btu/s)的热能。

灯罩的反射面在真空一侧，而背面直接暴露在空气中，如图 8-2 所示。

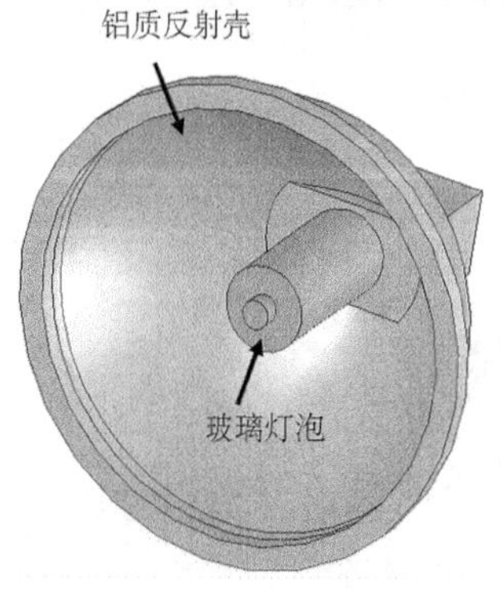

图 8-1　聚光灯模型

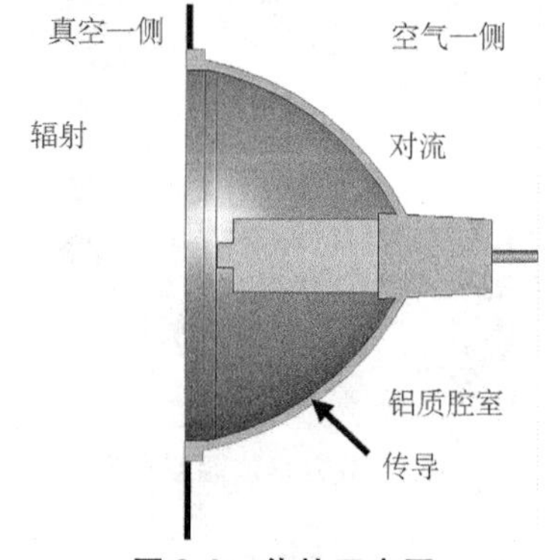

图 8-2　传热示意图

由于灯泡会产生热量，本章的目标就是找到灯罩的稳态温度值。这里对环境作了特定假设，并创建了几何体模型。

那么此模型的传热机理是什么？由灯泡产生的热量将传向何方呢？

部分灯泡产生的热量将直接通过辐射的方式射向空气。没有直接射向空气中的热量会通过辐射传递到反射壳上。小部分热量会通过传导方式，通过灯泡底部传递到反射壳中。反射壳通过辐射和传导得到的热量，部分会由辐射的方式发散出去，部分会通过传导的方式由铝质反射壳传递到空气一侧，然后再通过对流的方式消散到环境大气中。玻璃灯罩的传热机理与之类似。

8.2　关键步骤

1）定义热量。热量的来源是整个玻璃灯泡。

2）定义辐射。灯泡产生的热量通过辐射的方式从灯泡表面传递到反射壳上。

3）定义对流。灯泡的另一侧和腔室部位主要通过对流的方式散热。

4）运行分析。

5）后处理结果。正确分析从热力分析算例得到的结果。

8.3　稳态分析

本实例的目标是查看灯打开一段时间之后的温度分布情况，因此只需要运行稳态分析就足够了。如果想知道灯打开瞬间的状况，则需要运行瞬态分析。

操作步骤

扫码看视频

步骤 1　打开装配体

从 Lesson 08\Case Studies 文件夹中打开名为“light”的装配体。

步骤 2　创建热力分析算例

创建一个名为“radiation”的算例。选择【热力】作为【分析类型】。

步骤 3　检查材料属性

反射壳（铝 2014）、灯泡（玻璃）和灯罩（玻璃）的材料属性将自动从 SOLIDWORKS 的模型库导入 SOLIDWORKS Simulation 中。

步骤 4　定义热载荷

右键单击【热载荷】，选择【热量】。可从 SOLIDWORKS 的 FeatureManager 中选取灯泡。

设置【热量】为 50W（0.047 5Btu/s）。此热量在整个灯泡实体中产生，如图 8-3 所示。

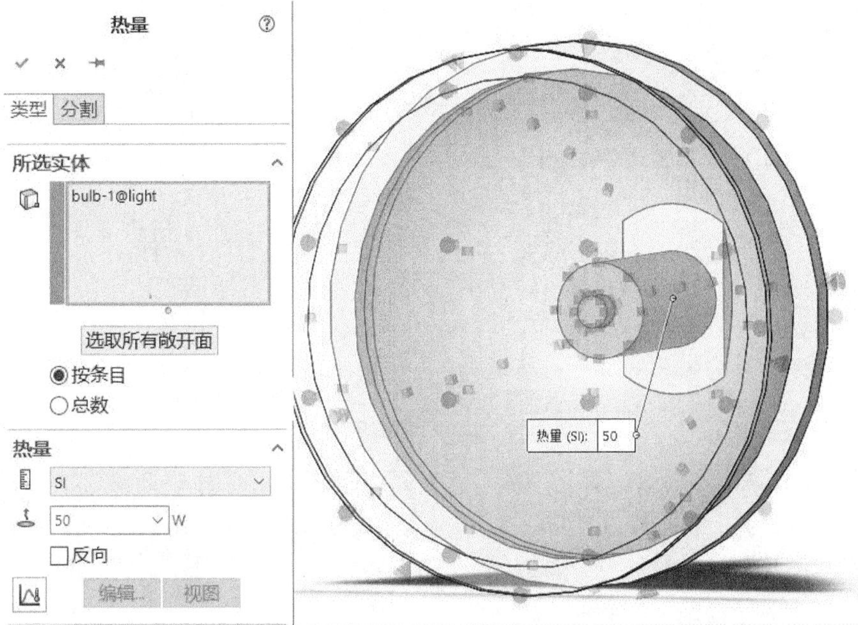

图 8-3　定义热载荷

单击【确定】。

知识卡片

辐射	【辐射】允许热量通过发射的方式进入或离开物体的表面。这由表面的发射率以及周围的环境温度决定。
操作方法	• 快捷菜单：在 Simulation 分析树中右键单击【热载荷】，并选择【辐射】。 • CommandManager：【Simulation】/【热载荷】/【辐射】。 • 菜单：【Simulation】/【载荷/夹具】/【辐射】。

步骤 5　定义灯泡的辐射条件

为了定义灯泡通过辐射传递的热量，右键单击【热载荷】，选择【辐射】。选择灯泡的外圆柱面，在【类型】中选择【曲面到曲面】。

这样选择意味着热量从被选择面辐射到模型中其他面上。辐射的条件仅仅加载到灯泡的柱面，而不是前端面。

在【辐射参数】中勾选【开放系统】复选框。激活该复选框意味着部分热量可能会直接辐射到空间中，而不是全部辐射到反射壳或玻璃灯罩上，但这并不适合该实例，因为所有热量都来自这两者。

在【辐射参数】中输入“0.7”作为灯泡材料的发射率。

单击【确定】，如图 8-4 所示。

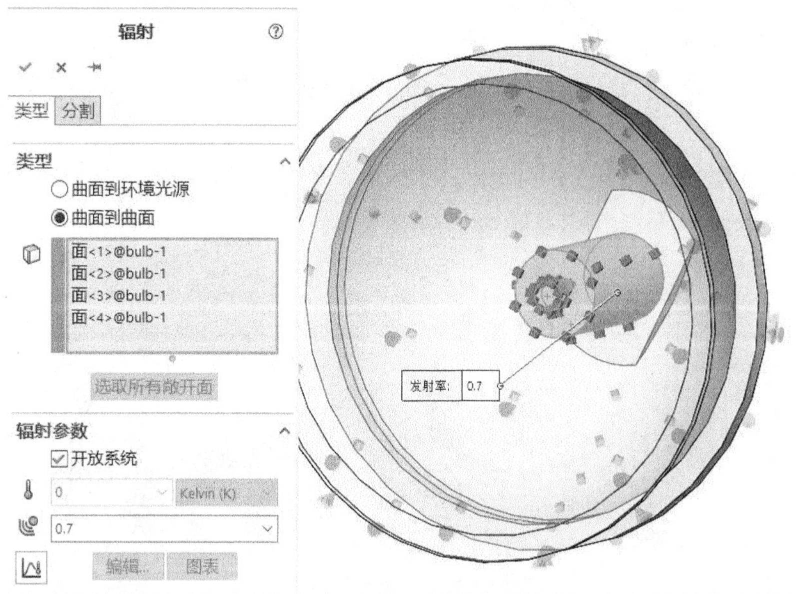

图 8-4　定义灯泡辐射条件

> 提示　如“第 7 章　热力分析”中解释的一样，发射率是材料的一种属性，它取决于表面的温度和物体表面的抛光度，这会在后面做更详细的介绍。黑体的发射率为 1，而理想反射壳的发射率为 0。

步骤 6　定义反射壳辐射条件

为了定义灯罩反射面如何接收灯泡辐射的热量，必须定义反射壳曲面的辐射条件。

右键单击【热载荷】，选择【辐射】，选择反射壳的内表面。

在【类型】中选择【曲面到曲面】。

如图 8-5 所示，在【辐射参数】中不勾选【开放系统】复选框，使其再次作为假定的真空温度。发射率的大小输入“0.1”。单击【确定】✓。

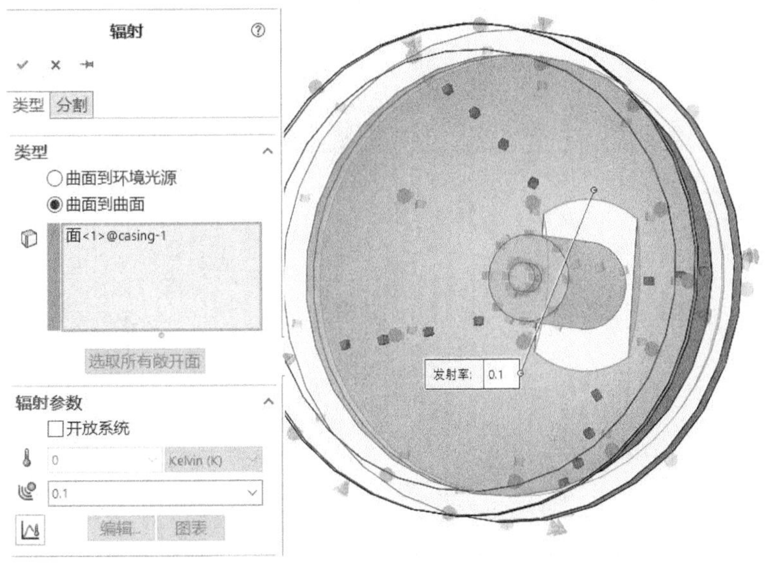

图 8-5　定义反射壳辐射条件

注意：反射壳的作用是用来反辐射的，这也是为什么发射率如此低的原因。

步骤 7　定义玻璃灯罩的辐射条件-内侧面

爆炸显示该装配体，以便于定义这个条件。与前面的步骤类似，定义封闭系统的辐射条件并采用【曲面到曲面】的辐射类型。指定【发射率】为 0.97(绝大多数的辐射都被玻璃灯罩所吸收)。

提示：如图 8-6 所示，该条件应当只加载到面向辐射的分割面上。

提示：在这次仿真中，我们假设玻璃灯罩可以模拟为一个黑体。然而，这个假设不是非常准确，会导致灯罩温度的升高。正确求解带玻璃组件的模型需要用到其他参数，例如 SOLIDWORKS Flow Simulation 的 HVAC 模块中提供的辐射吸收。

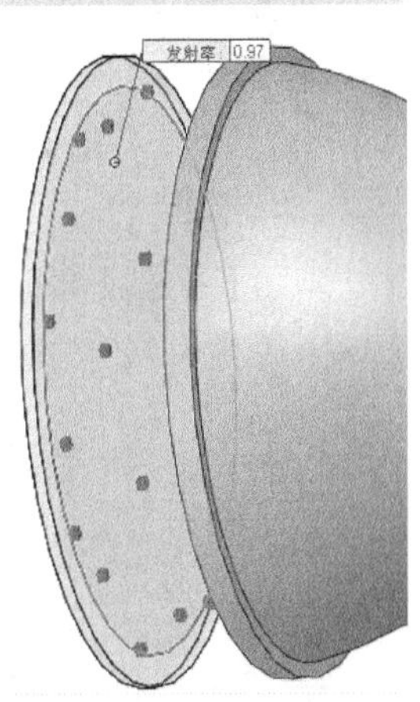

图 8-6　选取分割面

步骤 8　定义玻璃灯罩的辐射条件-外侧面

玻璃灯罩的外侧面向环境大气散发所有热量。右键单击【热载荷】并选择【辐射】，选择玻璃灯罩“glass cover”的外侧面，如图 8-7 所示。

在【类型】中选择【曲面到环境光源】。设置【环境温度】为 25℃(77℉)，在【发射率】中输入“0.97”，在【视图因数】中输入“1”。单击【确定】✓。

提示：当使用【曲面到环境光源】类型时，必须手工输入视图因数，因为阻碍从玻璃灯罩发出辐射的任何几何体都不是模型的一部分。

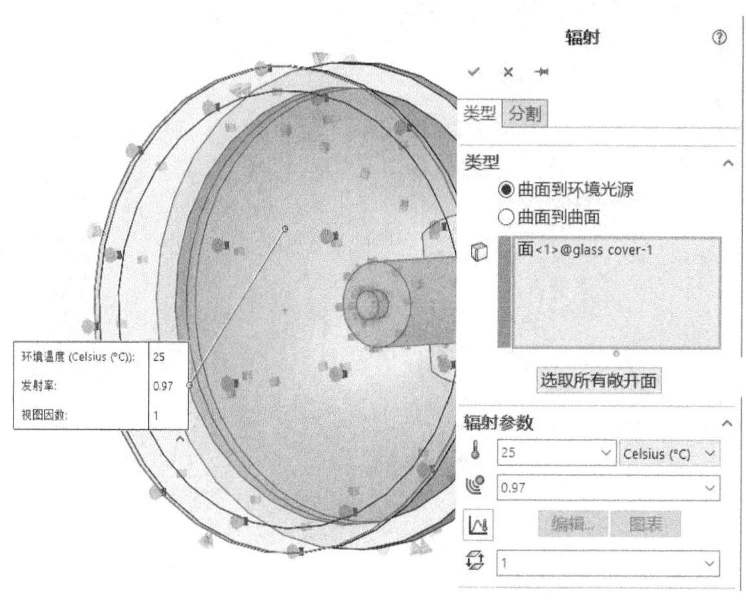

图 8-7　定义玻璃灯罩的辐射条件

步骤 9　定义反射壳的对流条件

为了定义反射壳与空气间的对流传热，右键单击【热载荷】，并选择【对流】。

如图 8-8 所示，选择反射壳的外表面。外表面直接与空气接触，它们将通过对流来散热。

设置【对流系数】为 50W/(K · m^2)，【总环境温度】为 315K(41.85℃或 107.3℉)，这是反射壳背部与空气接触处的温度。单击【确定】。

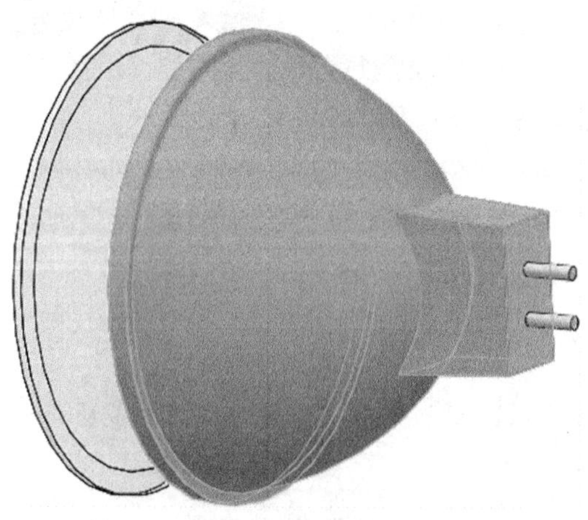

图 8-8　定义反射壳的对流条件

步骤 10　添加玻璃灯罩的对流条件

由于玻璃灯罩面向开放空间，因此它的对流参数是不同的。

在玻璃灯罩的外侧面定义【对流】条件，设置【对流系数】为 70W/(K · m^2)，【总环境温度】为 298K (24.85℃或 76.73℉)，如图 8-9 所示。

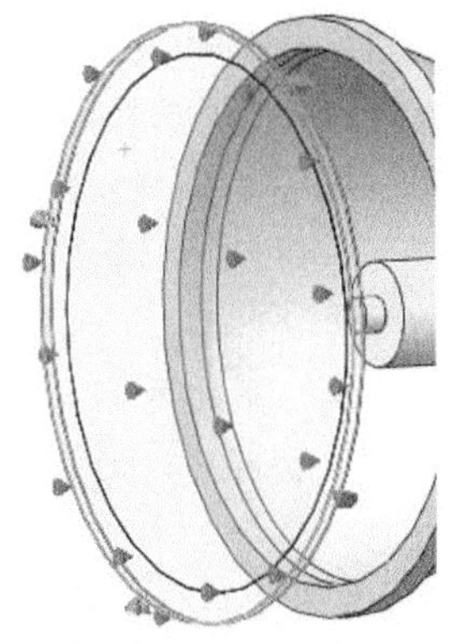

图 8-9　添加玻璃灯罩的对流条件

8.3.1　分析参数回顾

热传导的机理到此已经全部定义完毕，同时完成了热力分析的建模阶段。

在准备稳态热力分析的过程中，已经定义了对流系数、热量和发射率。本章中唯一没有用到的热力参数就是热通量(每单位面积的热量)。

如果需要做瞬态热力分析，那么上面提到的 3 个参数都需要定义为与时间相关的曲线函数。

步骤 11　网格控制

在玻璃盖的侧面上应用【单元尺寸】，或 0.6mm 和默认比率的网格控制。

步骤 12　划分网格

使用【基于曲率的网格】，以草稿品质单元划分网格，【最大单元大小】设定为 2.29mm。

步骤 13　运行分析

在使用英特尔志强处理器（IntelXeonE5-1620）的计算机中，分析时间约为 3min。在求解窗口中单击【更多】按钮，会发现大部分求解时间都花在计算视图因数上了。视图因数表达的是离开一个区域的辐射被接收区域拦截的部分。

步骤 14　图解显示温度分布

【结果】文件夹下会自动创建“Thermal1”，打开并查看该温度分布图。

如图 8-10 所示，灯泡温度的最大值为 1 234℃。由于灯泡的几何体只是一个近似的外形，因此可以忽略灯泡位置的温度结果。事实上，需要对集成散热器的真空灯泡进行建模，才能在该位置获得更加接近真实问题描述的结果。当前的几何体只是表明灯泡的存在，并将其作为热源和辐射发射器。

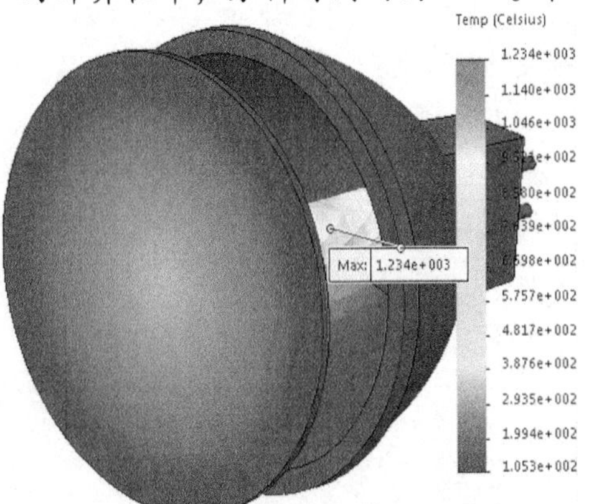

图 8-10　温度分布

步骤 15　设置玻璃灯罩的温度

将图例上界的最大值设置为 200℃，即外侧面的最大设计温度为 200℃。

使用【探测】功能可以看到玻璃灯罩外侧面的最高温度为 316.6℃，远远高于设计限定的 200℃，如图 8-11 所示。

由于玻璃灯罩的外侧面没有满足设计温度的要求，有必要采取实质性的设计更改，例如使用更低瓦数的灯泡。

另外，需要更精确地模拟玻璃材料对辐射的响应。

因此，应该采用集成散热器的更加精准的灯泡几何体模型。目前项目描述中的模型太过粗糙了。

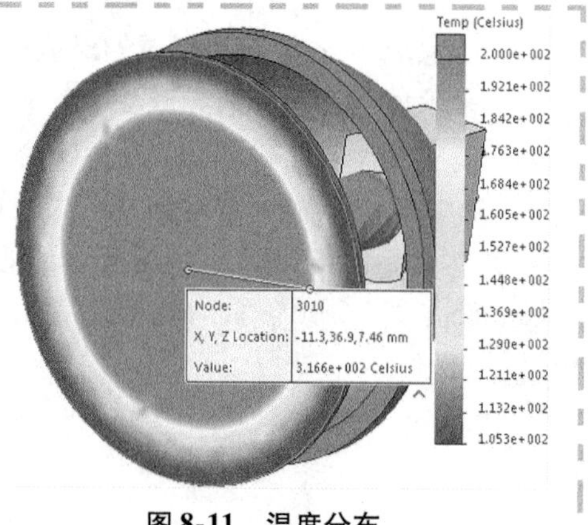

图 8-11　温度分布

8.3.2　热流量奇异性

回顾一下在 L 支架一章中(《SOLIDWORKS® Simulation 基础教程(2020 版)》中的第 2 章)定义的在锐角拐点处的应力奇异性。

为了明确锐角拐点处的热流量奇异性的概念，可以直接类比热流量与应力来帮助理解。在结构分析中，锐角拐点处得不到应力结果。热力分析中也有类似的现象，即在锐角拐点处得不到热流量的结果。由于离散误差的原因，无穷大的应力不可能显示出来，但是热流量的结果完全取决于划分边界的网格单元尺寸。随着网格的细化，热流量的值会趋于无穷大。

步骤 16　图解显示热流量

隐藏零部件“glass cover”，在【结果】文件夹下创建另一个图解，以显示合力热流量。

右键单击【结果】文件夹，选择【定义热力图解】。选择显示【HFluxN：合力热流量】图解，如图 8-12 所示。

热流量集中在灯泡底座的锐边处，然而从“第 7 章　热力分析”中可以得知，锐边处的热流量结果是没有意义的。理论上讲，这些结果是奇异的(或无穷大的)。

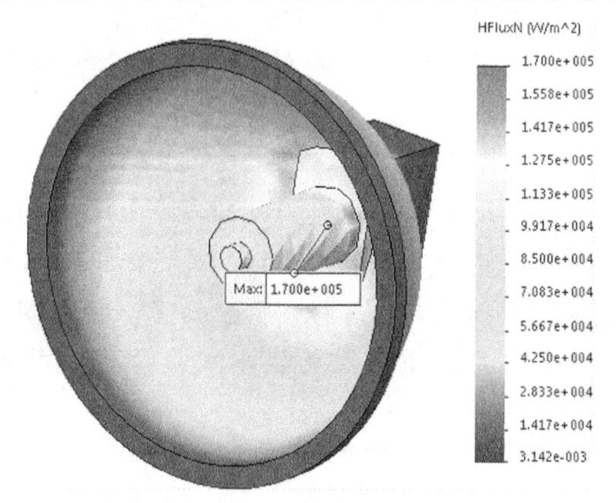

图 8-12　热流量分布

8.4　总结

本章学习了传导、对流和辐射等传热方式的稳态热力分析。

可以发现，热辐射传导问题的计算时间更长，因为这类问题需要考虑传导的视图因数。另外，随着温度的提升，热辐射在热传导中的比重也随之提升。

本章还讲解了受到入射辐射的玻璃组件需要更复杂的方法来处理，SOLIDWORKS Flow Simulation 中的 HVAC 模块可处理这种情况。

第 9 章　高级热应力 2D 简化

学习目标

- 进行装配体的热应力分析
- 采用 2D 简化来减小问题规模

9.1　热应力分析概述

热应力分析是静应力分析的一种类型，属于结构类问题的分支，而热力分析并不属于这一类。不同于常规的结构载荷(例如力和位移)，热应力分析允许强制热扩散收缩等载荷。

在进行热应力分析时，需要首先在热力分析中计算出所需要的结果，然后再把该结果映射为节点的温度，该节点温度就是热应力分析中的载荷。热力分析、热应力分析和静应力分析的区别见表 9-1。

表 9-1　热力分析、热应力分析和静应力分析的区别

分析类型	SOLIDWORKS Simulation 中分析的名称	分析的种类	分析类型	SOLIDWORKS Simulation 中分析的名称	分析的种类
静应力	静态	结构	热力	热力	热力
热应力	静态	结构			

9.2　实例分析：金属膨胀节

本章将对一个膨胀节装配体运行一次简化分析。该膨胀节装配体包含一个“AISI 321”（相当于我国牌号 06Cr18Ni11Ti）不锈钢材质的波纹管和两个碳钢材质的法兰，如图 9-1 所示。膨胀节主要用于在高温管道系统中消除热应力。波纹管的较小的结构刚度允许其在多个方向变形并吸收系统的变形。

图 9-1　膨胀节装配体

项目描述：

将波纹管的一端焊接到法兰上，然后用螺栓将法兰连接到管道系统。

管道系统用于传输低压蒸汽，其对应的温度为 220℃（493.15K 或428℉），压力为 3bar（0.3MPa 或 43.51psi）。

本项目的目标是计算装配体的应力。

9.3 关键步骤

这类分析需要经过两个步骤：

1）运行热力分析。运行稳态热力分析来计算模型的温度分布。由于在热流稳定后需要进行应力分析，所以先运行一个稳态热力分析。

2）运行静应力分析。使用热力分析中的温度结果，运行一个静应力分析以求出热应力的结果。

9.4 热力分析

首先寻求一个稳态解。稳态是指在经过足够长的时间以后，温度场达到稳定的状态。因此，初始温度的大小和稳态分析是没有什么关联的，因为初始温度的大小并不影响稳态的条件，只是决定达到稳态所需要的时间。

初始温度在热应力的求解中仅仅作为参考温度。

操作步骤

步骤 1　打开装配体文件

从 Lesson09\Case Studies 文件夹下打开装配体“Expansion joint”，如图 9-2 所示。

扫码看视频

图 9-2　打开装配体文件

9.4.1 2D 简化

有些工程问题的仿真可以采用 2D(二维)来替代 3D(三维)，这可以极大地减小问题的规模和求解的时间。

注意

如果使用正确，2D 简化算例可以得到与真实 3D 问题一样的结果。简化意味着降低仿真模型的复杂度。但是，如果使用不当，可能会出现非常大的偏差。

当考虑 2D 简化时，模型的几何体和应用的载荷必须满足一定的条件。只考虑两者其一，可能会产生严重的错误。2D 简化存在 3 种类型：

1. 平面应力　如果假设平面之外的应力等于 0(应力只发生在平面上，因此也称为平面应力)，这样的 3D 问题可以用平面应力来表示。这种情况发生的条件有：

1）模型的厚度比其他两个平面尺寸要小很多。

2）力和约束力仅作用在两个平面尺寸上。如图 9-3 所示的薄壁，可以看作加载平面作用力（在 X 和 Y 方向有作用力）。这样的 3D 薄壁可以由 2D 模型替代，而且不会有明显的精度损失。

2. 平面应变　当加载的是平面载荷，且沿着轴线方向是固定的（即模型的延长受限）时，这样的 3D 结构可以简化为一个 2D 问题，且精度上的损失也是微不足道的。下面列出了一个管道的例子，如图 9-4 所示。其末端在轴线方向是受限的，而且管内承受内部压力及温度载荷。由于管道沿轴向受限，因此断定只有其径向会发生变形（应变只发生在平面，因此也称为平面应变）。

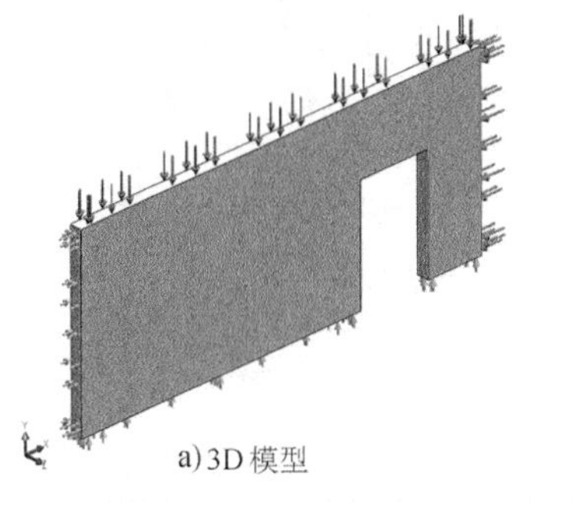

a) 3D 模型

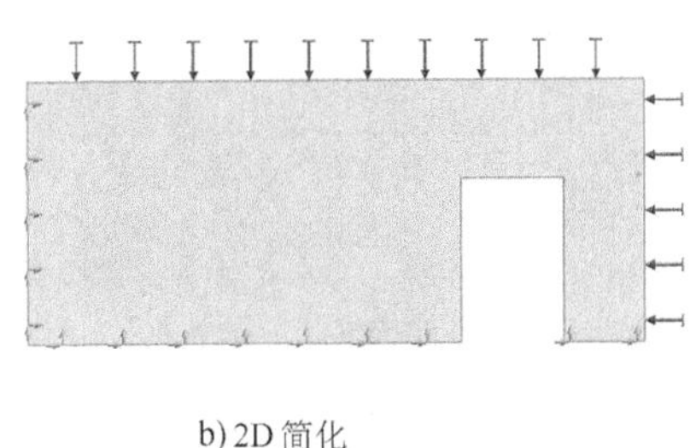

b) 2D 简化

图 9-3　平面应力

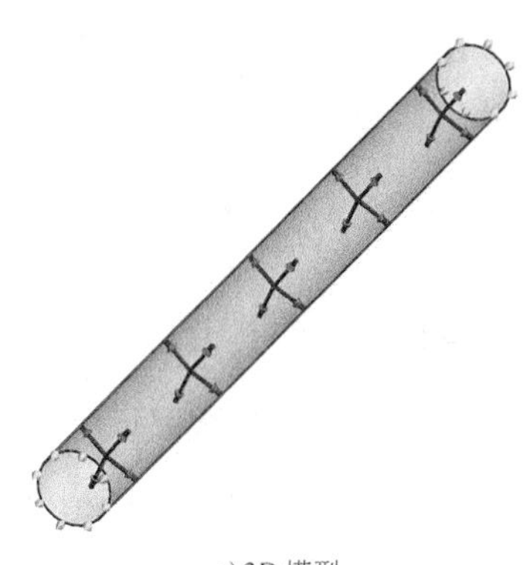

a) 3D 模型

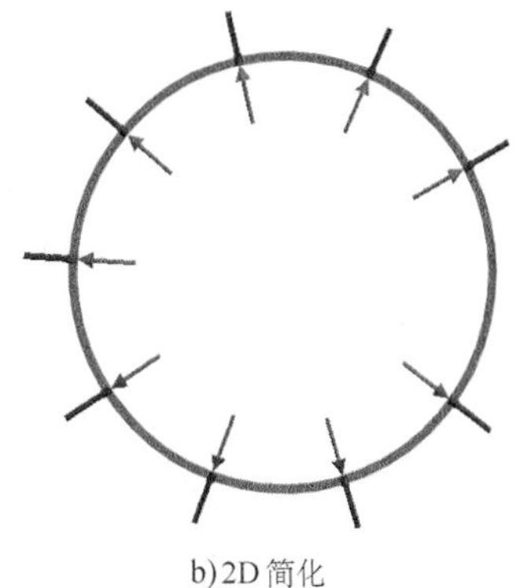

b) 2D 简化

图 9-4　平面应变

由于每个截面的变形是相同的，因此只计算一个 2D 截面的结果就足够了，这极大地简化了模型。

对于管线之类的细长结构件，可以假定其会以平面应变的形式发生变形。

3. 轴对称　当模型由截面绕轴旋转而成，而且承受的载荷也是绕轴对称时，这样的 3D 结构可以简化为 2D 问题。如图 9-5 所示，压力容器的圆柱形几何体是截面轮廓绕旋转轴旋转而成的，压力、温度载荷及夹具也可以被定义为旋转的，这样的情况就可以简化为 2D 模型。轴对称的计算结果和 3D 问题得到的结果是吻合的。

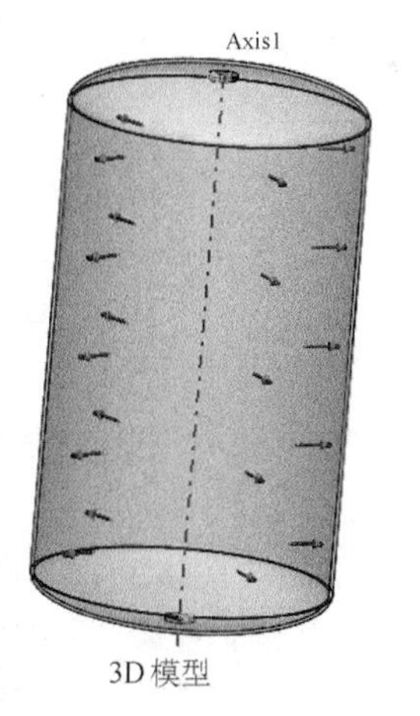

3D 模型

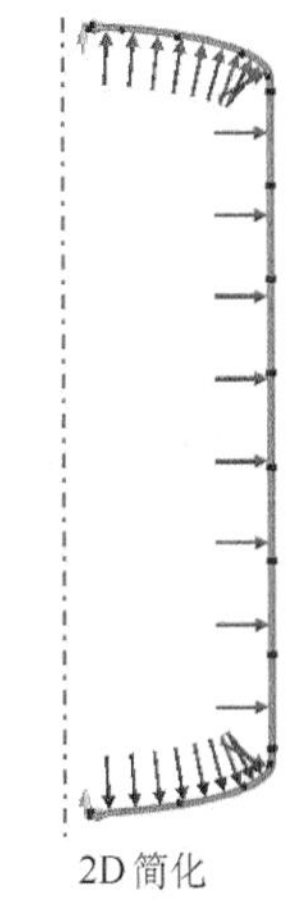

2D 简化

图 9-5　轴对称

知识卡片

2D 简化	2D 简化可以让用户将初始的 3D 问题简化为一个 2D 问题，同时还能保证精度不受损失或使损失最小。这样的方法可以极大地减小问题规模和缩短计算时间。2D 简化适用于静应力、热力和非线性 3 种算例类型。
操作方法	• CommandManager：【算例顾问】/【新算例】。 • 菜单：【Simulation】/【算例】。

提示 2D 简化的操作方法为在【类型】中选择【静应力分析】、【热力】或【非线性】，然后在【选项】下方勾选【使用 2D 简化】复选框。

步骤 2 激活配置

激活“Symmetry”配置，以减小模型大小。

步骤 3 创建热力分析算例

新建一个名为“t distribution”的【热力】算例。在【选项】下勾选【使用 2D 简化】复选框，如图 9-6 所示。

单击【确定】✓。

图 9-6 勾选【使用 2D 简化】复选框

提示 由于模型的几何体可以通过截面轮廓绕轴旋转而成，而且所有载荷都是轴对称的，所以可以将 3D 模型简化为 2D 模型。

步骤 4 设置 2D 简化选项

在【2D 简化】窗口中，选择【轴对称】作为【算例类型】，如图 9-7 所示。选择“Front Plane”作为【剖切面】，选择“Axis1”作为【对称轴】，单击【确定】✓。

提示 勾选【使用另一边】复选框可以切换剖切除的方向。

在新的基准面上，将会生成一个名为“t distribution”的 2D 简化结果，如图 9-8 所示。仿真的模型就是基于这个几何体。

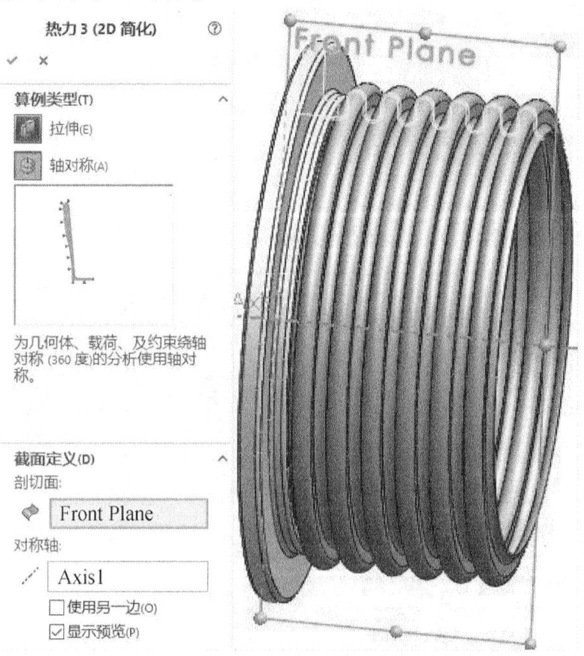

图 9-7 设置 2D 简化选项

步骤 5 设置材料属性

材料属性会自动从 SOLIDWORKS 的装配体模型传递到 SOLIDWORKS Simulation 中。

提示：计多情况下，在SOLIDWORKS Simulation中必须对材料加以修改。例如，在计算温度范围时，一些与温度相关的材料参数（热导率、杨氏模量）的变化不能被忽略，那么就必须使用与温度相关的材料。

图9-8　2D简化结果

步骤6　定义温度

为了模拟热蒸汽，在波纹管和法兰的内侧加载温度。右键单击【热载荷】并选择【温度】，设置【温度】为220℃（493.15K或428℉）。选择接触蒸汽的模型内侧边线，如图9-9所示。单击【确定】✓。

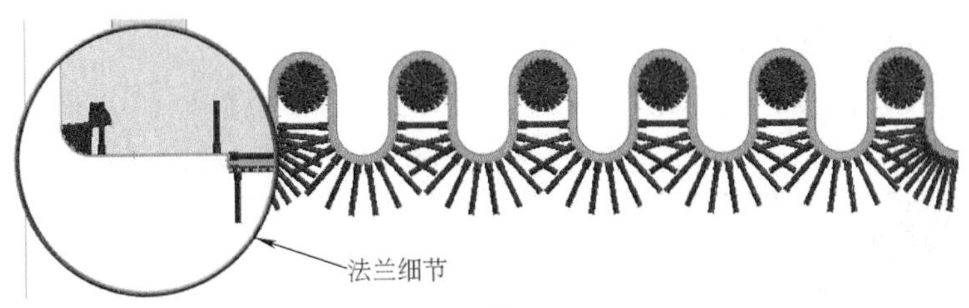

图9-9　定义温度

提示：2D轴对称模型的边线替代的是3D模型的旋转面。

步骤7　定义对流[⊖]

热量从接触外界大气的表面以对流的方式散发出去。右键单击【热载荷】并选择【对流】。如图9-10所示，选择所有的外部边线。

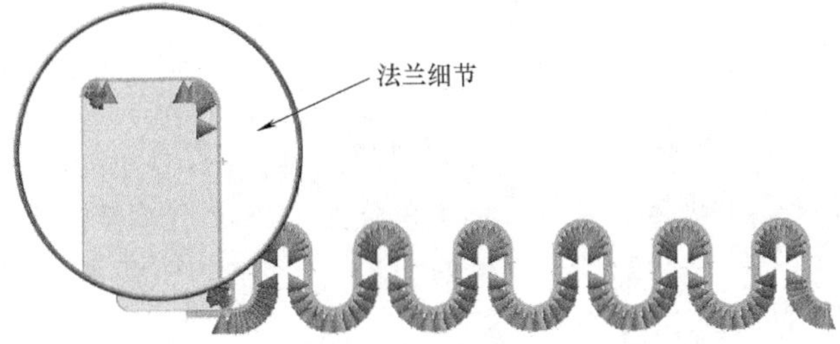

图9-10　定义对流

将【对流系数】[⊖]设置为50W/(K·m^2)。这意味着如果表面和环境大气的温差为1K，则3D模型中每平方米的表面会散发50W的热量。

设置【总环境温度】为298K(25℃或77℉)。单击【确定】✓。

⊖ 对流应为热传导，为与软件内容一致，本书沿用软件中的名称。

9.4.2 指定温度条件

一般来说，可以通过加热或冷却的方式使温度保持在特定的数值。在检查完结果，确定了通过表面的热流方向后，才能知道对表面采取加热还是冷却的方式。

但是对于本例而言，热量很明显是从波纹管和指定高温的法兰薄壁进入，然后通过对流的方式从薄壁释放出去的。

9.4.3 热力分析中网格划分的注意事项

现在可以对模型划分网格了，但在热力分析中划分网格需要注意以下几点：

1）如果只是用来计算温度，网格划分就没有什么特别需要注意的地方。不使用网格控制、以默认的单元尺寸划分出来的网格一般都能得出正确的结果。

2）如果需要计算热流密度，网格划分就需要注意更多的细节内容。单元面曲率变化剧烈、过多锐边的存在都会导致人为的热流密度集中。

尽管热力分析更关注温度结果(需要温度来计算热应力)，但是也要生成合理的网格，以供下面分析热通量时使用。

步骤 8 划分装配体网格

使用高品质的单元划分装配体网格。移动【网格因子】的滑块到【良好】一端，设置【最大单元大小】为 0.974 28mm。使用【基于曲率的网格】，结果如图 9-11 所示。

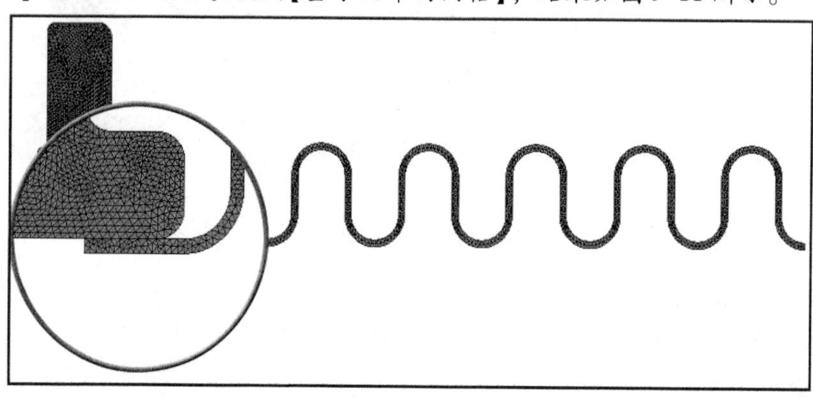

图 9-11 划分装配体网格

> 提示 请注意，即使使用了良好的网格设置，2D 网格的完成速度也是非常快的。在波纹管的厚度方向填充 2 个单元，以得到合理的温度结果。

步骤 9 运行分析

只需几秒钟便可以完成这个仿真。

步骤 10 显示温度结果

如图 9-12 所示，波纹管壁的温度几乎是恒定的。在外壁探测到的温差也不会超过 2 ~3℃。

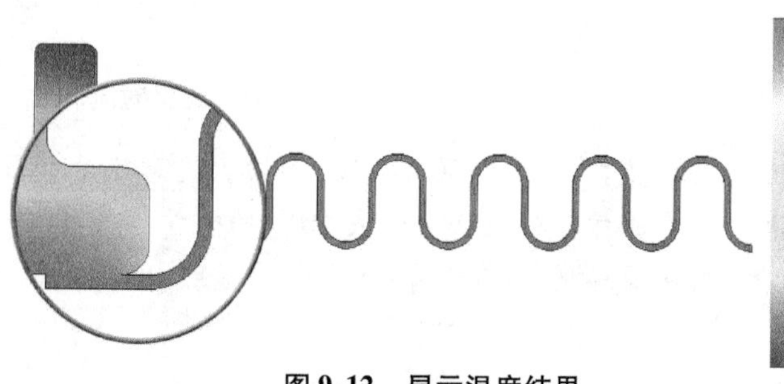

图 9-12 显示温度结果

步骤 11　显示 3D 图解

右键单击最终的温度图解并选择【显示为 3D 图解】。如图 9-13 所示，显示为 3D 图解可以使结果看起来更加真实。楔形切除的尺寸可以编辑修改，其用途是可以显示沿壁厚方向的温度分布。

步骤 12　创建一个热流量的矢量图解

右键单击【结果】文件夹，选择【定义热力图解】。在【零部件】中选择【HFluxN：合力热流量】，【单位】选择【W/m^2】。在【高级选项】下，勾选【显示为向量图解】复选框，单击【确定】✓。

如图 9-14 所示，箭头清晰地显示了热流的方向，即通过波纹管壁和法兰的方向。

提示：要更改箭头大小，可右键单击图解图标，并选择【向量图解选项】。

注意：当模型边线突然内凹时，热流量的值将发生奇异。这与结构分析类似，在相似的位置也会发生应力奇异现象。

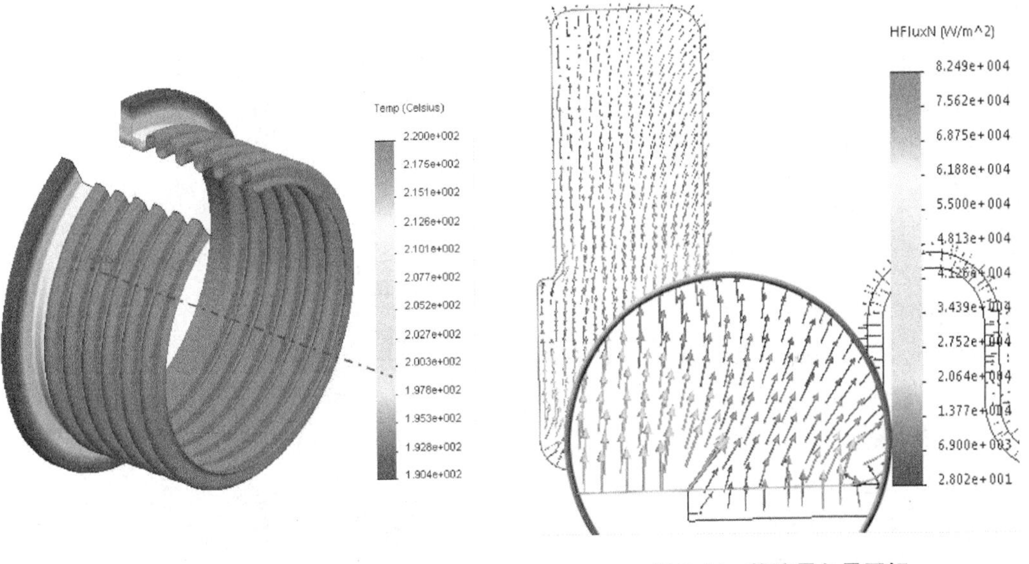

图 9-13　显示为 3D 图解　　　　图 9-14　热流量矢量图解

9.5　热应力分析

在计算完温度分布之后，现在运行一个静应力分析算例。

操作步骤

扫码看视频

步骤 1　创建一个静应力分析算例

创建一个名为“thermal stress”的【静应力分析】算例。

在【选项】下勾选【使用 2D 简化】复选框。按照上一个实例步骤 4 中的方法，定义一个 2D 轴对称的“thermal stress”算例。

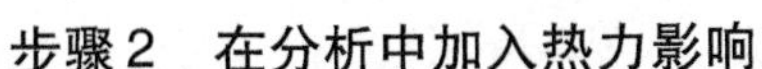

步骤 2　在分析中加入热力影响

右键单击“thermal stress”算例，选择【属性】。

在【流动/热力效应】选项卡下，选择【热算例的温度】，如图 9-15 所示。

提示 如果有不止一个热力分析的结果可供选择，用户可以指定一个热力分析，并将该热力分析的结果作为热应力分析的输入。在这个例子中，只有算例“t distribution”可供选择。

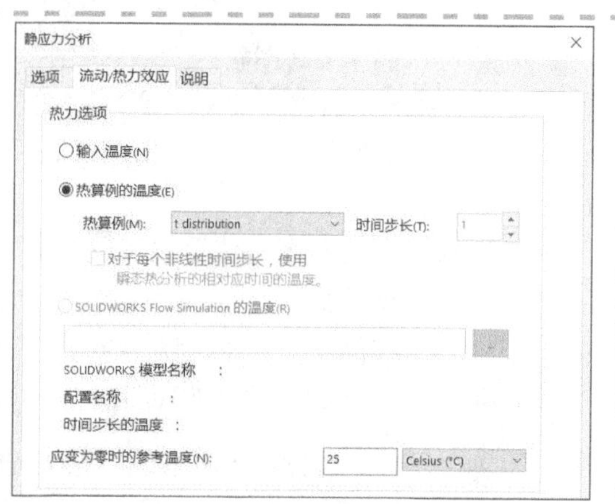

图 9-15　设置算例属性

9.5.1　从 SOLIDWORKS Flow Simulation 中输入温度及压力

对于包含对流效应的例子，可以在 SOLIDWORKS Flow Simulation 中先进行一个详细的流体动力学模拟，然后将所得的温度分布及压力结果传入 SOLIDWORKS Simulation 的静应力分析中。这在复杂的绕体流动中的对流系数未知的情况下非常有用。从 SOLIDWORKS Flow Simulation 中输入温度及压力仅适用于全 3D 模型。

9.5.2　零应变时的参考温度

相对于结构载荷和边线约束，零应变时的参考温度对应于假定模型中没有应变时的温度。

步骤 3　设定参考温度

在“thermal stress”算例属性窗口的【流动/热力效应】选项卡中，在【应变为零时的参考温度】中输入 25℃。

单击【确定】。

步骤 4　指定对称

在本章开头部分使用的是“Symmetry”配置。在仿真算例中也必须指定这个条件。

为波纹管外露的边线指定【对称】的夹具，如图 9-16 所示。

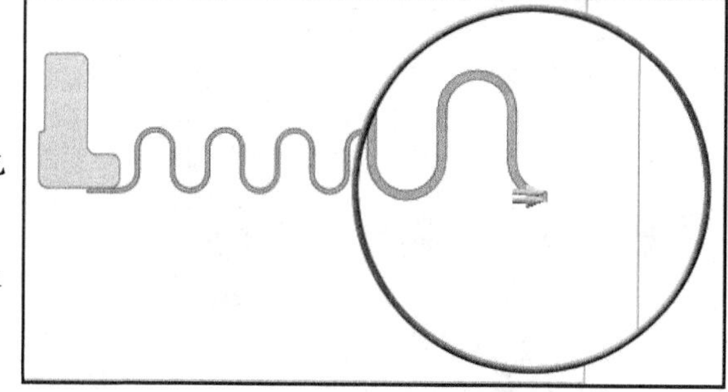

图 9-16　指定【对称】的夹具

步骤 5　定义法兰条件

膨胀节装配体通过螺栓将法兰与管道连接起来。当波纹管应力由于温度载荷而变形显著时，整个管道系统都处于同一温度环境下，因此整个系统是热膨胀的。系统膨胀会产生显著的变形和应力，从而导致严重的系统失效。膨胀节的主要功能就是通过波纹软管的变形来消除这些应力。

下面将模拟在水平位移为 4mm 时系统膨胀的影响。

右键单击【夹具】并选择【高级】。选择图 9-17 所示的法兰边线，并在【沿基准面方向 1】中输入“4”。

单击【确定】✓。

提示 2D 模型中参考实体的默认选择是“Front Plane”，而且不能修改。

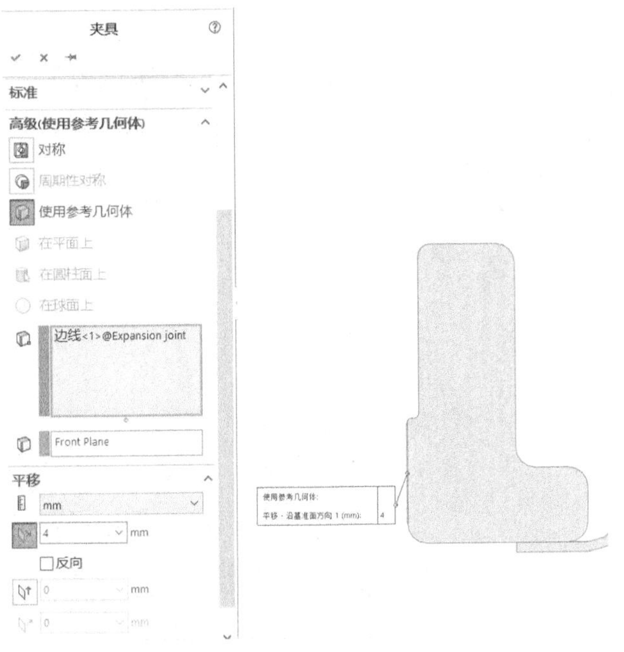

图 9-17　定义法兰条件

步骤 6　定义压力

低压蒸汽以 3bar(0.3MPa 或 43.51psi) 的压力进行传送。

右键单击【外部载荷】文件夹并选择【压力】。

选择图 9-18 所示的 3 条边线，并指定 0.3MPa 的压强值。

单击【确定】✓，结果如图 9-19 所示。

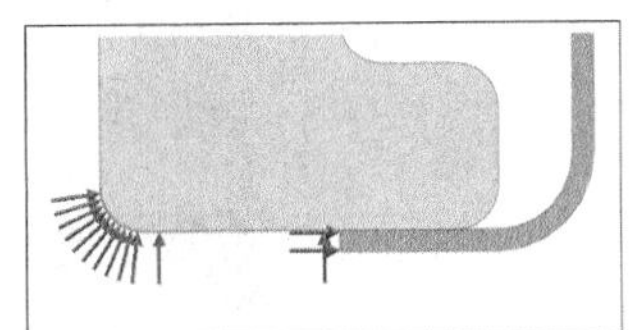

图 9-18　选择 3 条边线

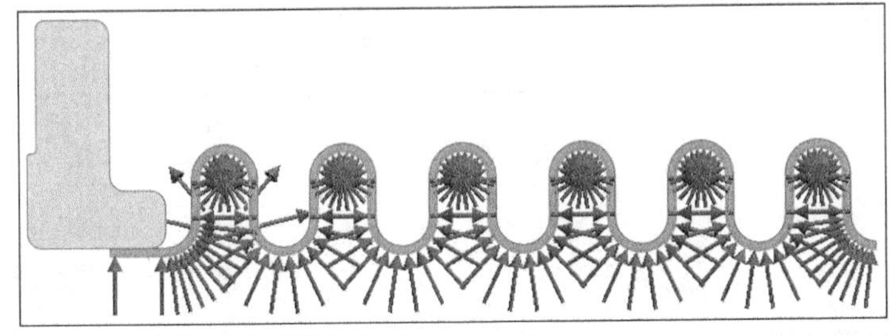

图 9-19　压力方向

步骤 7　定义波纹管的网格控制

对波纹管的整个横截面定义网格控制，如图 9-20 所示。【单元大小】指定为 0.45mm，【单元大小增长比率】指定为 1.5。

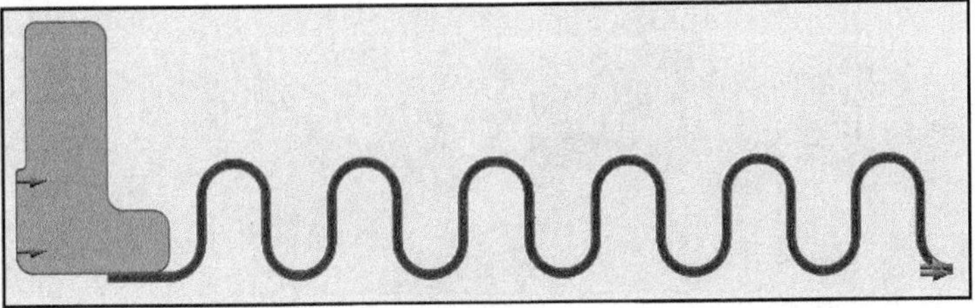

图 9-20　定义网格控制

提示 可以使用和热力算例中相同的网格密度。但是，由于波纹管壁在膨胀变形时弯曲严重，在厚度方向最好划分 3 个或 4 个高品质的单元，以得到更为真实的应力结果。

步骤 8　定义法兰的网格控制

对图 9-21 所示的 3 条边线定义相同的网格控制。目前在这个区域无法得到平顺的应力结果，因为全局的网格尺寸太过粗糙。

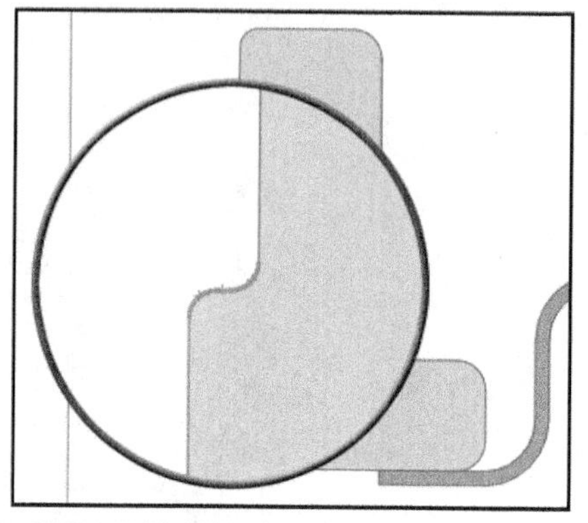

图 9-21　选择 3 条边线

步骤 9　划分装配体网格

使用高品质的单元划分装配体网格。移动【网格因子】的滑块到【良好】一端，设置【最大单元大小】为 0.974 28mm。使用【基于曲率的网格】，结果如图 9-22 所示。

提示 采用上面的网格密度设置，可以在波纹管壁厚方向填充 4 个单元。

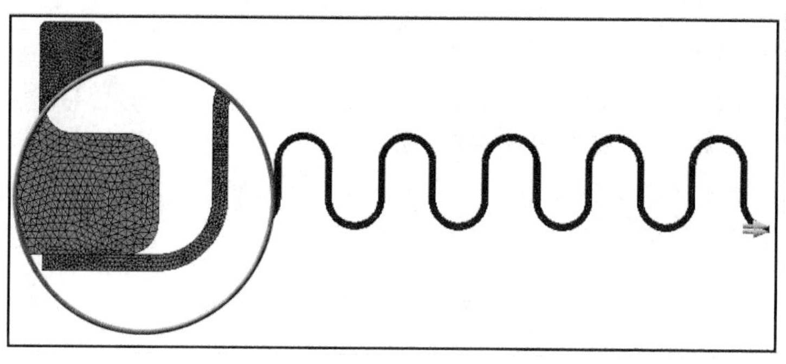

图 9-22　划分装配体网格

步骤 10　检查网格细节

注意，二维网格包含大约 26 000 个节点。在 2D 问题中如果没有其他接触条件，这类仿真的结果是没有问题的。

步骤 11　运行“thermal stress”算例

只需几秒钟便可完成这个算例的运算。

步骤 12　图解显示结果

位移

一般情况下，膨胀节的最大变形为预先指定的法兰位移 −4mm，如图 9-23 所示。波纹管在轴向非常柔软，但这并不意味着这个载荷是自动产生最大应力的原因。

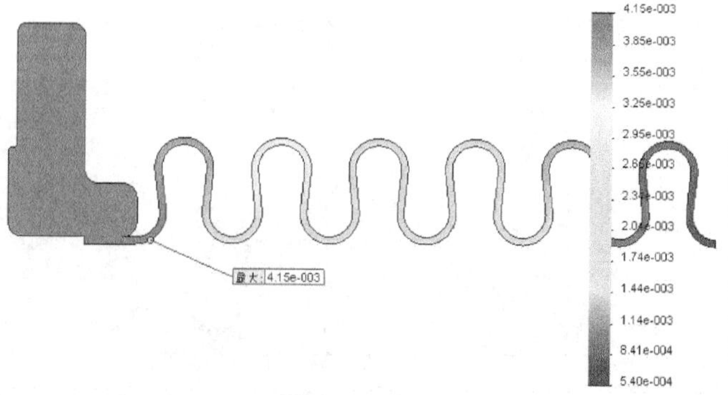

图 9-23　显示结果位移

步骤 13　图解显示 von Mises 应力

设置波纹管材料“AISI 316”（相当于我国牌号 06Cr17Ni12Mo2）的【最大】屈服强度为 172.4MPa。

模型的最大应力约为 362.8MPa，位于波纹管第一个下凹弯曲部分，如图 9-24 所示。这大大超过了屈服极限的值 172.4MPa。因此可以得出结论，要么更改波纹管的设计来解决这个问题，要么降低载荷。也许采用更少的弯曲结构并加大直径会有助于改变这种情形。此外，膨胀节还必须保证拥有一定的最低疲劳寿命。

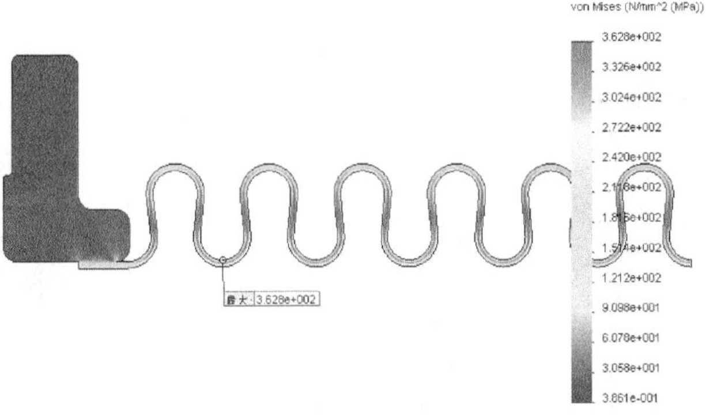

图 9-24　显示 von Mises 应力

知识卡片		
	能量范数误差	【能量范数误差】是基于节点和单元间的应力差异而计算得到的。虽然其不能表示应力误差，但是能用来表示均匀网格中应力误差的相对分析。当然，应当忽略尖锐凹角附近的较高值。 除了奇异性之外，如果所关注的区域产生了很高的应力误差，这些应力结果同样不能被认为是合理的。
	操作方法	• 快捷菜单：右键单击 Simulation 分析树中的【结果】文件夹，选择【定义应力图解】。 • CommandManager：【Simulation】/【结果顾问】/【新图解】/【应力】。 • 菜单：【Simulation】/【图解结果】/【应力】。

步骤 14　图解显示能量范数误差

如图 9-25 所示，这样的低数值表明波纹管的应力结果是合理的。

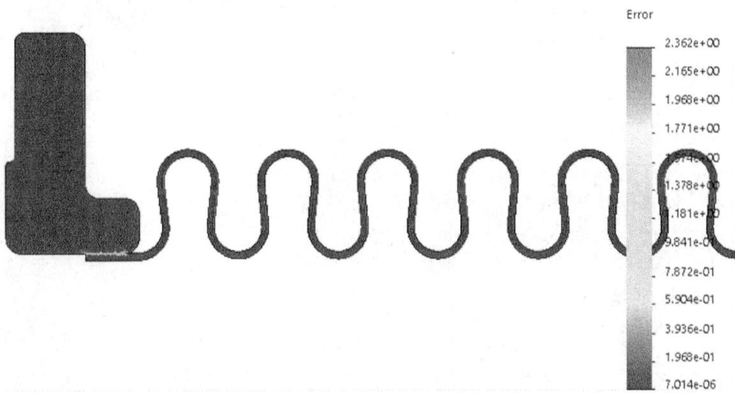

图 9-25　显示能量范数误差

提示 模型的应力明显受到预先指定的位移和温度的影响，这两者对最大应力结果的产生同等重要，而压力载荷的影响是极小的。

9.6 3D 模型

前面提到，2D 简化会使模型尺寸显著减小。为了证明这个结论，下面将采用传统的 3D 方法来求解这个问题。

步骤 15 切换模型配置

切换配置到“3D symmetry”，如图 9-26 所示。

提示 “3D symmetry”配置将模型减小为一个 15°的楔形。如果需要，还可以进一步减小楔形的尺寸。

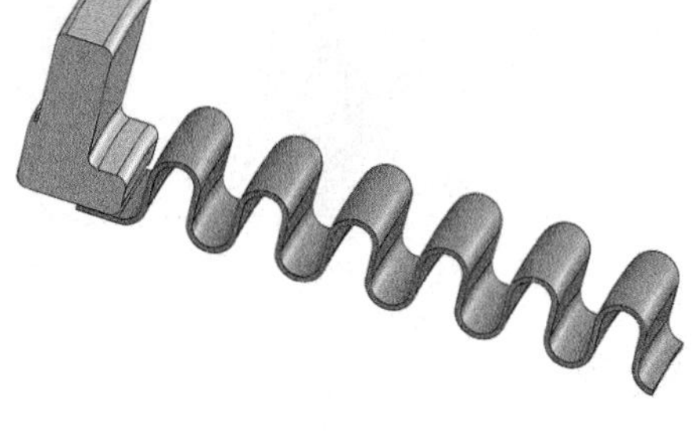

图 9-26 “3D symmetry”配置

步骤 16 定义算例

定义一个新的名为“3D thermal”的【热力】算例。

步骤 17 定义网格

使用和 2D 模型相同的参数生成网格（【最大单元大小】和【最小单元大小】都指定为 0.974 28mm，【圆中最小单元数】指定为 8，【单元大小增长比率】指定为 1.5），结果如图 9-27 所示。

图 9-27 定义网格

提示 2D 算例中应用的网格控制（见步骤 7 和步骤 8）不会在 3D 模型中使用。如果使用，会导致数量庞大的网格。

步骤 18 查看网格细节

网格节点的数量大约为 150 万，而在波纹管的厚度方向只能得到两个单元。相比 2D 网格而言，3D 网格节点数量增加了大约 5 750%。由此可以体会到，当前的 3D 模型并不是求解该问题的最佳方法。

步骤19　完成求解

如果时间允许，用户可以自行完成这个热力算例的3D求解。然后，再定义静应力分析算例及所有的载荷。当处理3D模型时请注意，定义、划分网格及求解该模型将花费大量的时间。

最终的von Mises应力分布如图9-28所示。

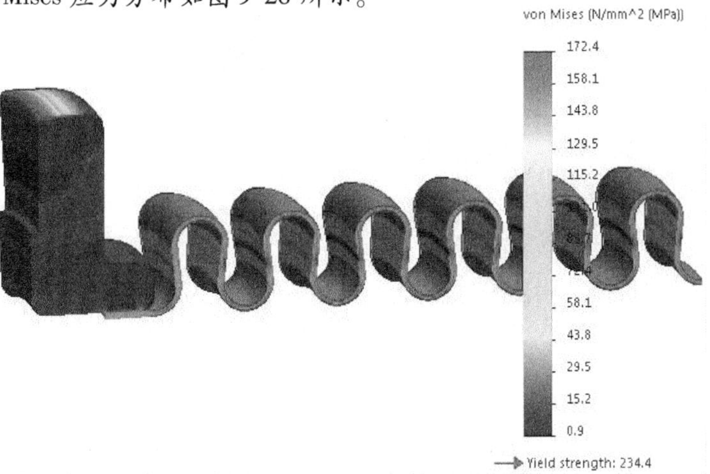

图9-28　von Mises应力分布

观察发现，应力结果非常接近2D模型得到的结果。然而，问题的规模及求解的时间明确表明，3D方法在这里并不是一个合适的选择。

9.7　总结

本章在膨胀节(用于传送低压热蒸汽的管道系统的一部分)的仿真中采用了两个方法。两个方法都获得了相应的结果。

首先，运行了一个热力算例，其主要目的是计算在热应力算例中需要的温度。然后，运行了一个热应力算例，其模型被正确地约束并加载了热力算例中的温度。除了温度载荷之外，膨胀节的波纹管还加载了蒸汽的压力，并预先指定了位移以表现在相同温度载荷下管道系统的膨胀。

模型中波纹管的最大应力大约为362.8MPa。由于该数值大大超过了材料的屈服极限，因此必须更改波纹管的设计。因为波纹管的载荷加载是周期性的，设计验证的下一个步骤就是疲劳仿真。

首先，使用了对称的条件将3D模型切为两半。然后，注意到几何体和载荷都是绕轴旋转对称的，因此模型被进一步简化为2D轴对称问题。

2D模型可以带来又快又好的结果。与此相反，3D方法会导致模型增大，且网格数量比2D模型增加约5 750%。

练一练

1. 列出至少两个可以使用2D平面应力、平面应变及轴对称简化的例子。

2. 图9-29所示的管道加载有均匀的内部压力，而且在顶面的边线上加载了均匀分布的作用力。沿着管道的长度方向作用力的数值是变化的。下面列出的哪种2D简化方法可以用来减小问题的规模？(平面应变/平面应力/轴对称/无)

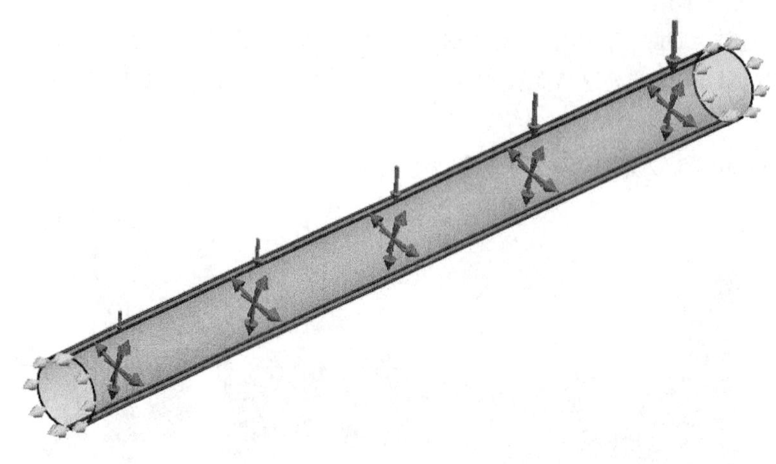

图 9-29　加载内部压力的管道

练习 9-1　芯片测试装置

本练习将分析一个装配体，该装配体包含 1 个陶瓷芯片、1 个尼龙托架和 1 个丙烯酸垫圈。

本练习将应用以下技术：

- 对流。
- 热流量。
- 热应力分析。

项目描述：

如图 9-30 所示，垫圈及托架由两个螺栓连接，在分析中并没有包含进来。该装配体自由安放于测试间的平台上，不和其他任何结构体连接。

装配体的初始温度为 25℃。在进行测试时，芯片（microchip）置于尼龙托架（housing）的内部，并产生 5W 的热量，而丙烯酸垫圈（gasket）的表面则保持 65°的恒温。

本练习的目标是计算出该装配体的热应力。

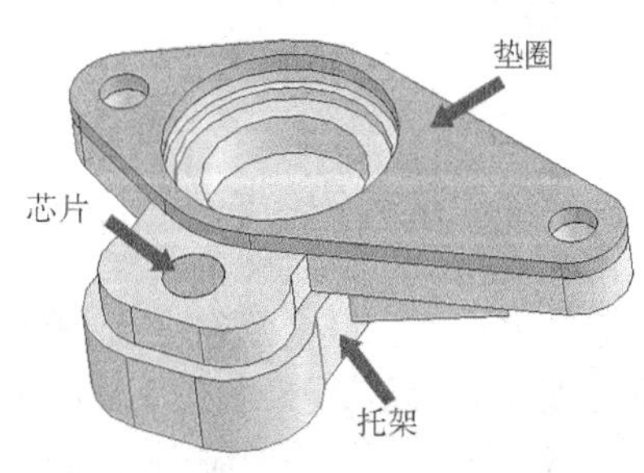

图 9-30　芯片测试装置

操作步骤

扫码看视频

步骤 1　打开装配体文件

打开 Lesson09\Exercises 文件夹下的文件“microchip test”。

芯片及托架的接触面在结构上是接合（胶合）在一起的，而垫圈及托架之间是可以分离的。假定所有接触面之间的热传导都是理想的。

步骤 2　创建热力分析算例

创建一个新的【热力】分析算例，命名为“t distribution”。

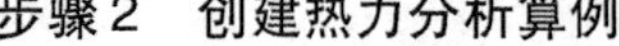

步骤3　检查材料属性

装配体模型的材料属性会自动从 SOLIDWORKS 传递到 SOLIDWORKS Simulation 中。

步骤4　定义热量

右键单击【热载荷】并选择【热量】，打开【热量】窗口。

从 SOLIDWORKS 中选择芯片“microchip”，在【热量】栏中输入“5”。

单击【确定】✓，如图 9-31 所示。

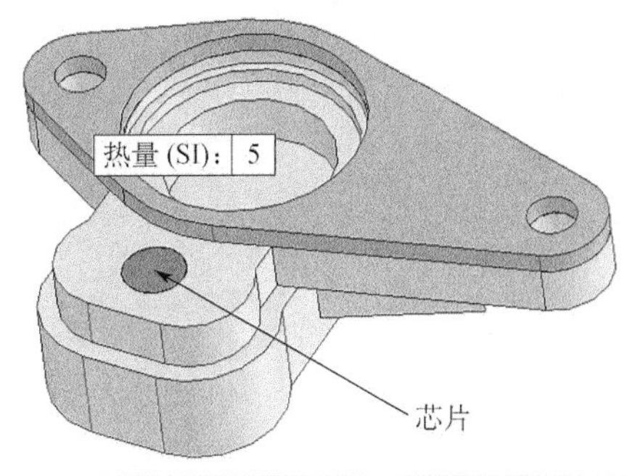

图 9-31　定义热量

> **提示**　热量的符号可以区分热量是进入还是离开模型。“+”表示热量(或热流)进入模型，“-”表示热量(或热流)离开模型。

步骤5　定义装配体外表面的对流

热量将由装配体的外表面以对流的方式发散出去。

在【对流系数】中输入“300W/(K·m^2)”，在【总环境温度】中输入“298K”，如图 9-32 所示。

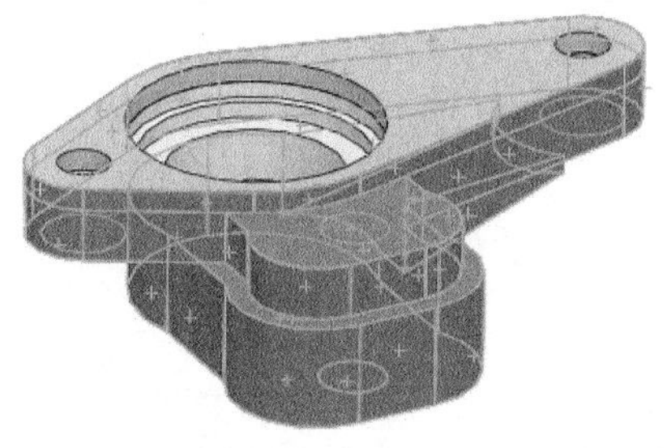
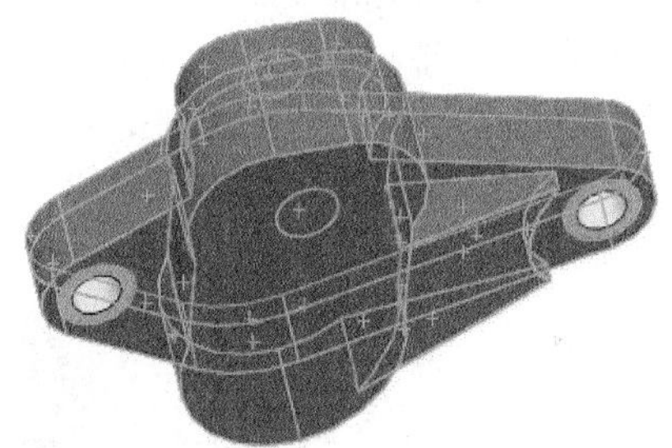

图 9-32　定义装配体外表面的对流

单击【确定】✓。

> **提示**　在定义对流时并未选择顶面，因为它并没有暴露在气流中。我们将在下一步中将其定义为常温。

步骤6　在丙烯酸垫圈表面定义温度

右键单击【热载荷】并选择【温度】。选择丙烯酸垫圈表面，输入温度 65℃，如图 9-33 所示。

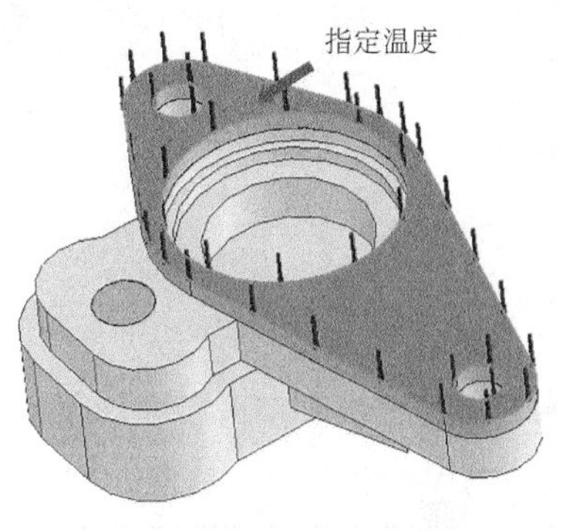

图 9-33　定义温度

步骤7　网格控制

对芯片应用网格控制。接受默认的局部单元大小 1.55mm，并保持默认的比率参数。

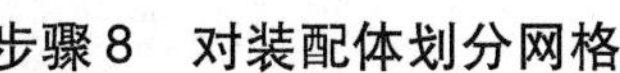

步骤8　对装配体划分网格

采用草稿品质的单元划分装配体的网格，保持默认的【最大单元大小】为 3.10mm，使用【基于曲率的网格】，如图9-34所示。

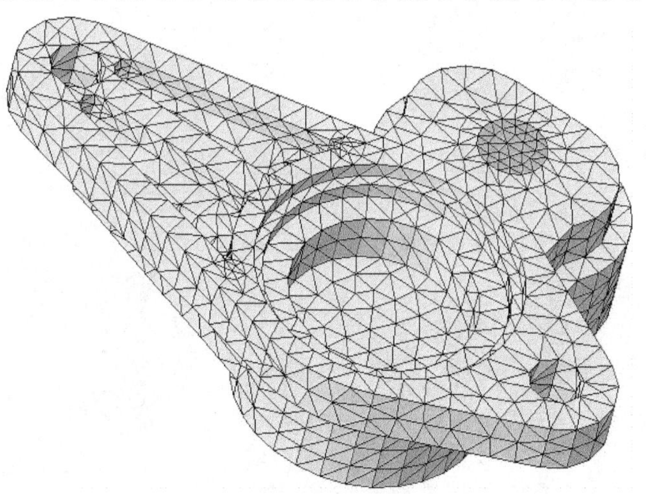

图 9-34　对装配体划分网格

提示　图 9-34 隐藏了垫圈，以方便查看托架几何体的细节。

步骤 9　运行分析

步骤 10　定义温度的截面图解

如图 9-35 所示，圆柱形的芯片从内部产生热量，而对流发生在模型表面。对所有部件而言，最终温度应该低于允许的最大值。

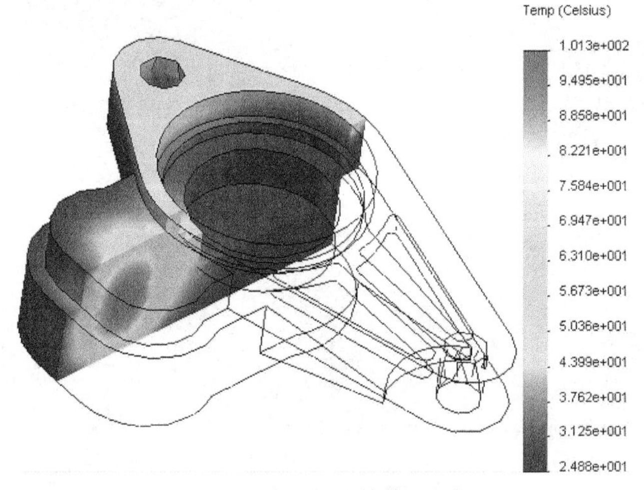

图 9-35　定义温度的截面图解

- **热应力分析**　求得温度分布后，现在将运行一个静应力分析。

操作步骤

步骤 1　创建一个静应力分析

创建一个名为“th stress”的【静应力分析】算例。

扫码看视频

步骤2　设置参考温度

设置【应变为零时的参考温度】为25℃(77℉)。虽然本练习中没有加载结构载荷，但还是需要定义约束。

步骤3　使用软弹簧使模型稳定

在应力分析的属性窗口中，切换至【选项】选项卡，选择【使用软弹簧使模型稳定】选项。

提示　该方法进一步反映了装配体是在没有任何外部约束的状态下置入调整位置的事实。

步骤4　定义螺栓接头

在螺栓穿过丙烯酸垫圈处定义两个【标准或柱形沉头孔螺钉】接头，如图9-36所示。

定义【螺钉直径】为10mm，【螺栓柄直径】为6.35mm。

选择【紧密配合】。从材料库中加载AISI 1020钢，指定螺栓【轴载荷】为90N的轴向力。

步骤5　定义垫圈及托架间的接触

为垫圈及托架的接触面定义一个【无穿透】、【曲面到曲面】的接触，如图9-37所示。

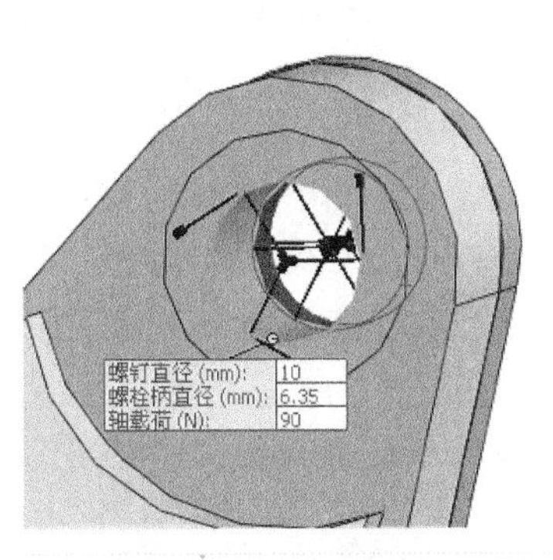

图9-36　定义螺栓接头

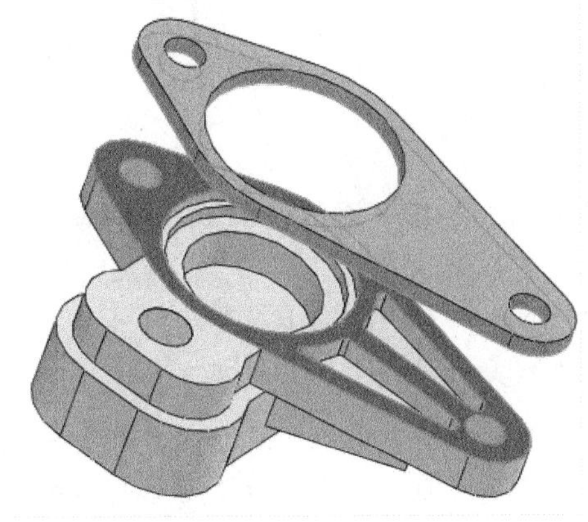

图9-37　定义接触条件

步骤6　定义网格控制

对芯片“microchip”应用相同的网格控制。

步骤7　划分装配体网格

采用草稿品质的单元划分装配体网格，采用【基于曲率的网格】，并指定【最大单元大小】为3.1mm。

步骤8　运行算例“th stress”

如果弹出消息提示位移过大，单击【否】。由于没有应用约束，可能会出现刚体位移，但对结果没有影响。

步骤9　图解显示合位移

正如预料的一样，垫圈与托架之间会发生微微的分离，如图9-38所示。

提示　由于模型并未受到约束，位移的绝对值可能具有误导作用。这是由于整个模型作为刚体而产生了轻微的位移。

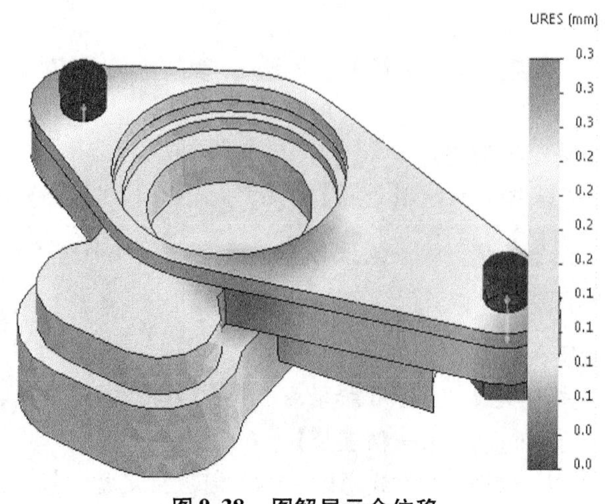

图 9-38　图解显示合位移

由于结构属性导致的垫圈从托架分离的事实同时也改变了热力分析的边界条件。热力分析中的全局接触被定义为接合的方式，这意味着垫圈和托架之间的热阻为 0，热量可以无阻碍地通过接触表面。当垫圈从托架分离后，它们之间热阻为 0 的条件就是错误的，这时需要采用非线性分析来评估这种影响。

步骤 10　图解显示 von Mises 应力

如图 9-39 所示，最大应力位于放置芯片的地方，因为过量的应力可能损坏部件，所以需要对应力的大小进行控制。然而，现在使用的网格不够精细，无法保证得到可靠的应力结果，因此需要采用高网格密度的算例。

高应力区域集中在两个螺栓的位置。类似地，在芯片与托架接触的部位也需要采用更加精细的网格，以评估应力集中的影响。

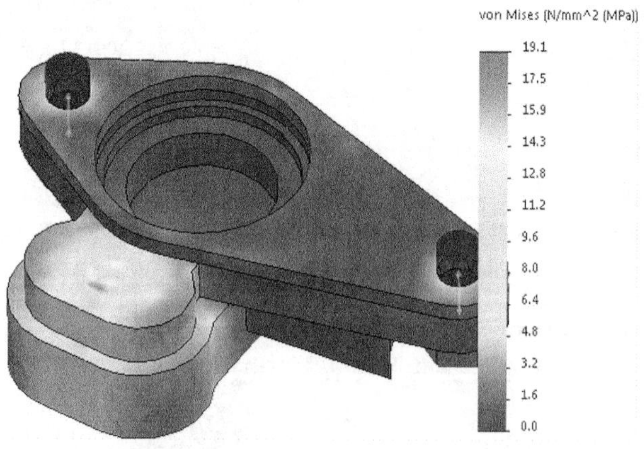

图 9-39　图解显示 von Mises 应力

步骤 11　图解显示能量范数误差

如图 9-40 所示，能量范数误差的分布证明，对芯片周围网格质量的推断是正确的。这个区域需要采用更为精细的网格，以获取更加可靠的应力数据。

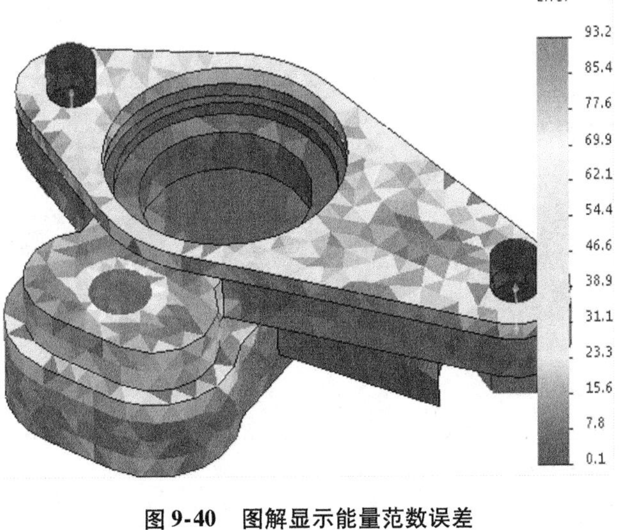

图 9-40　图解显示能量范数误差

本练习对芯片测试装置进行了一次热应力仿真。首先，通过热力分析计算模型的温度分布。然后，将温度分布结果直接传递到静应力分析中，以计算其位移和应力。

在热力分析中，垫圈与托架之间的接触假定为完全接合，可以进行无热阻的理想化传导。在静应力分析中，该接触被设定为无穿透。当模型膨胀时，垫圈将发生变形并从托架中分离出来，这将改变热接触，需要进行非线性仿真来更新热力计算中的几何体，而这取决于分离发生的程度。

练习最后的能量范数误差图解表明，要想获取更加可靠的应力数据，需要采用更为精细的网格。

由于模型并未附着在其他物体上，因此，模型的约束采用了软弹簧选项，并进行了热应力仿真。

练习 9-2　储气罐的热应力分析

本练习的主要任务是对一个丙烷储气罐运行一次热应力分析。

本练习将应用以下技术：

- 对流。
- 热流量。
- 热应力分析。

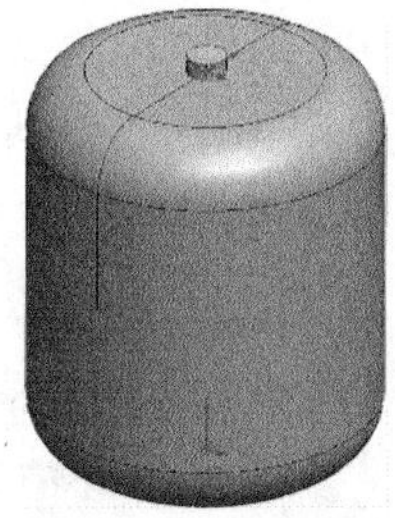

项目描述：

图 9-41　储气罐模型

图 9-41 所示的丙烷储气罐置于一个烤架上，它同时受到太阳的辐射、微风所产生的对流、烤架提供的固定温度的作用。使用这些边界条件来计算储气罐的热应力。

提示

太阳辐射产生的热流量在不同地区是不相等的，用户可以通过下面这个网址中的在线计算器获得这些信息：www. nrel. gov/rredc。在本练习中，丙烷储气罐的太阳热流量是基于 6 月的“San Diego，CA”计算所得的。

操作步骤

扫码看视频

步骤 1　打开装配体

从 Lesson 09 \ Exercises 文件夹中打开名为“Gas _ Tank”的装配体文件。

步骤 2　创建热力分析算例

创建名为“steady state”的算例，【分析类型】选择【热力】。

步骤 3　指定材料属性

零件“Part-1”的材料指定为“黄铜”，零件“Tank body ”的材料指定为“合金钢”。

步骤 4　定义热流量

选择暴露在阳光下的储气罐的 3 个表面，定义热流量为 200W/m^2，如图 9-42 所示。

步骤 5　定义储气罐对流边界条件

除背面的矩形面以外，选择储气罐所有其余的表面。设置【对流系数】为 5W/(K · m^2)，【总环境温度】为 294.6K，如图 9-43 所示。

步骤 6　定义温度

选择储气罐背面的矩形面，如图 9-44 所示，设置温度为 27℃。

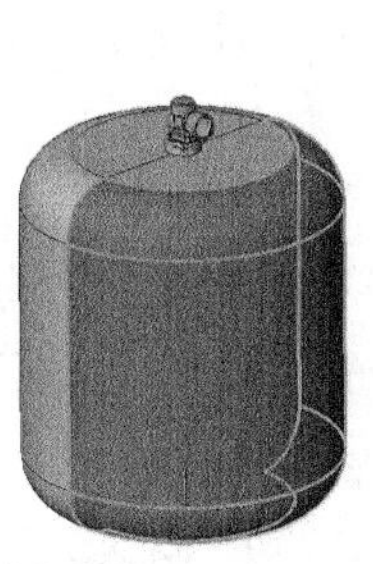

图 9-42　定义热流量

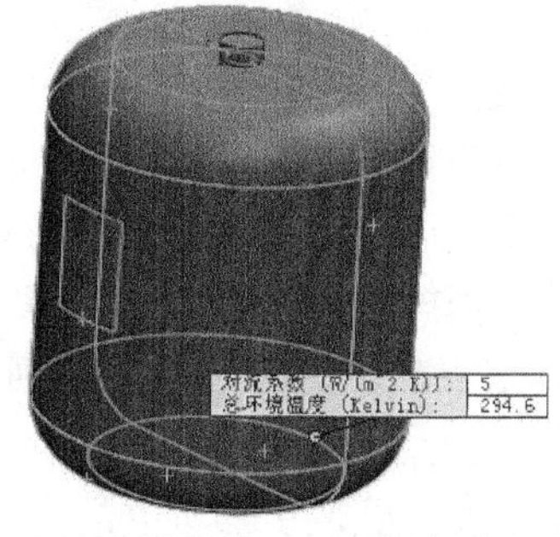

图 9-43　定义对流边界条件

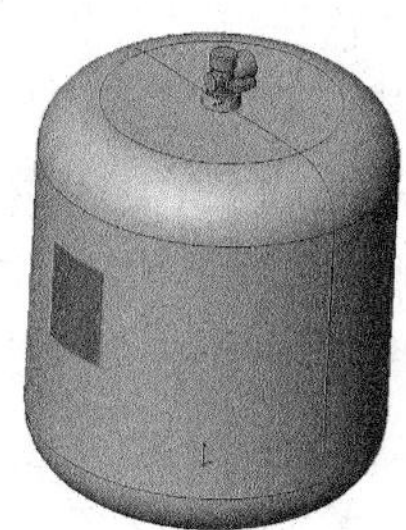

图 9-44　定义温度

步骤 7　划分模型网格

使用高品质单元划分模型网格，采用【基于曲率的网格】，指定【最大单元大小】为 18.64mm。

步骤 8　运行热力分析

步骤 9　图解显示温度分布(见图 9-45)

外表面的温度应该不存在任何问题，可能需要控制内表面的最高温度以限制气体膨胀。

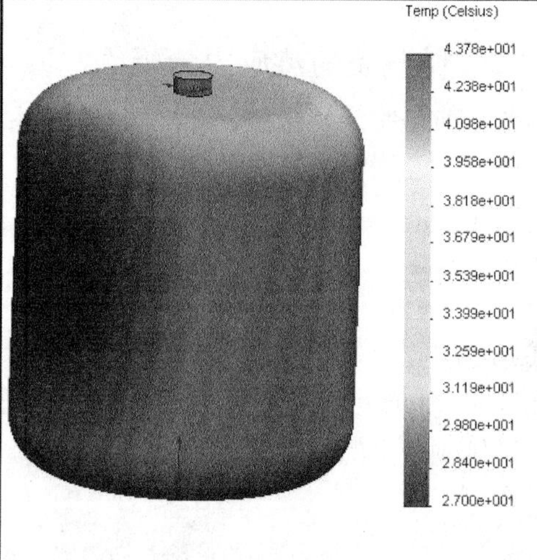

图 9-45　温度分布

步骤 10　评估截面图解结果

使用“Plane1”定义一个截面图解，探测该截面图解的温度。

在【探测】对话框中，选择图 9-46 所示的数点形成一条路线。

步骤 11　图表显示温度

在【探测结果】对话框的【Option】下单击【图解】，将生成一幅沿指定路径运动的温度变化图表，如图 9-47 所示。

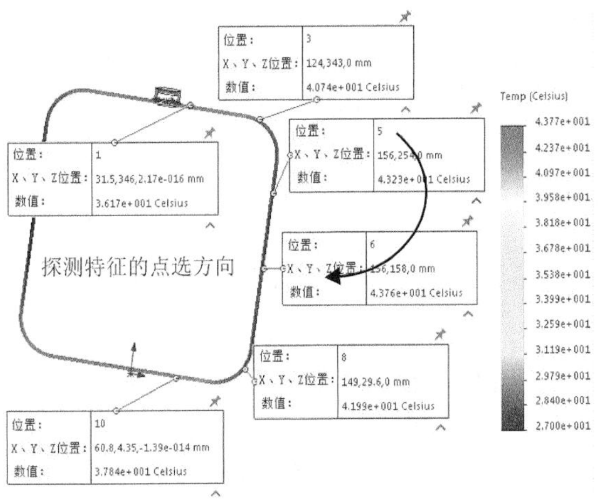

图 9-46　截面温度探测结果

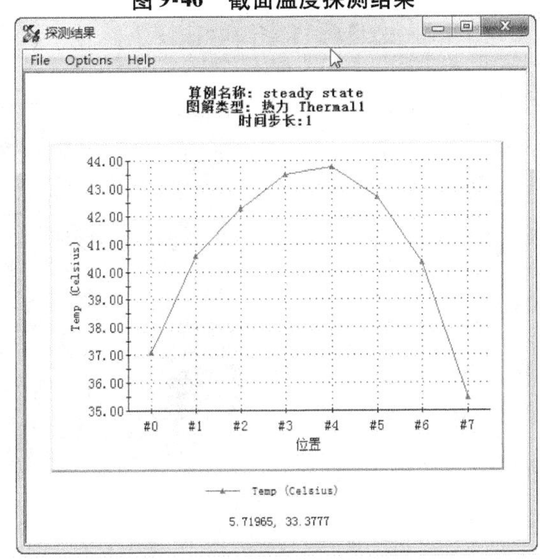

图 9-47　探测结果图表

下面将应用热力分析的结果，来运行一次热应力分析。

操作步骤

扫码看视频

步骤 1　创建一个热应力分析算例

新建一个名为“static”的【静应力分析】算例，以检验储气罐在太阳下放置 3h 后应力和位移的结果。复制上一算例中的材料属性。

步骤 2　添加约束

如图 9-48 所示，选择储气罐和烤架接触的表面，同时选择顶部的位于拉环和储气罐连接的地方的边线。对这些实体添加【固定几何体】的约束。

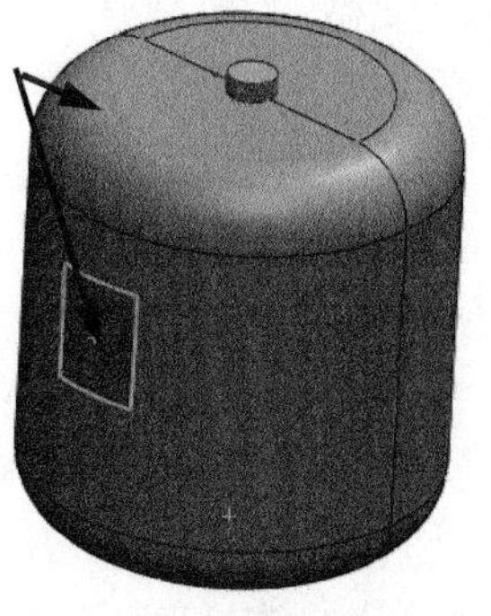

图 9-48　添加固定约束

步骤 3　设置热应力分析

右键单击“热力”，选择【属性】。

切换至【流动/热力效应】选项卡，选择【热算例的温度】并选择“steady state”，设置【应变为零时的参考温度】为 289K。

步骤 4　划分模型网格

使用相同设置划分模型网格。

步骤 5　运行分析

步骤 6　图解显示位移结果

如图 9-49 所示，在有阳光一侧的储气罐表面会发生膨胀。

步骤 7　图解显示 von Mises 应力

如图 9-50 所示，最大应力为 126MPa，低于材料的屈服强度(620MPa)，而且应力相当集中。要得到更加精确的解，推荐采用更加精细的网格。由于储气罐的内壁很薄，所以壳网格非常适合这个模型。如果要使用壳网格，则在建模过程中需要使用曲面模型。

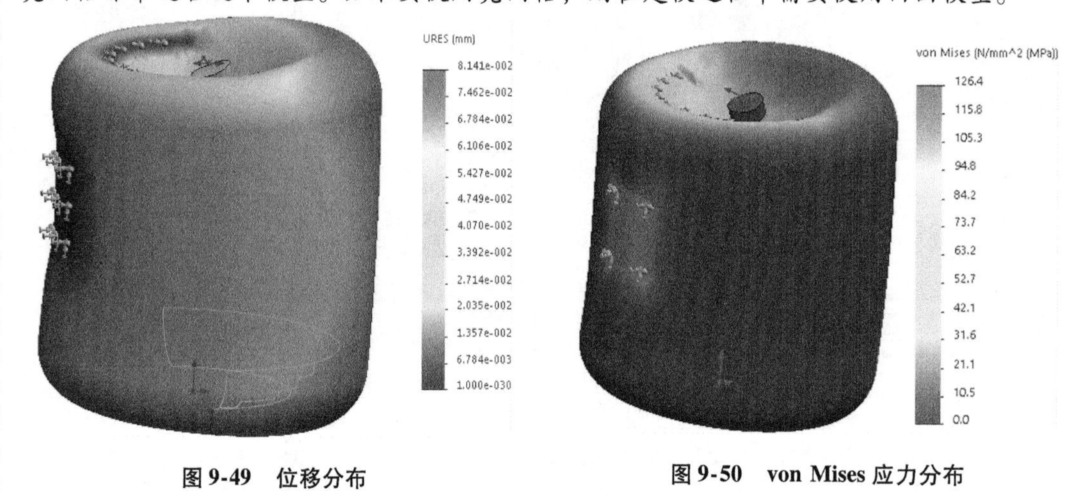

图 9-49　位移分布　　图 9-50　von Mises 应力分布

练习 9-3　热电冷却器的热应力分析

在本练习中将评估热电冷却器(TEC)装置的安全性。热电冷却器是采用珀尔帖效应的一个装置，通过消耗电能来强制传热。采用该原理工作的热泵拥有很多用途。最为典型的是它们常被用于冷却降温。如果需要一台既能制冷又能制热的装置，那么 TEC 就是一个非常理想的选择。TEC 常用于冷却电子元器件和一些小仪器。

本练习将应用以下技术：

- 对流。
- 热流量。
- 热应力分析。

项目描述：

图 9-51 显示了一个使用 TEC 装置的典型结构。从中可以看到，在测试样本放置的地方有一个铝质的样本通道。在通道顶部有序地排列着 6 个 TEC，它们必须迅速冷却铝质通道，并将热传送至铜质散热器。一旦通电，将立即产生冷却和制热效应。通过某种系统控制的手段产生的交流电，可以靠交替地冷却或加热铝质通道，有效保持样本通道预先定义的温度环境。

在氧化铝板的顶部和底部之间存在明显温差，这将会产生明显的热应力和结构变形，从而导致 Bi_2Te_3 芯块或焊点的失效，如图 9-52 所示。

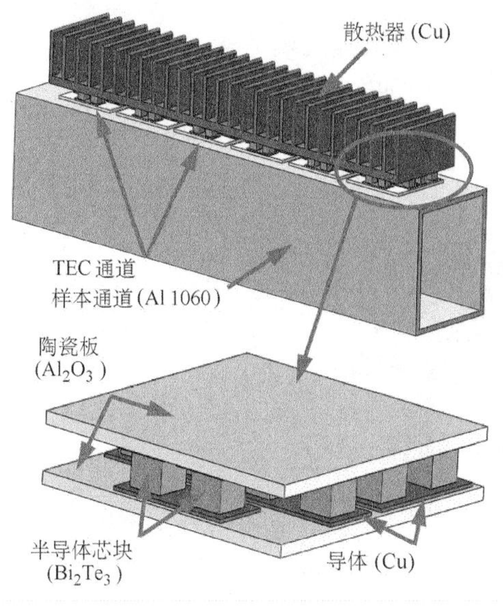

图 9-51　TEC 装置的结构

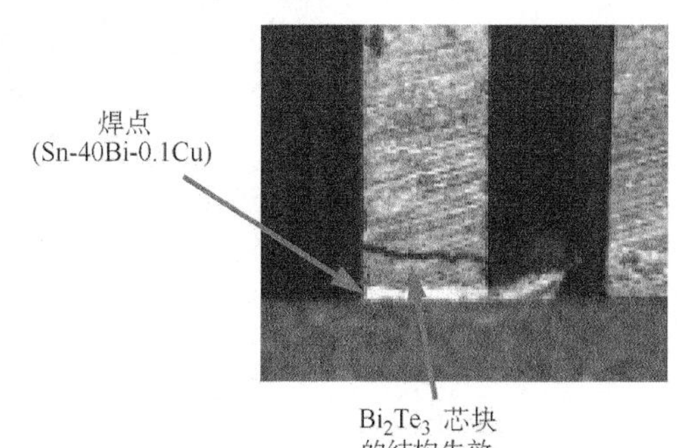

图 9-52　失效的焊点

采用 Sn-40Bi-0. 1Cu 的无铅材料作为焊锡，来焊接所有接合，如图 9-53 所示。最大的设计温差和最大热载分别为 55℃和 8W。

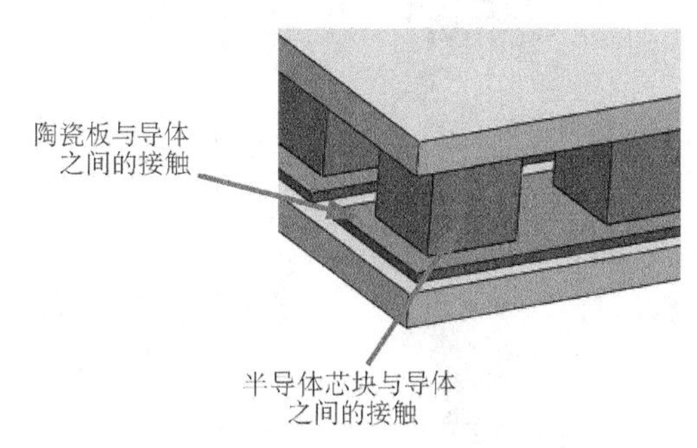

图 9-53　焊接所有接合

1. 材料　表 9-2 中列出了所有必需的材料参数。

表 9-2　材 料 参 数

参数	氧化铝 (Al_2O_3)	焊锡（Sn-40Bi-0. 1Cu）	碲化铋 (Bi_2Te_3)	参数	氧化铝 (Al_2O_3)	焊锡（Sn-40Bi-0. 1Cu）	碲化铋 (Bi_2Te_3)
弹性模量	380GPa	—	43. 6GPa	热膨胀系数	8.4×10^{-6}/℃	—	1.8×10^{-5}/℃
泊松比	0. 27	—	0. 3	热导率	40W/(K · m^2)	—	2. 27W/(K · m^2)
屈服强度	200MPa	—	—	比热	930J/(kg · K)	—	
张力强度	—	26. 8MPa	—	质量密度	3 950kg/m^3	—	7 700kg/m^3
抗剪强度	—	23. 6MPa	—				

提示 某些碲化铋的属性在很大程度上取决于温度和加工工程。表 9-2 中列出的值只是用于本练习，务必不要用于真实的应用场合。

2. 载荷条件 本问题的关键是在最大设计载荷条件(例如,最大温差为 55℃)下保持 TEC 的结构完整性。因此，问题的边界条件设定为它们的代表值，如图 9-54 所示。

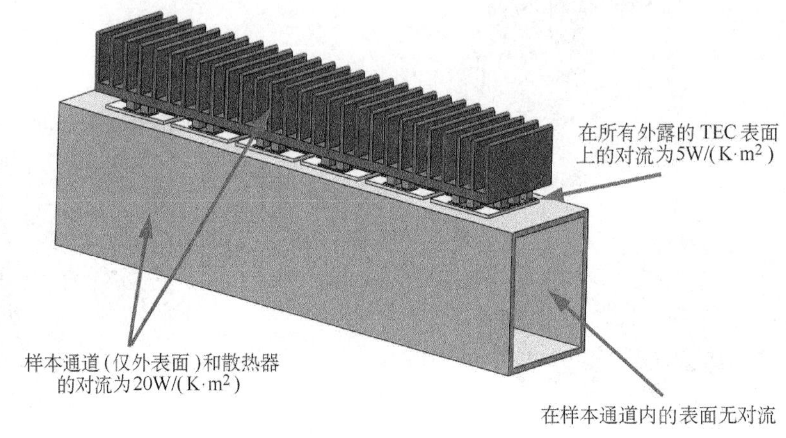

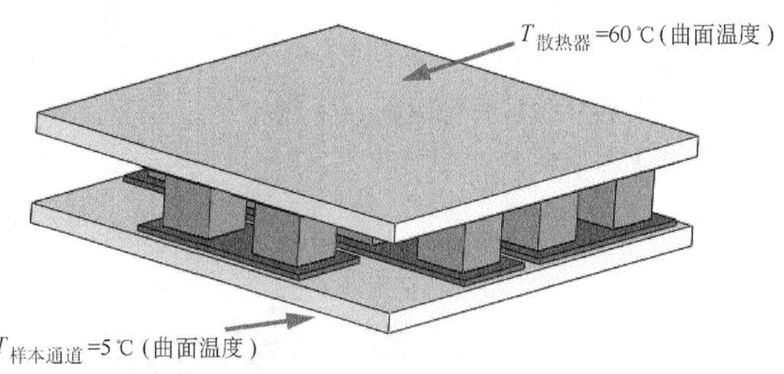

图 9-54 边界条件设定

提示 进行必要的仿真，以帮助判断焊接点和碲化铋芯片设计是安全的还是容易失效的。

本练习使用的装配体文件“Device”位于文件夹 Lesson09 \ Exercises 中。

当用户在创建仿真算例时，请考虑如下问题：

- 可以简化并使用更小的模型来求解该问题吗?
- 需要怎样精细的网格？如何判断哪些区域需要进行网格加密？
- 如何有效地对所有外露表面应用对流条件?

第 10 章　疲 劳 分 析

学习目标

- 理解疲劳的基本概念
- 了解进行疲劳分析所需的信息
- 理解 *S-N* 曲线的概念
- 使用多个等幅事件建立疲劳分析
- 评估疲劳分析的结果

10.1　疲劳的概念

观察发现，如果物体经常处于载荷不断加载和卸载的变动过程中，即使物体所承受的应力在许可范围之内，也会遭受破坏，这种现象称为疲劳。应力波动的每个周期都会或多或少有物体损坏。在循环一定数量的周期之后，物体会变得越来越“衰弱”以致最终损坏。疲劳是许多物体损坏的主要原因，尤其是金属物体。容易因疲劳引起损坏的物体有旋转机械、螺栓、机翼、海上平台、舰船、车轴、桥梁、骨骼等。

线性和非线性的结构算例并不能预测由于疲劳所引起的损坏。它们只是计算设计产品在指定约束和载荷的外界条件下的反应。如果分析遵循了预先的假定，计算出的应力也满足许可的范围，那么设计在当前外界条件下是安全的（不考虑应力加载的次数）。

静应力分析的结果可以作为疲劳分析的基础。某个位置疲劳损坏所需经历的循环次数取决于材料、成分和载荷类型。

10.1.1　疲劳导致的损坏阶段

下面是疲劳所导致的 3 个损坏阶段：

1）阶段 1：材料中出现一处或多处的裂纹。裂纹可能出现在材料的任何位置，但通常会出现在物体的边界面上，因为这些位置存在更高的应力波动。裂纹出现的因素有很多，例如材料的结构不完美，物体表面因为工具或装卸被刮擦。

2）阶段 2：由于持续加载载荷，导致部分或所有裂纹扩展。

3）阶段 3：设计的产品的抵抗能力不断恶化，最终发生损坏。

由于模型的表面暴露在各种不同环境中(湿气等)，应力最高的部位通常是裂纹最容易形成并开始扩展的地方。因此加固表面以及提高表面质量，可以延长模型的疲劳寿命。

10.1.2　高、低疲劳周期

根据应力幅度和预期的导致损坏所需的循环次数，可以将疲劳分为以下两类：

1）高周疲劳。交替应力的大小适中，在材料中几乎不产生或只产生很小的塑性变形。处于这种载荷下的零件，在疲劳失效发生前可以承受的循环次数为 $10^3 \sim 10^6$ 次。

用来描述高周疲劳的方法称为基于应力-寿命(*S-N*)的方法。材料所能承受周期性载荷的次数反映在 S-N 曲线上，该曲线可反映导致疲劳失效所需的应力水平与循环次数的对应关系。SOLIDWORKS Simulation 中的疲劳分析就是采用这种方法，也是此后教程中需要继续讨论的主题。

2）低周疲劳。交替应力具有较高的数值，并会产生显著的塑性变形。由于较高的应力水平，零件会在相对少的周期载荷下失效，因此命名为低周疲劳。基于应变-寿命的方法适合于描述这类问题，这需要特定的程序，本教程中不包括此内容。

10.2 基于应力-寿命(S-N)的疲劳

本节将详细讨论高周疲劳下基于应力-寿命(S-N)的方法。

一般来说，结构体在它们的寿命极限内要经历各种载荷。经历的载荷类型可能非常简单(最大/最小载荷的定义已经完全明确)，也可能是随机的(描述起来相对复杂)。但是，即使是某些随机载荷，其展示的属性也可以视为确定载荷。

通常，载荷可以分为等幅载荷和变幅载荷两类。

1. 等幅载荷 等幅的应力循环具有相同的交替应力幅及平均应力。等幅疲劳由交替应力、平均应力、应力比率及周期数 4 个参数完全定义。

等幅事件中的参数如图 10-1 所示。

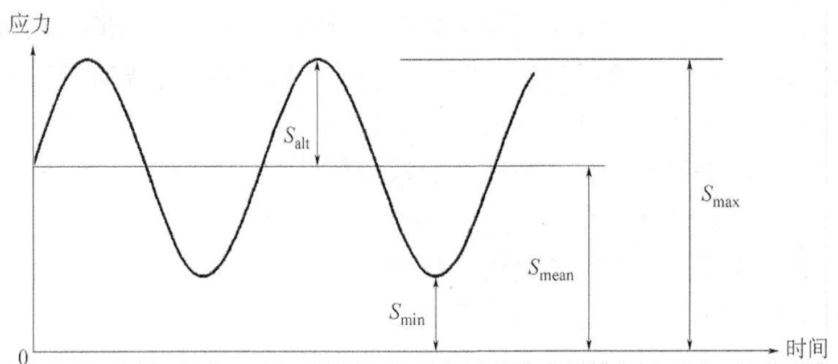

图 10-1 等幅载荷

- S_{max} 和 S_{min} 分别代表一个应力周期中最大及最小的应力值。
- S_{alt} 为交替的应力幅。
- S_{mean} 为平均应力，$S_{mean}=(S_{max}+S_{min})/2$。平均应力的大小对结构体的抗疲劳能力具有显著影响，这将在后面的章节中具体讲解。
- 应力比率 $R=S_{min}/S_{max}$。图 10-2 显示了两种典型的载荷情况，图 10-2a 所示为 $R=0$ 的情况，图 10-2b 所示为对称循环的情况。

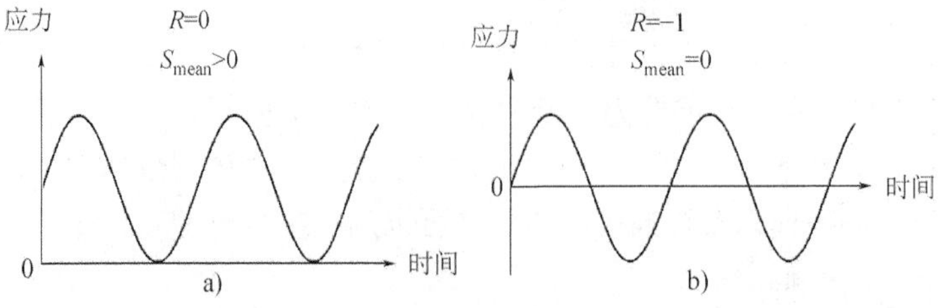

图 10-2 典型的载荷情况

在等幅载荷的例子中，时间概念无关紧要，也就是说，只有具有上述特征的周期数才是重要的。

2. 变幅载荷 变幅疲劳是一个载荷历程记录，定义了载荷的历史波动。对疲劳分析中的单个变幅事件而言，时间的大小没有任何意义。在关联几个载荷事件时，才可能会用到时间。

10.3 实例分析：压力容器

本章将对一个压力容器进行等幅疲劳分析。该压力容器同时承受压力及热载荷。本章将学习如何定义主导疲劳损坏的 *S-N* 曲线，并讨论多个载荷事件的交互。此外，本章还将学习如何正确地解释疲劳结果。

项目描述：

如图 10-3 所示，材料为“7075-T6（SN）铝合金”的压力容器将接受疲劳寿命的评估，它将同时承受等幅的应力和热应力载荷。压力载荷在0.066～3.3MPa 之间波动，热应力也会随着热流在 0～1 471.8W/m^2 之间变化。

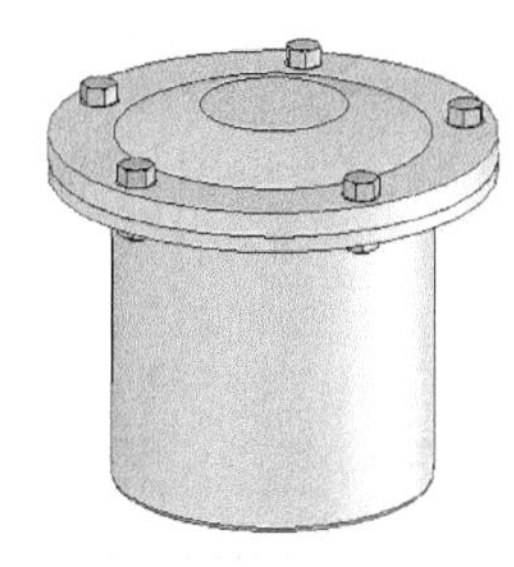

图 10-3 压力容器

本章的“10.10 静载疲劳算例（选做）”还要在压力容器顶盖中间加上一个很大的恒定载荷，然后再进行分析。

本例的目标是分析该压力容器在承受 200 万次热力和 190 万次压力载荷后是否失效。

10.4 关键步骤

因为压力容器将承受不同的载荷条件，所以疲劳分析需要设置多个步骤。

1）热力算例。热力分析会加载热流量到容器内部，同时通过对流的方式向外散热。

2）热应力算例。为了观察热力分析后的热膨胀效果，需要建立一个静态算例。

3）静应力分析算例。为了计算压力容器内部承受 3.3MPa 压力的结果，需要建立第二个静态算例。

4）疲劳算例。疲劳算例应当考虑所有的载荷条件并将其在模型中运行指定的周期数。

5）后处理结果。疲劳算例运行结束后，分析结果并判断模型是否发生失效。

操作步骤

步骤 1 打开装配体文件

从 Lesson 10/Case Studies 文件夹下打开名为“Pressure Vessel”的装配体。

扫码看视频

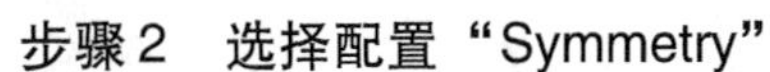

步骤 2 选择配置“Symmetry”

由于模型及载荷都是对称的，本例将采用一个楔形部分来进行分析，如图 10-4 所示。

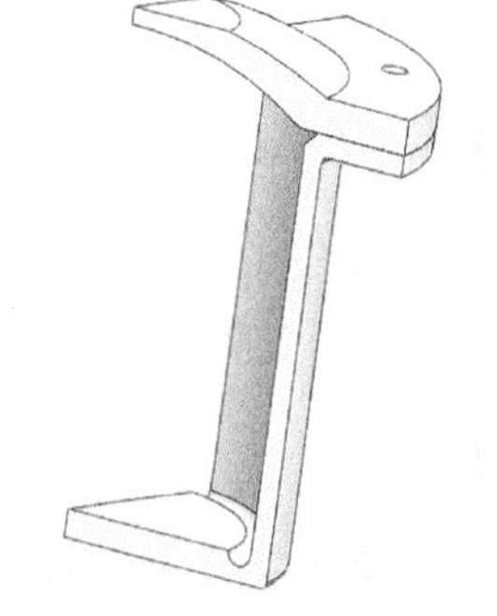

图 10-4 等分模型

115

提示 类似于热应力分析需要先运行一个热力分析，疲劳分析必须基于完整的结构研究的结果。

由于压力容器承受周期性的压力及热载荷，所以在进行疲劳分析之前，需要先运行下列算例：结构静应力分析、热力分析及热应力分析。3 个算例都已经预先准备好了。

步骤 3　查看 SOLIDWORKS Simulation 算例

“Thermal” 算例加载了 1 471. 8W/m^2 的热流量到压力容器的内部，在 298. 15K 的环境温度下，外表面的对流系数为 8. 830 8W/(K · m^2)。

“Thermal stress” 算例运行后，得到从算例 “Thermal” 获得的温度场结果计算出的应力值。

“Static Pressure” 算例中，对压力容器的内表面加载了 3. 3MPa 的压力。

后两个算例中采用了无穿透的接触条件及螺栓接头。

10. 5　热力算例

首先运行一个热力算例，将其温度结果输出到热应力算例中。

步骤 4　对算例 “Thermal” 划分网格

创建草稿品质的单元，并设定如下参数：

最大单元大小：101. 578 4mm。

最小单元大小：5mm。

圆中最小单元数：8。

单元大小增长比率：1. 2。

提示　螺栓连接附近区域的网格控制事先已经进行了定义。

步骤 5　对算例 “Thermal” 指定材料

确认两个零件均指定了材料 “7075-T6(SN)铝合金”。

步骤 6　运行热力分析

10. 6　热应力算例

在完成热力分析后，便可以进行热应力分析。

热应力分析中相关的静态算例包含一个螺栓和无穿透的接触。为了考虑到这些条件，必须新建一套网格，但不能复制算例 “Thermal” 中的网格，因为它的接触条件不同。

步骤 7　为算例 “Thermal stress” 划分网格

采用和步骤 4 中相同的参数划分网格。

步骤 8　为算例 “Thermal stress” 定义材料

确认对两个零件都指定了材料 “7075-T6 (SN) 铝合金”。

步骤 9　设定 “Thermal stress” 算例的属性

在【流动/热力效应】选项卡中，确定温度来自算例 “Thermal” 的结果，设置【应变为零时的参考温度】为 298. 15K。

步骤 10　运行热应力分析

步骤 11　查看应力结果

如图 10-5 所示，压力容器的应力非常高，最大值接近 1 026MPa，已经超出了材料的屈服极限 505 MPa。

步骤 12 查看应力结果的图解范围

修改图例的最大值，以显示“7075-T6（SN）铝合金”的屈服极限 505MPa。

如图 10-6 所示，超出屈服极限的应力位于螺栓头和螺母的连接部位附近。由于这是假定的螺栓接头的位置，因此这个部位的应力集中是不真实的，将它忽略。容器其他部分由热引发的应力相对而言很弱小。

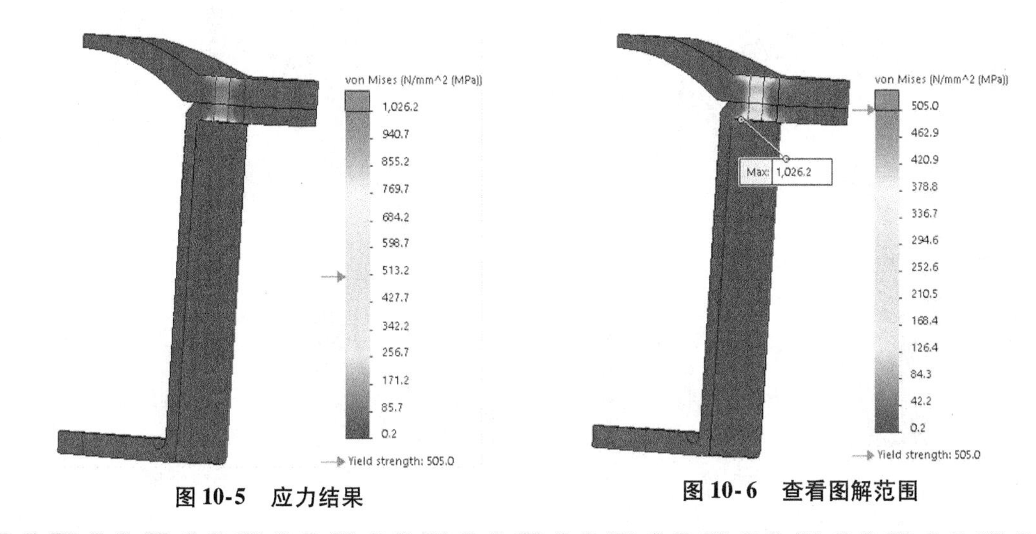

图 10-5 应力结果

图 10-6 查看图解范围

10.7 静态压力算例

最后一个必须分析的算例是“Static Pressure”。疲劳分析将用到前面所有算例的结果，来作为失效判断的参考。

步骤 13 定义算例“Static Pressure”的材料

为两个零件都指定相同的材料“7075-T6（SN）铝合金”。

步骤 14 划分网格

复制算例“Thermal stress”中的网格到算例“Static Pressure”中。

提示 由于算例“Thermal stress”和算例“Static Pressure”将被用在疲劳算例中，所以二者需要保证具有相同的网格。

步骤 15 运行算例“Static Pressure”

每次分析的时间应该少于 5min。查看计算的结果，这些算例得到的应力值将会成为运行疲劳分析的基础。

步骤 16 查看应力结果

如图 10-7 所示，压力容器的应力非常高，最大值接近 1 283.9MPa，已经超出了材料的屈服极限 505MPa。

步骤 17　查看应力结果的图解范围

修改图例的最大值，以显示“7075-T6（SN）铝合金”的屈服极限 505MPa。

如图 10-8 所示，超出屈服极限的应力位于螺栓头和螺母的连接部位附近。由于这是假定的螺栓接头的位置，因此这个部位的应力集中是不真实的，将它忽略。这里可能需要对螺栓接头进行更详细的仿真。

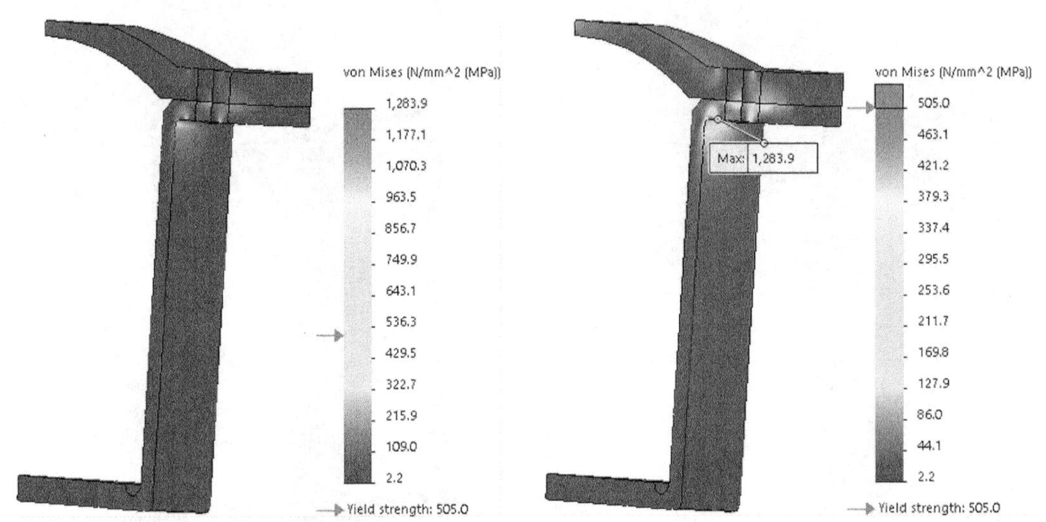

图 10-7　应力结果　　　　图 10-8　查看图解范围

步骤 18　查看应力结果的细节

缩放视图至高应力区域，探测这些关键区域的数据。如图 10-9 所示，远离应力集中区域的应力都小于材料的屈服极限。

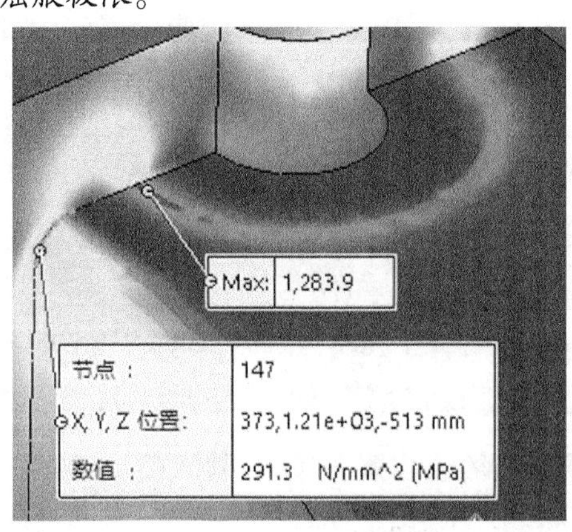

图 10-9　应力结果细节

提示

对高周疲劳而言，应力必须保持低于材料的屈服极限。用户需要确认的是，热应力和由压力引发的应力之和也不能超过这个数值，这样才能继续进行疲劳分析。

10.8 疲劳术语

在继续进行疲劳分析之前，先复习下面几个术语。

1. *S-N* 曲线 高周疲劳对应的材料属性由交替应力(S_{alt})和失效的周期数(N)的相互关系构成。典型的 *S-N* 曲线如图 10-10 所示。

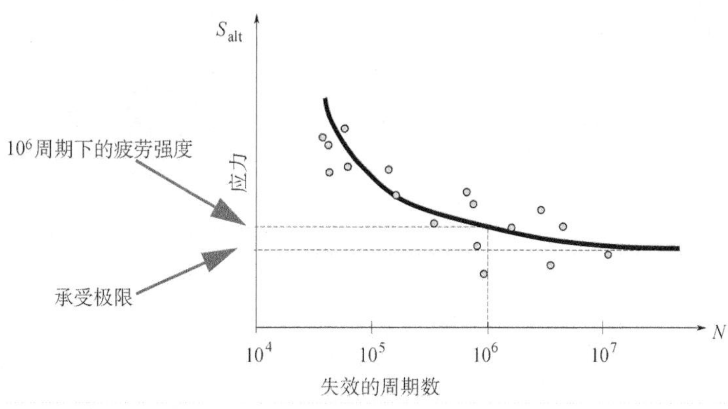

图 10-10 *S-N* 曲线

2. 疲劳强度 指在给定周期数下，疲劳失效发生时的应力。

3. 承受极限 当交替应力变小时，材料能够在由于疲劳导致的失效之前承受更多的应力循环次数。承受极限即不发生疲劳失效时对应的最高交替应力。换句话说，如果交替应力等于或小于承受极限，导致失效的应力循环次数就会变得非常大(可以认为是无穷大)。承受极限通常定义为对称循环的交替应力。承受极限也称为疲劳极限。某些金属并没有一个可测量的承受极限。

4. 平均应力影响 因为模型中各个部位的应力水平是不同的，所以模型中 S_{max}、S_{min}及 S_{mean} 的值也是变化的。换句话说，材料上每个点都会承受不同的平均应力大小。由于平均应力对抗疲劳能力有很大影响，所以允许采用不同的应力比率(R)，并可为材料输入 10 种 *S-N* 曲线。通常，只有对称循环($R=0$)的试验数据可以得到。平均应力的影响可以用 Goodman、Gerber 或 Soderberg 平均应力纠正算法来近似计算，这 3 种方法将在本章后面部分进行讲解。

5. *S-N* 曲线数据的可靠性 由于疲劳计算的结果与 *S-N* 曲线直接相关，因此 *S-N* 曲线数据的重要性不言而喻。

准确的数值可以通过实际产品(或具有相同类型及材料的典型产品)的疲劳测试来获取。因为这在大多数情况下并不可行，所以必须参考各种出版发行的手册提供的材料 *S-N* 曲线。大多数情况下，曲线是从单轴对称循环应力周期的疲劳测试中获取的。如果存在不同平均应力比率的曲线，则推荐使用平均应力纠正算法来处理它们，这在本章后面部分将进行讨论。

注意 *S-N* 曲线的数据都是分散的，特别是在高周期的情况下。基于这个原因，大多数设计手册都建议采用一个可靠系数 0.52，这降低了疲劳强度。

6. *S-N* 曲线插值 对 *S-N* 曲线进行数据插值的方法有以下 3 种：

1）双对数：对循环数和交替应力采用对数内插法(底数为 10)。当定义一条 *S-N* 曲线时，如果两个轴上只有较少数据点且分散性较大(循环数和交替应力)，则采用这个方法。

2）半对数：对应力采用线性插值法，而对循环数采用对数插值法。当定义一条 *S-N* 曲线时，如果两个轴上只有较少数据点且分散性较大(循环数和交替应力)，则采用这个方法。

3）线性：对循环数和交替应力都采用线性插值法。当定义一条 *S-N* 曲线时，如果有大量数据点存在，且在任一方向的分散性不大，则采用这个方法。

假定用户已经定义了一条 *S-N* 曲线，其包含表 10-1 中的两个数据点（其他的除外），当应力大小为 45 000psi（1psi≈6. 895kPa）时，程序将依照表 10-2 中的 *S-N* 曲线的插值图表，读出循环数的值。

表 10-1　示例数据

循环数 *N*	交替应力 *S*	循环数 *N*	交替应力 *S*
1 000（ $=10^3$ ）	50 000psi	100 000（ $=10^5$ ）	40 000psi

表 10-2　*S-N* 曲线的插值图表

插值方法	图　表
双对数 *S-N* 曲线的 *X* 轴和 *Y* 轴分别代表循环数和应力值的对数。程序将对应力值 45 000 的对数应用线性插值，计算出的循环数为 $10^{3.944}=8\ 790$	log *S* 4.699 4.653 4.602 2　3　3.944　5　log *N*
半对数 *S-N* 曲线的 *X* 轴代表循环数的对数，而 *Y* 轴代表应力的大小。当应力为45 000psi 时程序运用线性插值，计算出的循环数为 $10^4=10\ 000$	*S* 50 000 45 000 40 000 2　3　4　5　log *N*
线性 *S-N* 曲线的 *X* 轴和 *Y* 轴分别代表循环数和应力值。当应力为45 000psi 时程序运用线性插值，计算出的循环数为 50 500	*S* 50 000 45 000 40 000 1000　50 500　100 000　*N*

提示　如果用户定义了多条 *S-N* 曲线（使用不同的应力比率 *R*），程序将在这些曲线之间通过线性插值的方法，估算出给定平均应力下的相应数值。

10. 9　疲劳算例

操作步骤

步骤 1　创建疲劳分析

创建一个新的算例，命名为“Fatigue”，分析类型设定为【疲劳】，如图 10-11 所示。

扫码看视频

在【选项】中选择【已定义周期的恒定高低幅度事件】。

图 10-11 创建疲劳分析

知识卡片	
负载事件	疲劳的负载事件由交替的平均应力级别和大量周期组成。用户可以在一个算例中定义多个疲劳事件。每个疲劳事件都对应一个特定的静态算例或一组静态算例。
操作方法	• 快捷菜单：在 Simulation 分析树中，右键单击【负载】并选择【添加事件】。 • CommandManager：【Simulation】/【疲劳】/【添加事件】。 • 菜单：【Simulation】/【疲劳】/【添加事件】。

步骤 2 添加事件

右键单击【负载】并选择【添加事件】。在【周期】中输入“2 000 000”。在【负载类型】中选择【基于零(LR=0)】。

选择“Thermal stress”作为【算例相关联】的名称，确保【比例】的数值为 1，如图 10-12 所示。

单击【确定】✓。

> 提示 这里之所以使用基于零的负载类型，是因为热载荷分布于 0～1 471.8W/m^2 之间。

图 10-12 添加事件

步骤 3 添加第 2 个事件

添加第 2 个事件。在【周期】中输入“1 900 000”。在【负载类型】中选择【加载比率】，并在【加载比率】中输入“-0.02”。

选择“Static Pressure”作为【算例相关联】的名称，确保【比例】的数值为 1，如图 10-13 所示。

单击【确定】✓。

提示　压力载荷 P 分布于 0.066～3.3MPa 之间。载荷比例与应力比例相似，应力比例的计算公式为 $R = S_{min}/S_{max}$，所以载荷比例为 $LR = P_{min}/P_{max} = 0.066/3.3 = 0.02$。在本疲劳分析实例中，螺栓连接的预紧力作为附加载荷应该考虑进来，因为它会产生局部应力。

步骤 4　指定材料

静态算例中选定的材料属性会传递到疲劳算例中。如果已有材料数据不包含疲劳曲线，则用户需要自己输入一条适合的曲线，如图 10-14 所示。

为了确保材料数据包含曲线，右键单击 Simulation 分析树中的【零件】文件夹，然后选择【将疲劳数据应用到所有实体】。

图 10-13　添加第二个事件

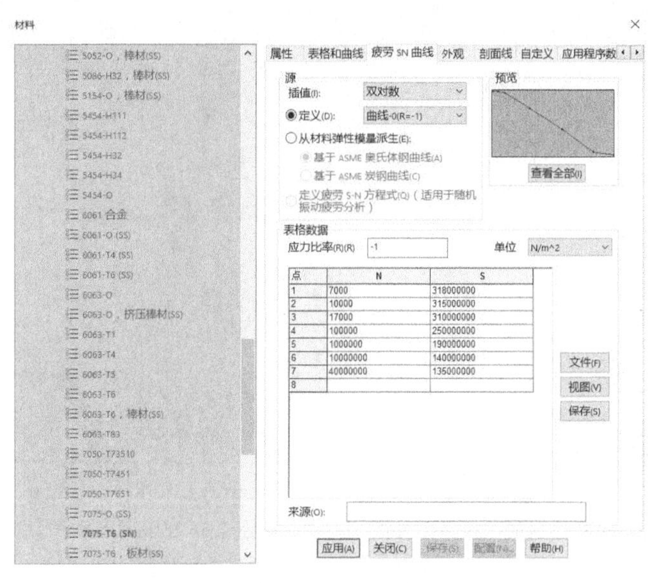

图 10-14　定义曲线

提示　在静态算例中选择的材料数据包含疲劳曲线，所以在疲劳算例里也继承了该曲线。在图 10-14 所示对话框中选择插值方法和在测试过程中承受的载荷类型（应力比率）。

10.9.1　从材料弹性模量派生

如果疲劳曲线未知，且在分析中使用奥氏体钢或碳钢，则可以使用对应这两类钢材的【从材料弹性模量派生】选项。软件使用已知的 *S-N* 曲线来代表这两类钢材。选择该选项后，来自已知 *S-N* 曲线的交替应力值将乘以未知材料的杨氏模量，再除以已知材料的杨氏模量。

前面强调过，疲劳分析的结果在很大程度上取决于输入的 *S-N* 曲线的质量。所以请确定材料是奥氏体钢或碳钢，并在使用该选项时要格外小心。

10.9.2　恒定振幅事件交互

多个事件中可能出现下列交互情形：

1）无交互作用：软件假定事件相继发生而没有相互间的关联。

2）随机交互作用：为评估交替应力的大小，软件会考虑到不同的事件中混合峰值应力的可能性。《美国机械工程师协会（ASME）的锅炉与压力容器设计标准》推荐使用这一选项，但该选项是比较保守的。

所选选项应该反映真实情形。

10.9.3　交替应力的计算

交替应力 S_{alt} 的定义为 $S_{alt} = (S_{max} - S_{min})/2$。然而 S_{alt} 并不是所需要的，其应力分量才更适用于计算。SOLIDWORKS Simulation 中提供如下选项：

- 【应力强度(P1 - P3)】，其是材料指定点处最大剪切应力数值的两倍。
- 【对等应力 (von Mises)】。
- 【最大绝对主要 (P1)】。

10.9.4　平均应力纠正

对每种材料类型的各种应力比率来说，平均应力的影响最好通过输入各自的 S-N 曲线来实现。由于这些都不具有通用性，所以产生了多个理论：

- Goodman——推荐用于脆性材料。
- Gerber——实验表明适用于韧性材料。
- Soderberg——拉应力状态下的屈服强度准则。

图 10-15 显示了 3 种理论的影响。

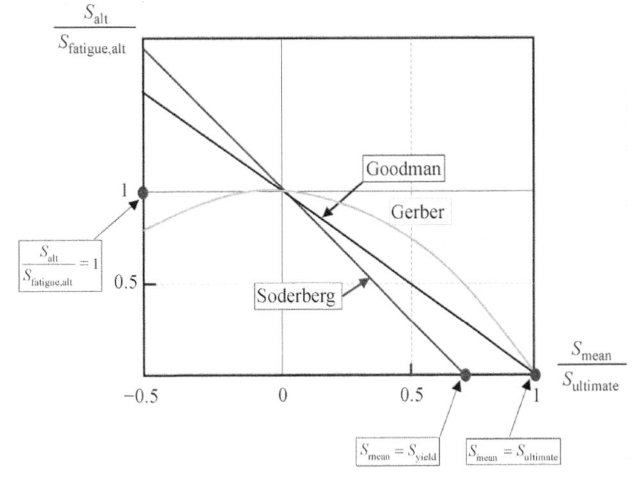

图 10-15　不同的应力纠正算法

横轴显示了平均应力 S_{mean} 与材料最大拉伸强度 $S_{ultimate}$ 比值的大小。纵轴显示了不同平均应力水平下材料的疲劳强度与对称循环($R = -1$)S-N 曲线得到的材料疲劳强度的比值。

图 10-15(Gerber 除外)也从实验上证明当平均应力 S_{mean} 为压力时，材料的疲劳强度会随之增长。

步骤 5　查看并更改疲劳算例的属性

右键单击"Fatigue"算例，选择【属性】。在【疲劳】属性窗口中，确保【恒定振幅事件交互作用】设定为【随意交互作用】。

更改【计算交替应力的手段】为【应力强度(P1 - P3)】。

在【平均应力纠正】中选择【Gerber】。

设定【疲劳强度缩减因子(Kf)】为 1。

单击【确定】，如图 10-16 所示。

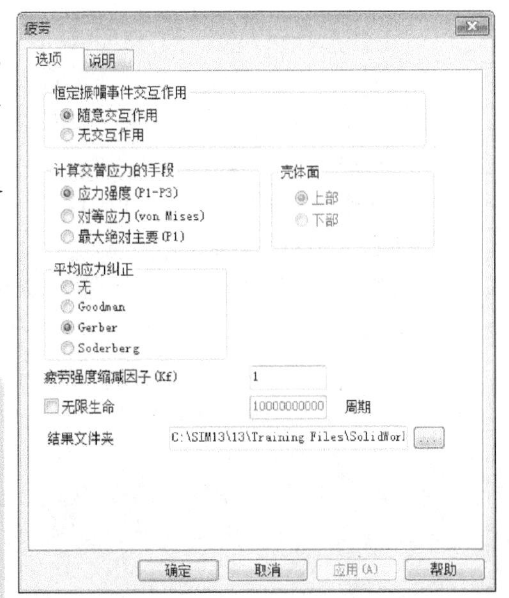

图 10-16　修改算例属性

提示：这里选择 Gerber 平均应力纠正选项是由于材料铝合金 7075-T6 的 S-N 曲线是在 $R = -1$ 时得出的，而加载事件中至少有一种载荷形式是基于平均应力为 0(没有一个加载事件是对称循环 $R = -1$)的情况。

10.9.5　疲劳强度缩减因子

疲劳强度缩减因子 K_f 可以解释可能对疲劳强度 $S_{fatigue}$ 产生明显影响的各种现象。这在疲劳设计中是非常重要的一个因子，将在下一章进行讨论。

10.9.6　损坏因子图解

可以通过损坏分布来查看材料是否还余有寿命，或材料是否作废了。

- **线性损坏准则**　在 SOLIDWORKS Simulation 中，损坏是基于线性损坏准则（Miner 准则）的。该准则假定有这样一条 S-N 曲线，它预测经过 N_1 个循环，以及在交替应力为 S_1 时产生疲劳失效。每个循环都会产生一个损坏因子 D_1，它将占用结构寿命的 $1/N_1$。

此外，如果一个结构在交替应力为 S_1 时经历的循环数为 n_1，在交替应力为 S_2 时经历的循环数为 n_2，那么总的损坏因子 $D=(n_1/N_1+n_2/N_2)$。其中，N_1 是在交替应力为 S_1 时导致疲劳损坏的循环数，N_2 是在交替应力为 S_2 时导致疲劳损坏的循环数。

损坏因子也被称为利用率，代表结构消耗寿命的比率。损坏因子为 0.35 就意味着 35% 的结构寿命被消耗了。当损坏因子为 1（100%）时，疲劳失效就发生了。破坏是通过百分比在图解中表示的。

步骤 6　运行分析

软件将跳出以下消息，表明 S-N 曲线中可能缺少一些数据点：

模型中的应力结果超出关联的 S-N 曲线中的最大应力值。如果你将修改 S-N 曲线或者其他参数，然后重试，请单击【否】关闭窗口；否则，如果你将使用关联的 S-N 曲线中所得到的最小的循环载荷次数，并继续计算，请单击【是】按钮。

> 提示：这条消息表明模型中的一些应力超出了 S-N 曲线中的最高应力数据点。在这种情况下，用户可能需要在 S-N 曲线中添加更多的数据点，或者在消息框中单击【是】，用 S-N 曲线中最后一个数据点代替所有高应力的位置。但是，这样使用是很危险的，因为结果是非保守的。

对于本例而言，跳出这条消息是因为存在应力奇异。由于在这次仿真中忽略了这些位置，因此可以不用理会这条消息。

使用当前的 S-N 曲线，单击【是】以完成计算。

步骤 7　查看损坏图解

将图例的【最大】限制调整为 100，查看最终的损坏图解。

如图 10-17 所示，有些区域的损坏情况高于 100%。这个结果表明存在疲劳失效的可能。

步骤 8　探测损坏部位

将图解缩放到包含螺栓的局部区域，在螺栓下方的弯曲位置【探测】高度损坏的部位，如图 10-18 所示。

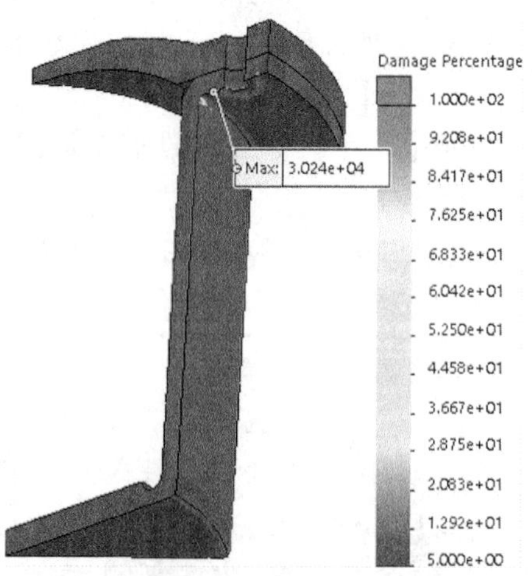

图 10-17　损坏图解

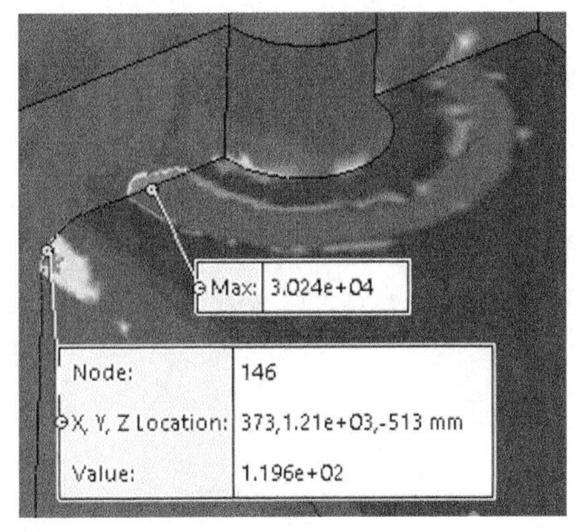

图 10-18 探测损坏部位

注意螺栓区域都显示为红色。由于本例使用理论上的螺栓接头来模拟这个连接，因此这里的结果是不可信的。本章将忽略这个区域的分析，这需要进行更深入的仿真来模拟这个连接。

螺栓下方的弯曲位置给出了一个精确的结果。接近120%的数值证实了该位置也受到了严重的疲劳损坏。这个结果表明设计是不合理的。

10.9.7 损坏结果讨论

损坏主要是由分布于 -0.066 ~ 3.3MPa 之间的压力脉动引起的。其他载荷（热力事件）的影响较小。脉动压力引起的 von Mises 应力变化大约是 155.1MPa（参见“Static Pressure”算例的结果）。

对 S-N 曲线的分析表明 7075-T6 铝合金应该能够抵抗这种应力水平下的指定振幅。但是，平均应力纠正会大大降低 S-N 曲线中的应力值。由于压力事件是重要的平均应力，它被纠正为明显压缩后，以至于 155.1MPa 都显得非常大了。

本章接下来的部分，将不采用平均应力纠正算法，并比较两者的结果。

步骤 9 修改算例属性

在“Fatigue”算例属性中，将【平均应力纠正】更改为【无】。这里将忽略 $R=0$ 时的疲劳事件所引起的平均应力增长。

步骤 10 运行分析

同样，软件会跳出消息提示最大应力超出 S-N 曲线最后一个数据点。使用当前的 S-N 曲线，单击【是】以完成计算。

步骤 11 查看损坏图解

查看损坏图解的细节并探测螺栓接头下方的弯曲位置，如图 10-19 所示。

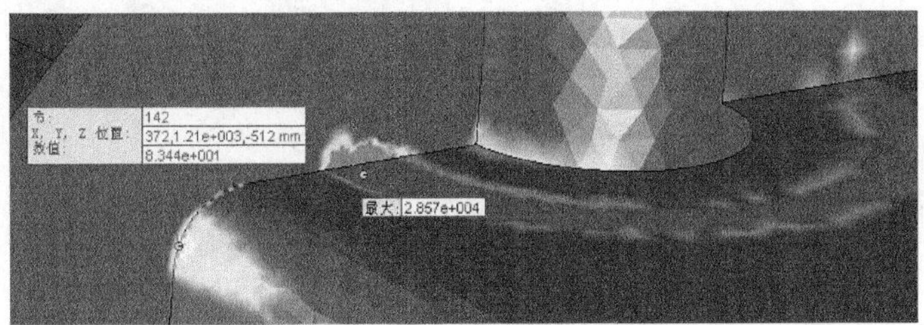

图 10-19 损坏图解细节

忽略螺栓接头区域后，总的累积损坏程度明显下降，从 120% 降低到了 83%。该位置的结果错误地表明容器不会发生疲劳失效。

这次模拟说明了如果完全忽略平均应力的负面影响，会在计算疲劳时带来极大的不准确性。

本练习也展示了对各种应力比率(R)输入多条 S-N 曲线的效果及应用 SOLIDWORKS Simulation 中的平均应力纠正算法的重要性。

10.10 静载疲劳算例(选做)

本节不仅要在压力容器上施加波动的热和压力载荷，还要施加一个作用于顶盖的恒定载荷，大小为 6 672.5N。

步骤 12 在“Thermal stress”和“Static Pressure”两个算例中均施加恒定载荷

在顶盖顶部施加一个大小为 6 672.5N 的【法向力】，如图 10-20 所示。

步骤 13 运行更新后的“Thermal stress”和“Static Pressure”算例

提示：根据结构对称性，这里也将载荷等分（66 725N/10 = 6 672.5N）。由于恒定载荷在压力和热载波动时也会发生作用，所以两个算例中都应该施加。

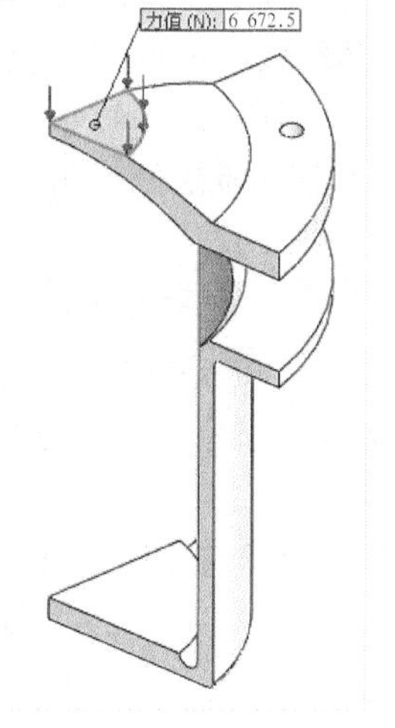

图 10-20 施加恒定载荷

10.10.1 疲劳分析中的静载

由于疲劳分析中的恒定载荷没有产生应力的波动，所以不会产生额外的损坏。但是它能改变平均应力值，从而改变疲劳损坏的结果。

由于恒定载荷不引起应力的变化，所以无法定义载荷类型，必须进行两个独立的静应力分析以求得疲劳事件的极值。

本例将增加两个静应力分析以分别定义热($0W/m^2$)和压力($-0.066MPa$)两个疲劳事件的下限。

步骤 14 将“Thermal stress”算例复制到“Thermal stress 0”新算例

步骤 15 更改算例属性

在算例属性的【流动/热力效应】选项卡中选择【输入温度】选项，如图 10-21 所示。

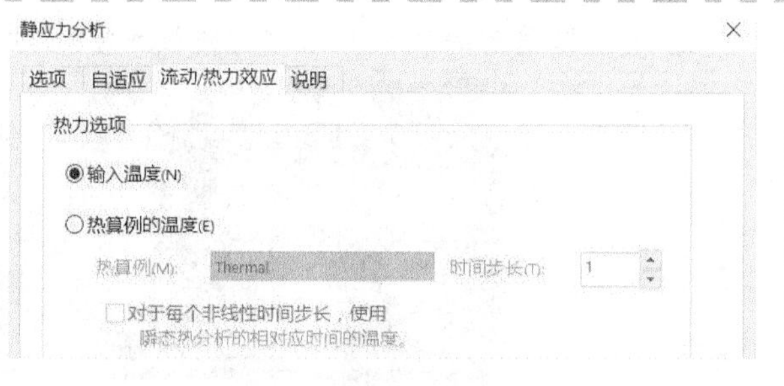

图 10-21 更改算例属性

提示 由于热载在0~1 471.8W/m² 之间波动，为了确定热疲劳事件的下限，只需要去掉热载就可以了。

步骤16 运行“Thermal stress 0”算例

步骤17 将“Static Pressure”算例复制到新算例“Static Pressure Low”

步骤18 修改压力载荷

将压力载荷从3.39MPa修改为-0.066MPa。

步骤19 运行算例“Static Pressure Low”

步骤20 定义一个新的疲劳分析算例“Fatigue-with dead load”

步骤21 定义热疲劳事件

右键单击【负载】并选择【添加事件(恒定)】，在【周期】中输入“2 000 000”，在【负载类型】中选择【查找周期峰值】。选择“Thermal stress 0”和“Thermal stress”作为热事件波动的极限峰值。单击【确定】✓，如图10-22所示。

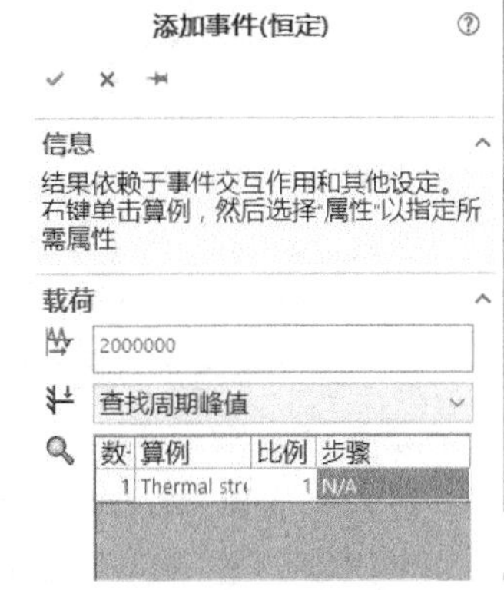

图10-22 定义热疲劳事件

10.10.2 查找周期峰值

如果分析中有数个复杂的恒定载荷或疲劳事件，则【查找周期峰值】事件类型选项就非常有用了。

如果有两个算例被选中，则疲劳事件的应力就在由两个静态算例确定的极限之间波动。有时一个疲劳事件存在不同时间的载荷峰值，其应力在3个或更多极限之间波动。在这种情况下，每个事件的载荷极限都要由一个独立的静态算例确定。疲劳事件会随机地在所有极限之间波动。如果不考虑疲劳分析中时间和载荷峰值的先后顺序，随机波动是必然的。

步骤22 定义压力疲劳事件

与热疲劳事件相同，定义压力疲劳的循环次数为1 900 000，疲劳事件在“Static Pressure Low”和“Static Pressure”两个算例的结果之间波动。

步骤23 检查并修改算例属性

在算例属性中将两个算例定义为【随机交互】，设置交替应力的计算值为【等效应力(von Mises)】，平均应力纠正方法为【Gerber】，默认的【疲劳强度缩减因子】为1。

步骤24 运行“Fatigue-with dead load”算例

同样，软件会跳出消息提示最大应力超出*S-N*曲线最后一个数据点。使用当前的*S-N*曲线，单击【是】以完成计算。

步骤25 查看损坏图解

显示损坏图解的细节。将图例的【最大】限制调整为100，探测螺栓接头下方的弯曲位置，如图10-23所示。

观察发现，螺栓区域的最大损坏不受新增的静载的影响。这也说明在这个位置，螺栓预载对疲劳结果的影响可以忽略不计。和之前一样，忽略这个位置的结果，因为这需要更加深入细致的仿真工作。

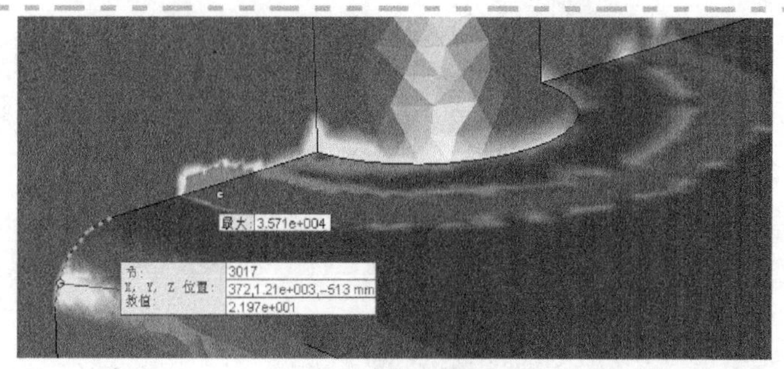

图 10-23 损坏图解

然而，发生在螺栓下方弯曲位置的损坏结果是完全不同的。疲劳损坏从 120%（步骤 8）降低到大约 22%。因此，静载在提高容器的抗疲劳作用方面功效明显。

为了评价平均应力的作用，需要在不采用平均应力纠正方法的条件下重新运行该算例。

步骤 26 禁用平均应力纠正

将算例属性的【平均应力纠正】选项设为【无】。

步骤 27 重新运行算例“Fatigue-with dead load”

同样，软件会跳出消息提示最大应力超出 S-N 曲线最后一个数据点。使用当前的 S-N 曲线，单击【是】以完成计算。

步骤 28 探测损坏图解

如图 10-24 所示，这个算例中平均应力纠正和不同平均应力值的多条 S-N 曲线被忽略，因此结果是不正确的。

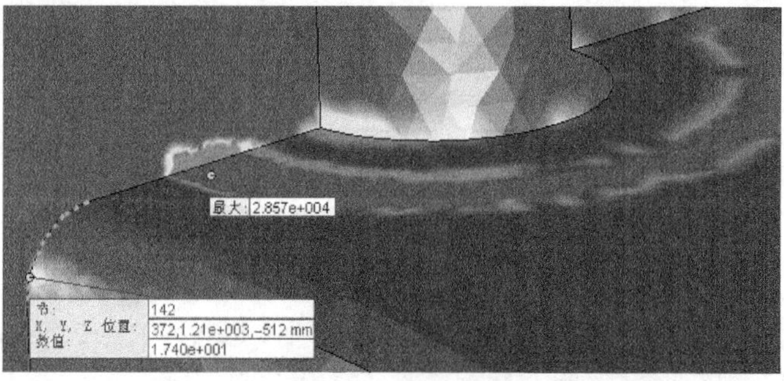

图 10-24 探测损坏图解

10.11 总结

本章的目标是对一个承受热和压力周期载荷的压力容器计算抗疲劳强度。容器在螺栓接头弯曲部位的临界位置会发生疲劳失效，因此推荐采用不同的材料。额外的静载会极大地减小疲劳损坏。但是，它只能提高容器的安全性。由于螺栓接头附近区域是假定的，因此在这个仿真中不考虑其结果。对这个区域需要采取更加深入细致的分析。

本章介绍了等幅疲劳事件的疲劳分析的基本情况。同时也讨论了不同的疲劳事件类型、不同的加载比例和查找周期峰值事件。

本章还介绍了高周疲劳的基本概念和相关术语。平均应力对疲劳结果有显著的影响，在分析时必须用多条 S-N 曲线或者有效的平均应力纠正算法加以计算。

本章还讨论并练习了恒定载荷的效果和模拟方法。

本章同时还讨论了如何后处理疲劳分析的图解。

练一练

1. 在本章的第一部分没有施加恒定载荷，而是用载荷比例和基于零($LR=0$)事件类型来定义两个疲劳事件。那么本分析中没有施加恒定载荷是否正确？如果正确，你将如何正确定义疲劳事件？

2. 在压力疲劳事件中的交替应力约为 155.1MPa，请核实这个结果。

练习 10-1　篮圈的疲劳分析

本练习将用线性分析的方法，对一个篮圈进行疲劳寿命分析。本练习将应用以下技术：

- 等幅载荷。
- *S-N* 曲线。
- 平均应力纠正。
- 破坏因子图解。

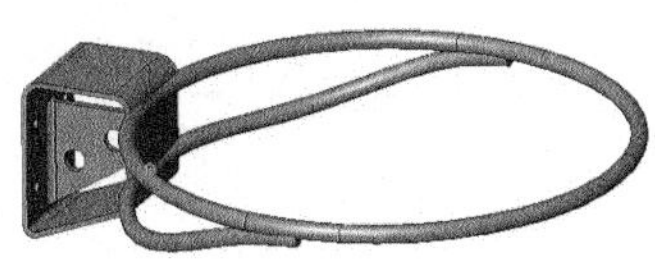

图 10-25　篮圈模型

项目描述：

图 10-25 所示的篮圈受到的作用力为 1 000N，篮圈的背面固定在篮板上。分析该篮圈在经受 10 000 次的载荷周期后是否失效。

操作步骤

扫码看视频

步骤 1　打开装配体

从 Lesson10 \ Exercises 文件中打开零件“Basketball_rim. sldprt”。

步骤 2　创建一个静应力分析算例

创建一个名为“rim static”的【静应力分析】算例。

步骤 3　查看材料属性

材料“7075-T6(SN)铝合金”应该已经定义。

步骤 4　对篮圈施加载荷

在篮圈前面的分割面上添加向下作用力 1 000N，如图 10-26 所示。

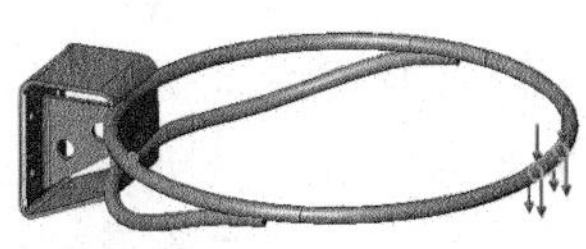

图 10-26　施加载荷

步骤 5　添加约束

如图 10-27 所示，在篮圈的背面添加固定的约束。

步骤 6　对模型划分网格

使用高品质单元创建网格，使用【基于曲率的网格】，【最大单元大小】设置为 8. 99mm。

步骤 7　运行分析

弹出的对话框会显示在求解期间软件检测到大型位移。

在这里将使用线性(小位移)和非线性(大型位移)两种求解方式。

图 10-27　添加约束

步骤 8　图解显示线性和非线性位移应力结果

图解显示【URES:合位移】和【VON:von Mises 应力】结果，如图 10-28 所示。

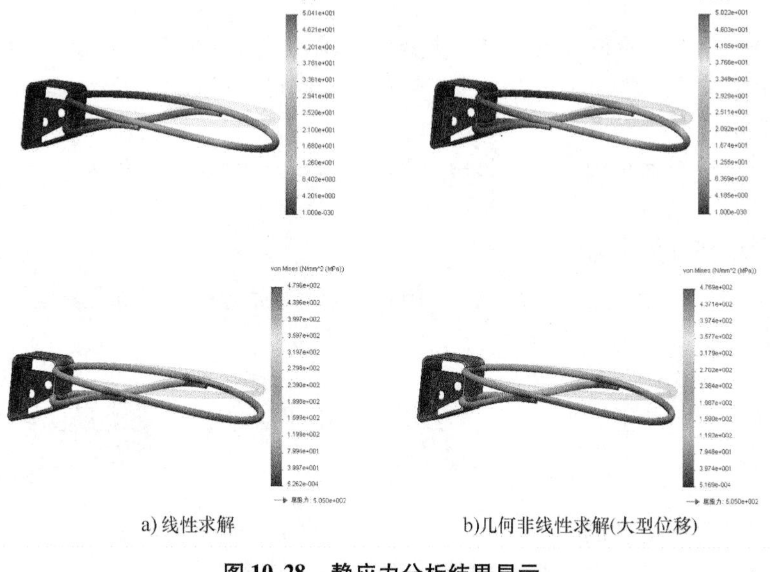
a) 线性求解　　b)几何非线性求解(大型位移)

图 10-28　静应力分析结果显示

提示　可以观察到两个结果很接近。这里使用稍大的线性求解的应力结果来评估疲劳强度会更保守。同时可以发现篮圈并没有屈服，这必须引起注意，因为疲劳仿真的应力必须小于屈服极限，这是高周疲劳分析必需的条件。这里需要进行一次更加仔细的应力结果分析。

步骤 9　查看应力图解

将图例的上界设为屈服极限对应的 561MPa，然后查看应力图解，如图 10-29 所示。

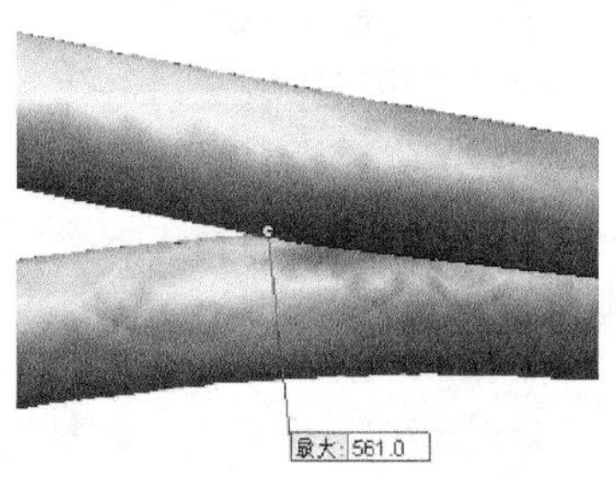

图 10-29　查看应力图解

从中可以看到屈服发生在应力奇异点。这里需要更加真实的几何模型来消除奇异以获得真实的应力分布。模型的其他部分显示其应力都低于屈服极限。

步骤 10　查看疲劳曲线的应力范围

将图例的上界设为“7075-T6(SN)铝合金”材料 *S-N* 曲线对应的最高应力(318MPa)，然后查看应力图解，如图 10-30 所示。

请注意图 10-30 标注的 5 个位置。除了前面提到的存在应力奇异的地方，其余 4 个位置的应力都小于或等于屈服极限。对于其中应力最高的位置，基于零的疲劳交替应力为应力大小的一半，即 210.6MPa。这大大低于疲劳 *S-N* 曲线的最高应力数据点。

提示　虽然某些尖锐处的应力低于屈服点，但所有这样的地方都包含应力奇异。随着网格的细化，这里的应力也可能跃过屈服点。因此这些地方的应力和疲劳结果也是不准确的。比较好的方法是强化这些支架区域，这样可以在一定程度上降低应力的大小并获得更高的安全系数。

提示　最高应力420MPa非常接近材料的屈服极限561MPa。也许加强支架是一个明智之举，这样可以拉低应力并获得更高的安全系数，特别是在已经知道疲劳数据会“低估”这些位置的情况下。

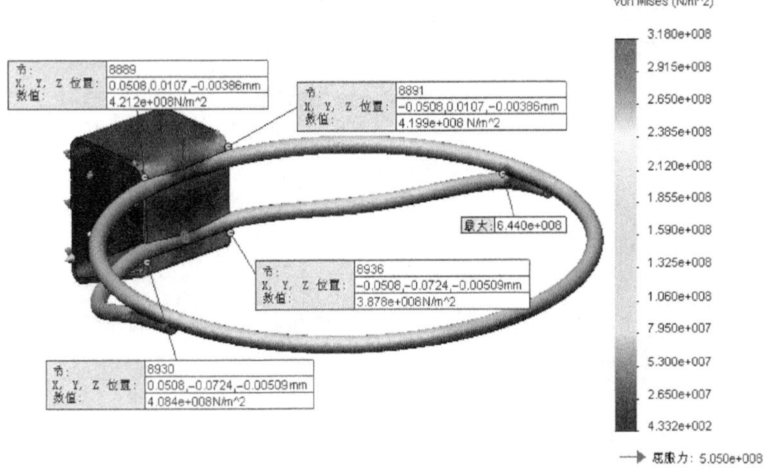

图10-30　疲劳曲线的应力范围

步骤11　创建疲劳算例

创建一个名为“rim fatigue”的等幅事件【疲劳】算例。

步骤12　添加事件

右键单击【负载】，选择【添加事件】，在【循环次数】中输入10 000，在【负载类型】中选择【基于零（*LR*=0）】。

选择“rim static”作为【算例相关联】的名称，确保【比例】的值为1，单击【确定】✓。

步骤13　设置材料属性

在Simulation分析树中右键单击实体并选择【应用/编辑疲劳数据】。该铝合金材料已经定义好了疲劳数据。

在【插值】中选择【双对数】，单击【应用】后选择【关闭】。

步骤14　检查并更改疲劳算例中的属性

右键单击疲劳算例，选择【属性】。在【疲劳】属性对话框中，确保【恒定振幅事件交互作用】设定为【随意交互作用】。

改变【计算交替应力的手段】为【对等应力（von Mises）】。在【平均应力纠正】中选择【Gerber】。【疲劳强度缩减因子(Kf)】设定为1，单击【确定】。

步骤15　运行疲劳分析

软件将会跳出一条消息，提示模型的应力高于*S-N*曲线的最高应力数据点。这是预料之中的，使用当前的*S-N*曲线数据，单击【是】完成算例的计算。

步骤16　查看疲劳分析结果

查看最终的损坏百分比图解和生命总数图解，如图10-31所示。

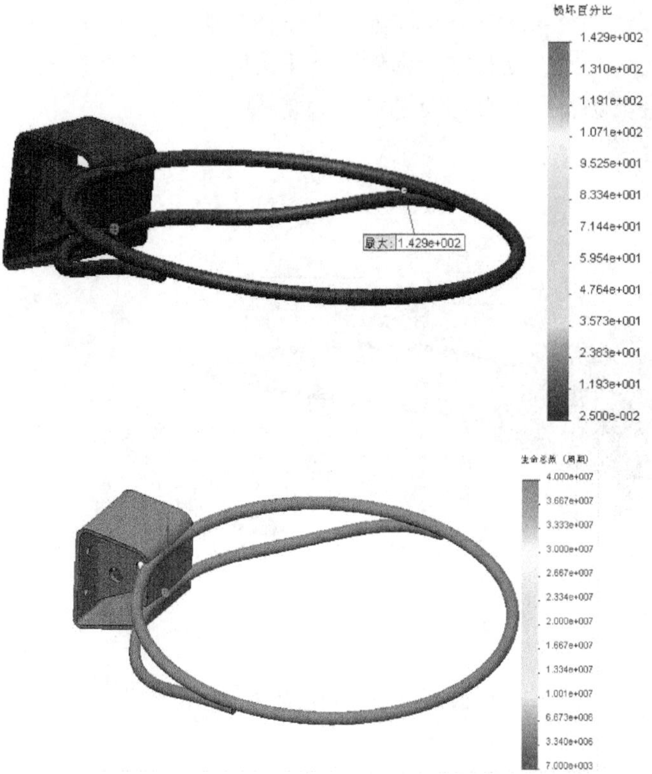

图 10-31　疲劳分析结果

生命总数图解显示了在给定载荷下发生疲劳失效的最大载荷循环次数。假设最大交替应力值已知(在本例中为 278.5MPa)，最小的生命图解数就直接可以在材料的 S-N 曲线中获得。

损坏百分比图解显示了一个非常高的损坏数值 143%，其出现在应力奇异的位置(对应生命总数图解的最小值 7 000)。忽略此处的结果，因为这里需要进行更加接近实际的建模。由于这里属于敏感位置，所以制造过程中需要格外注意接缝和焊接。当然，建议在此外添加一个更结实的焊接，以消除应力。

除了发生应力奇异的位置，图解结果显示了非常好的疲劳特性。下面进行更多的后处理。

步骤 17　查看疲劳结果的细节

在支架的 4 个关键位置探测，查看损坏图解，如图 10-32 所示。

除了一个位置外，其余 3 个位置的疲劳结果都低于 100%，其中最高数值大约为 113%。但是，这 4 个位置都是构成应力奇异的地方，我们无法在这些地方获得准确数值。

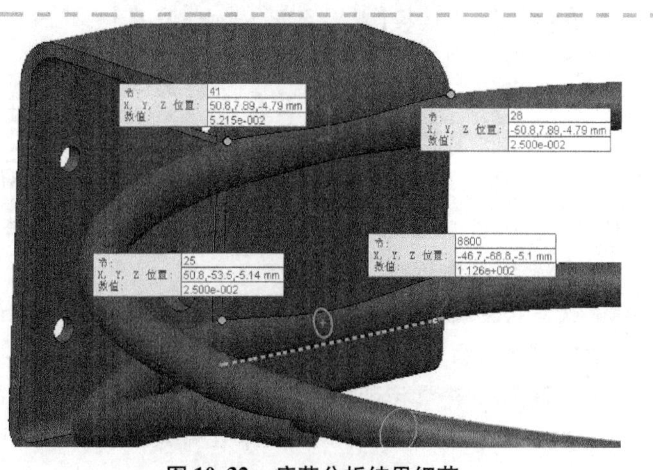

图 10-32　疲劳分析结果细节

练习 10-2　拖车挂钩的疲劳分析

本练习将进行一次疲劳测试仿真，该仿真是欧洲标准 ECE R55. 01 所要求的产品验证部分。

本练习将应用以下技术：

- 等幅载荷。
- *S-N* 曲线。
- 平均应力纠正。
- 破坏因子图解。

（1）项目描述　本练习的拖车挂钩（见图 10-33）将根据 ECE R55. 01 标准进行疲劳寿命测试。在这个测试中，挂钩连接在汽车的竖直固定的圆柱上，测试附件固定在拖车球上，如图 10-34 所示。虽然 ECE R55. 01 标准中的测试需要指定的方向，但是这个地方力的方向是可以变化的。

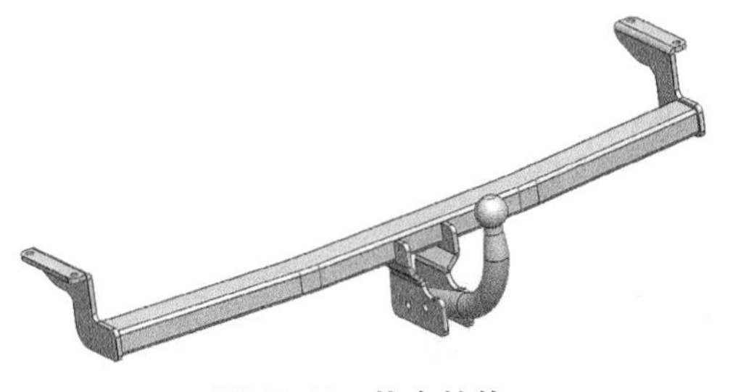
图 10-33　拖车挂钩

图 10-34　真实模型

（2）加载条件　对挂钩的疲劳测试中，要加载 2 000 000 周期的完全反转的震荡力 7 500N。加载力的方向垂直于加载平面（零件“Kugelkopf”），如图 10-35 所示。

（3）夹具　挂钩通过螺栓的方式连接在两个竖直的圆柱上。用户可以采用固定铰链来模拟这些螺栓，如图 10-36 所示。

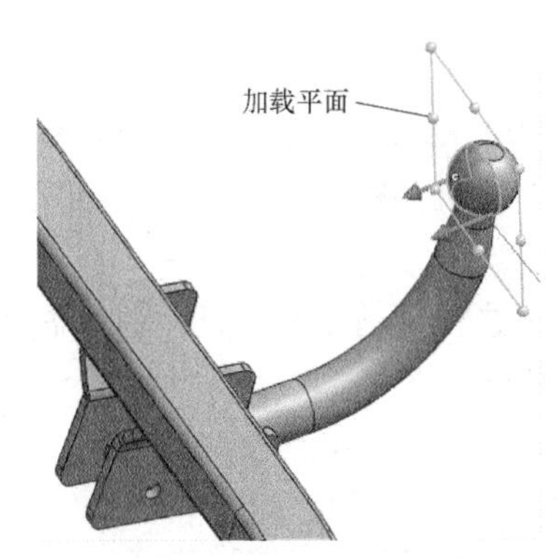

图 10-35　加载平面

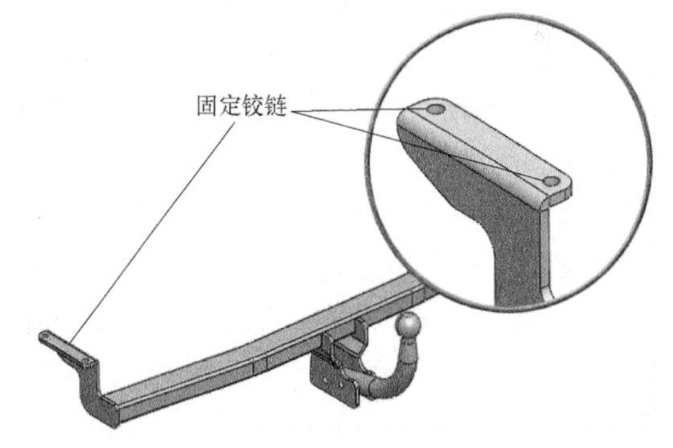

图 10-36　固定铰链

提示　可使用对称的夹具来减小模型尺寸。

（4）材料　挂钩由 AISI 1020 钢（相当于我国的 20 钢）材料制造，疲劳点的数据如图 10-37 所示。

点	A	B
1	1000	353200000
2	1000000	197400000
3	10000000	194700000
4		

图 10-37　疲劳点数据

（5）目标　通过静应力分析和疲劳分析评估现有设计。静应力要求的安全系数为 1.3，疲劳损坏应当保持低于 100%。如有必要，可进行相应的设计变更。

第 11 章　变幅疲劳分析

学习目标

- 理解变幅载荷历史曲线及在疲劳算例中的设定
- 得到后处理结果并分析变幅载荷的构成

11.1　实例分析：汽车悬架

本章将对一个悬架装置进行变幅疲劳分析。本章将学习定义变幅载荷中的一些选项，并讲解软件如何计算出结果。此外，还将学习如何正确地处理这些计算结果。

项目描述：

在《SOLIDWORKS® Simulation 基础教程(2020 版)》的第 11 章中，分析过一个简单的悬架模型(见图 11-1)。该模型有 4 种载荷情形：

1）汽车静止。

2）汽车在平滑路面上以恒定加速度行驶。

3）汽车在颠簸路面上行驶。

4）汽车在平滑路面上匀速行驶然后爬上斜坡。

将上面的情形在特定静态力的组合下进行模拟，代表相应的汽车行驶条件下悬架的载荷大小。

使用线性的静应力分析可以得出结论：情形 4 对应最恶劣的载荷组合。随后使用 SOLIDWORKS Simulation 的设计情形进行优化。

事实上，当车辆行驶时，悬架会承受时刻变化的载荷，这些载荷是随机的，且非常难(或者说不可能)确切描述。图 11-2 所示为从测试中得到的载荷变化。

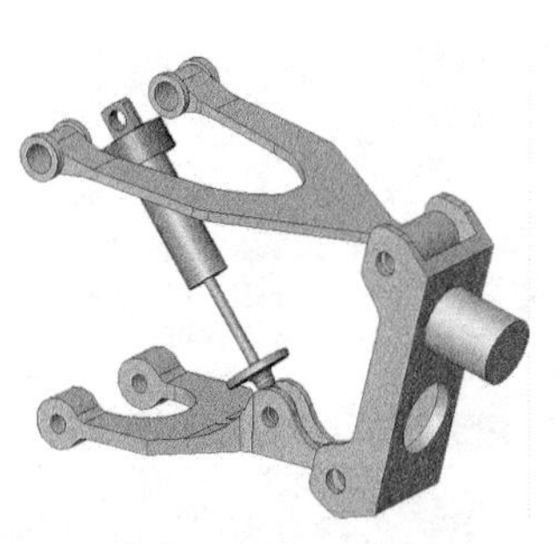

图 11-1　悬架模型

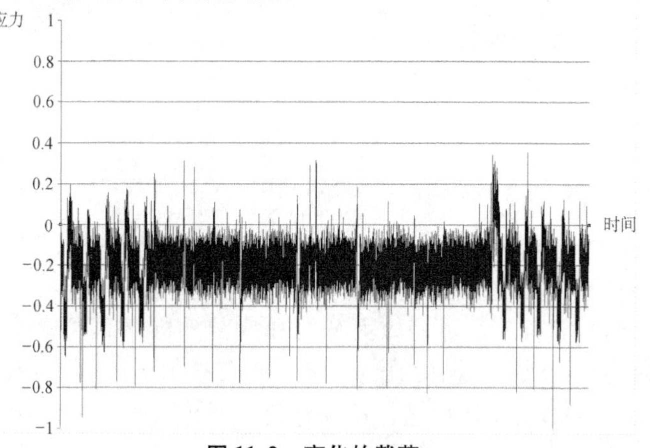

图 11-2　变化的载荷

图 11-2 所示图表被缩放过了，极值(1，-1)对应使用线性静应力分析的静态载荷。

每一个载荷周期都会造成装配体材料累积损坏。本章分析的目的是评定优化后的设计在疲劳下(在悬架承受指定的应力循环次数之后)的性能。

等幅疲劳载荷与时间(达到所需循环次数的时间)是不相关的。

11.2　关键步骤

1）静应力分析算例。运行在《SOLIDWORKS® Simulation 基础教程(2020 版)》第 11 章中设定的静应力分析算例。

2）变幅疲劳算例。在算例中输入变载荷幅度历史曲线，并设置疲劳算例的属性。

3）后处理结果。完成分析后，查看相关结果。

操作步骤

扫码看视频

步骤 1　打开装配体文件

从 Lesson11 \ Case Studies 文件夹中打开装配体文件“suspension. sldasm”。

注意：带有载荷的静应力分析算例对应于已经定义好的最恶劣的车辆行驶情形。

步骤 2　查看载荷

查看载荷，水平和垂直方向的力分别为 115N 和 900N，如图 11-3 所示。载荷代表测试中得到的振幅(最大值)。

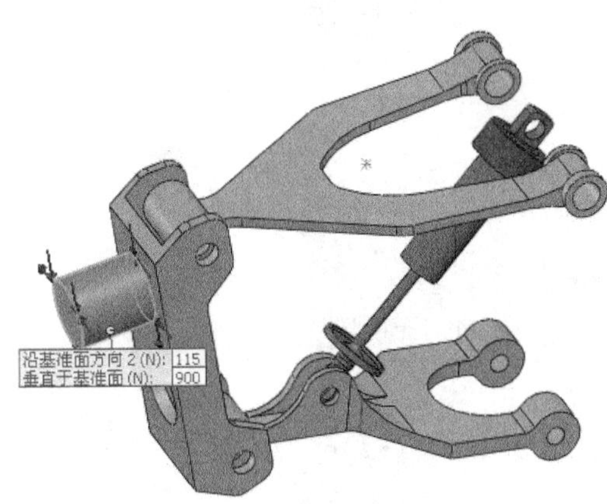

图 11-3　查看载荷

步骤 3　查看约束及连接

步骤 4　对装配体划分网格

使用高品质单元划分网格，保持默认的整体大小为 3. 91mm。

步骤 5　运行静应力分析算例

软件会弹出两个大型位移的警告窗口，一个是关于位移的，另一个是关于旋转的。大型位移对应力的影响非常小，所以本例将一直使用线性分析。在两个对话窗口中均单击【否】。

步骤 6　查看应力和位移结果(见图 11-4)

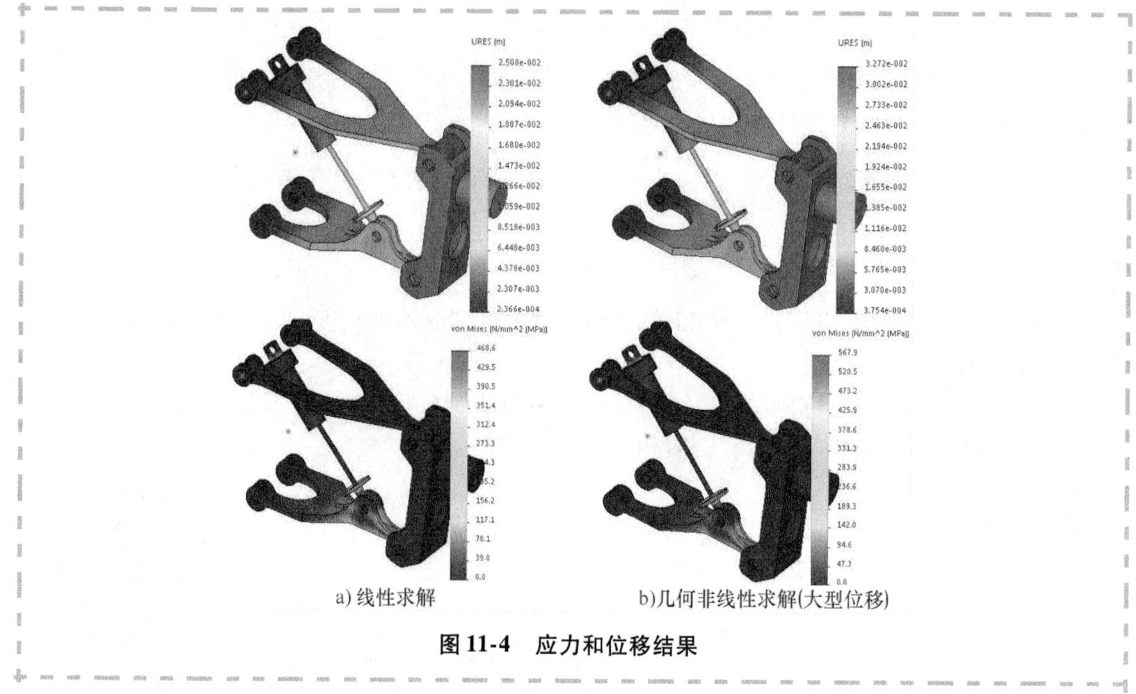

图 11-4　应力和位移结果

由图 11-4 可知，相对于线性结果（$\sigma_{vm,max}=469\text{MPa}$），非线性结果（$\sigma_{vm,max}=568\text{MPa}$）有显著的提高。所以在正常情况下，会选择非线性结果作为疲劳分析的结果。但由于几何非线性问题（大位移分析）的求解需要大量的时间，在本例中仍使用线性求解。

提示 应力结果显示应力没有达到材料的屈服极限，因此能进行高周疲劳分析。

11.3　疲劳算例

静应力分析完成后，将进行疲劳分析。

步骤 7　定义疲劳算例

定义一个新的名为“suspension-Fatigue”的【疲劳】算例，如图11-5 所示。

在【选项】下选择【可变振幅历史数据】作为疲劳分析的类型。

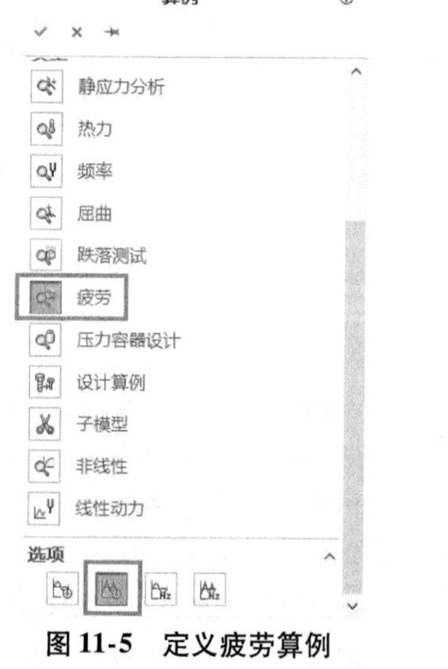

图 11-5　定义疲劳算例

11.3.1　变幅疲劳事件

本章开头显示的载荷情形需要通过软件分解为一种格式，以便可以使用等幅分析（S_{max}、S_{min}、S_{mean}等）工具。过去几十年中，发展形成了几种周期计算的方法，现在使用最广泛的便是雨流计数法。

11.3.2　雨流计数法

在雨流计数法中，应力历史被分解成一些周期，如图 11-6 所示。

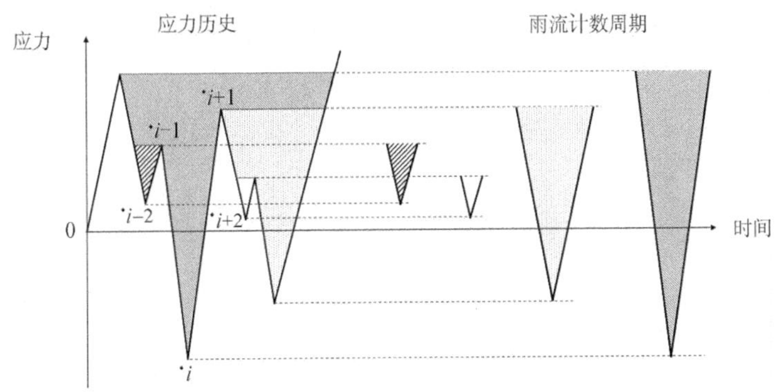

图 11-6　雨流计数法

注意：每个提取出来的周期都可以由 S_{max}、S_{min}、S_{mean} 等特征表示。这样使得软件可以正确使用各种平均应力纠正算法（如 Gerber）来表现平均应力的影响，并计算累积损伤情况。进而通过累计各个部分损伤因子来计算总的损伤结果。

提示：雨流计数法并不是本章重点描述的主题。

步骤 8　添加事件

右键单击【负载】文件夹并选择【添加事件】。在【添加事件（可变）】属性窗口中，单击【获取曲线】，如图 11-7 所示。

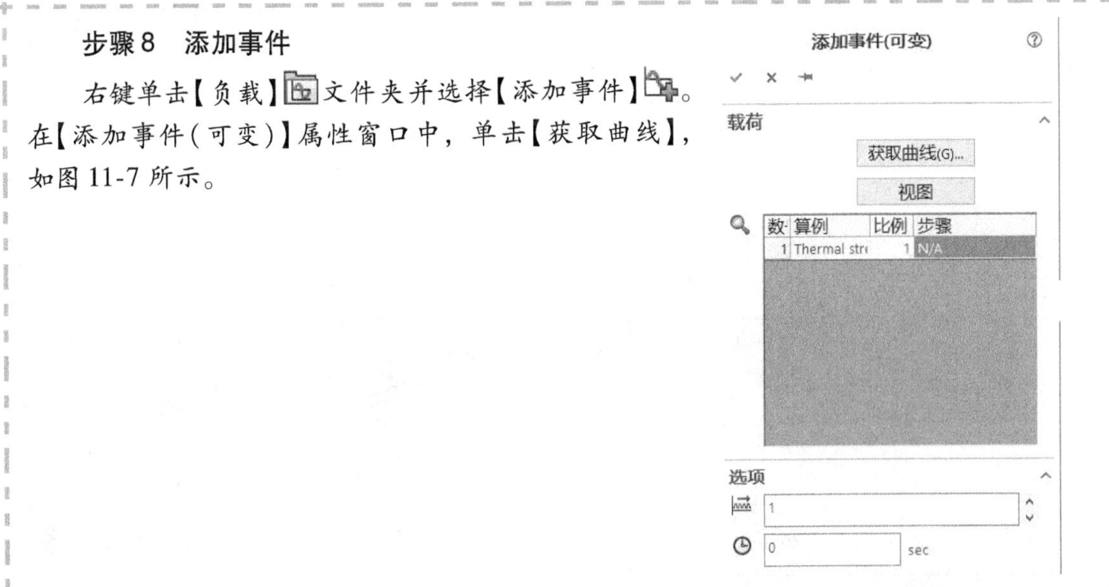

图 11-7　添加事件

提示：如果指定了多个变幅事件，则需要指定每个变幅事件的【开始时间】。如果只有一个事件，就不需要使用该参数了。

11.3.3 变载荷曲线

变载荷历史曲线可以通过以下 3 种方式输入：

1）仅限振幅。X 栏为索引号，Y 栏为无量纲的载荷幅度，可以用来度量相关静应力分析算例下的应力。【开始时间】等于 0。

2）采样率和振幅。X 栏为索引号，Y 栏为无量纲的载荷幅度，可以用来度量相关静应力分析算例下的应力。采样率对应记录数据的时间间隔。每个事件都需要指定【开始时间】。

3）时间和振幅。X 栏为时间，Y 栏为对应缩放比例的载荷幅度。每个事件都需要指定【开始时间】。

后两种方式中的时间变量只有在有多个事件时用于关联信号峰值。如果只有一个事件，则使用【单个幅值】类型。

步骤 9　输入曲线

如图 11-8 所示，在【载荷历史曲线】对话框的【类型】中选择【仅限振幅】。

先前已获取了模拟悬架承受的特征载荷的数据，我们将在定义本例的【载荷历史曲线】时使用此数据。

复制本章目录下“SAE suspension-modified. xls”中的数据来定义该曲线。

步骤 10　查看图表

单击【视图】来查看载荷历史曲线，如图 11-9 所示，其中的随机载荷序列定义为【块】。

在【载荷历史曲线】对话框中单击【确定】，关闭该图形窗口。

在【选项】栏的【复制数】中输入“1”。

单击【确定】✓，完成该事件的定义。

提示　【复制数】设置为 1，是因为本例只分析在一个载荷序列块中产生的疲劳损伤。

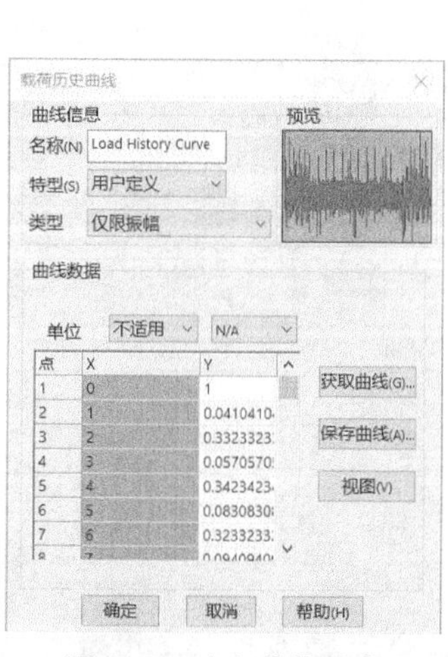

图 11-8　定义载荷历史

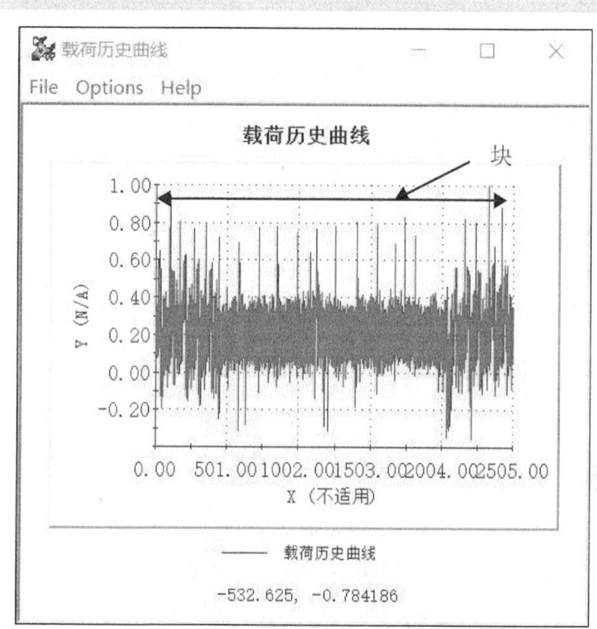

图 11-9　查看载荷历史曲线

步骤 11　修改材料参数

所有零部件的材料都已经定义好了。由于要运行的是一个疲劳分析算例，因此必须输入材料的 *S-N* 曲线。

右键单击【零件】文件夹并选择【将疲劳数据应用到所有实体】。【疲劳 SN 曲线】选项卡应处于激活状态，将会看到 *S-N* 曲线的信息全部丢失。

以 N/m^2 为单位输入 *S-N* 曲线的数据点，如图 11-10 所示。

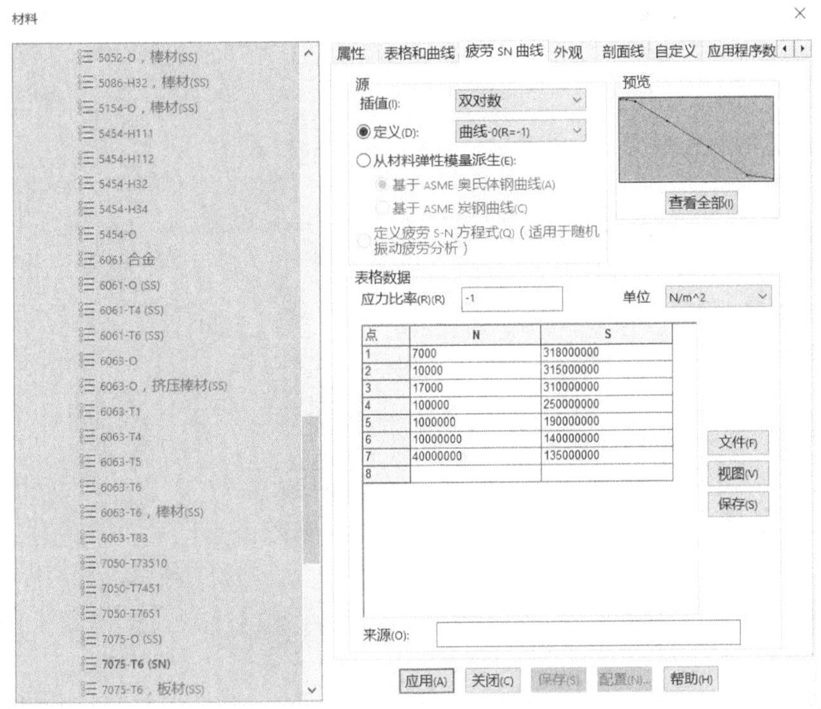

点	N	S
1	7000	318000000
2	10000	315000000
3	17000	310000000
4	100000	250000000
5	1000000	190000000
6	10000000	140000000
7	40000000	135000000
8		

图 11-10　修改材料参数

请检查确定【应力比率(R)(R)】设为“-1”（意味着 *S-N* 曲线由一个完全反向的疲劳测试获得），【插值】设为【双对数】。

单击【应用】并选择【关闭】。

图 11-10 所示的 *S-N* 曲线的数据仅用于本章实例。

步骤 12　设定结果位置

SOLIDWORKS Simulation 允许用户指定模型上的点，来观察变载荷历史参数作用后的应力循环次数及损伤。右键单击【结果选项】文件夹并选择【定义/编辑】。

选择图 11-11 所示的下摆臂的 4 个顶点，观察计算的损坏情况。

在【疲劳计算】中选择【整个模型】。

单击【确定】✓。

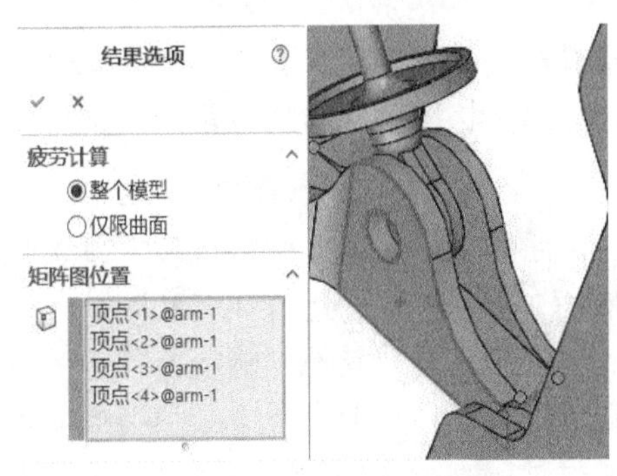

图 11-11　设定结果位置

> **提示** 在【疲劳计算】选项中，用户可以定义疲劳计算的位置，可以在所有节点上，也可以在表面的节点上。对于一个装配体而言，通常情况下损坏会发生在不同材料的两个零部件接触面上。绝大多数情况下，损坏发生在模型边界时使用【仅限曲面】可以节约一些时间，因为计算量小一些。对于带有多个变幅疲劳载荷的复杂问题来说，节约的时间是很可观的。

步骤 13　设置算例属性

在【可变振幅事件选项】的【雨流计数箱数】中输入“32”。

在【在以下过滤载荷周期】中输入“1”。

在【计算交替应力的手段】中选择【对等应力(von Mises)】。

在【平均应力纠正】中选择【Gerber】。

在【疲劳强度缩减因子(Kf)】中输入“0.75”。

单击【确定】，如图 11-12 所示。

图 11-12　设置算例属性

11.3.4　雨流计数箱

如图 11-13 所示，算法将 Y 轴的应力幅度划分为等量的箱格，每个箱格包含等幅数值。疲劳结果的准确度取决于雨流计数箱的数量。一般来说 32 个箱格已经足够准确模拟载荷。

11.3.5　随机载荷历史的噪声

载荷历史的噪声定义为非常小的波峰，噪声对总体结果的影响很小(或没有)。一般来说，任何小于持久极限的应力峰值都可以被过滤掉，因为它们对总体损坏结果没有很大影响。

11.3.6　疲劳强度缩减因子

S-N 曲线是用来定义材料抗疲劳能力的，其通常是在特定环境的可控测试条件下获取的数据。然而，分析产品的运行环境和测试条件是有很大区别的。

为了表现环境及其他影响疲劳的重要因素，引入了疲劳强度缩减因子。

以下列举了在疲劳设计中必须考虑的重要因素：

- 腐蚀(K_c)。
- 温度(K_t)。

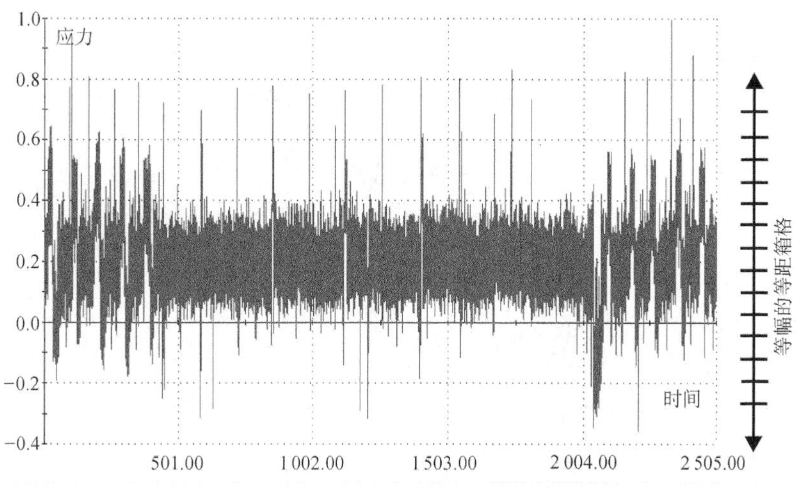

图 11-13　雨流计数箱

- 负载模式(K_m)。
- 可靠性(K_r)。
- 频率(K_{freq})。
- 切口效应(K_n)。
- 尺寸因子(K_l)。
- 摩擦(K_{fret})。

请读者参阅其他文献来了解这些因素对疲劳强度的影响，本章不再展开讲解。所有影响因素的综合效果可以用疲劳强度缩减因子来表示：

$$K_f = K_c K_m K_{freq} K_l K_t K_r K_n K_{fret}$$

步骤 14　运行该算例

步骤 15　查看损坏图解

如图 11-14 所示，最大损坏累积在“Shock Plunger”上，即细长杆与头部交接处。

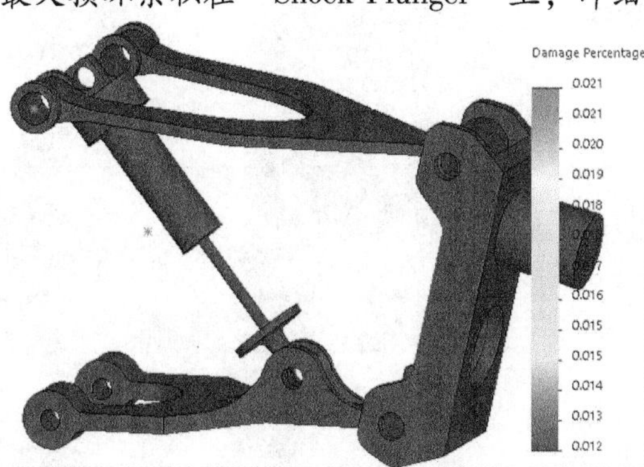

图 11-14　损坏结果显示

如果不进行更深入的讨论，这个数值结果可能有一定误导性。虽然最大值 0.021 是非常小的，但它对应的是疲劳事件定义中特定载荷历史下的一个块。现实情况中，零部件可能承受成千上万个这样的载荷块。

步骤 16　查看生命总数图解

生命总数图解是损伤图解的相反情况。它显示了疲劳失效发生前装配体可以承受的载荷块的数量。

如图 11-15 所示，在经历大约 4 653 个载荷块后，圆柱与“Shock Plunger”的连接处就失效了。如果需要达到的载荷块数量为 4 653，就必须进行重新设计。

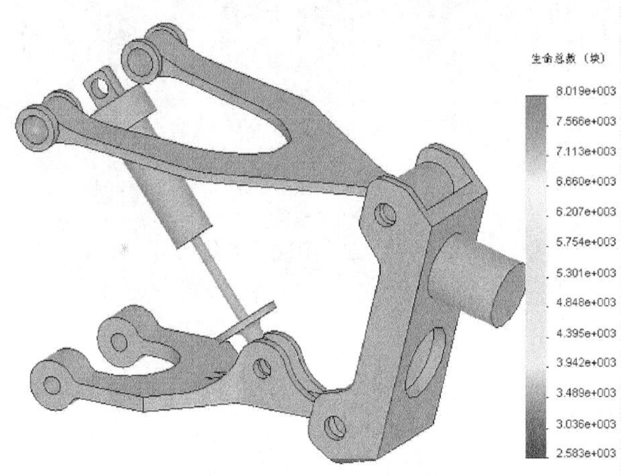

图 11-15　生命总数图解

步骤 17　定义雨流矩阵图

右键单击【结果】文件夹并选择【定义矩阵图】。

在【位置】中选择【预定义的位置】，并选择图 11-16 所示的顶点。

在【类型】中选择【雨流矩阵图】，并指定单位为 N/mm^2（MPa）。

单击【确定】✓。

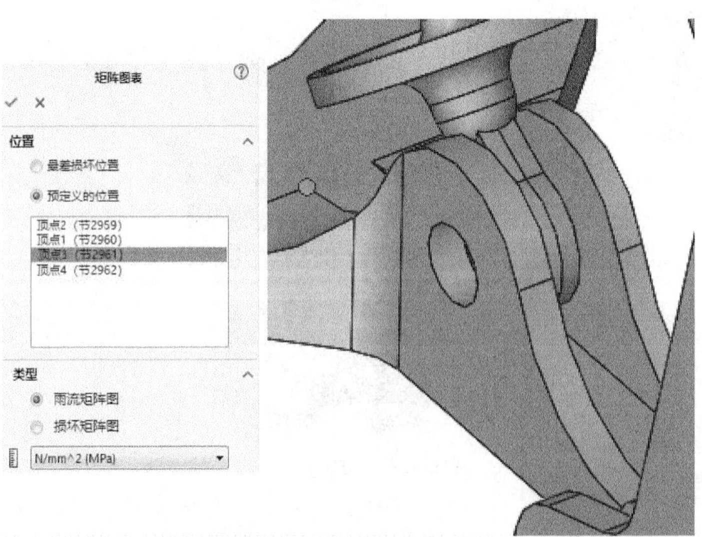

图 11-16　定义雨流矩阵图

11.3.7　雨流矩阵图

三维雨流矩阵图如图 11-17 所示，X 轴和 Y 轴分别代表交替应力范围及平均应力，Z 轴代表在给定交替应力和平均应力下的箱格数量。从三维雨流矩阵图中可以得知载荷历史的构成。例如，可以从图 11-17 中得知，大多数交替应力周期是发生在负的平均应力下还是正的平均应力下。

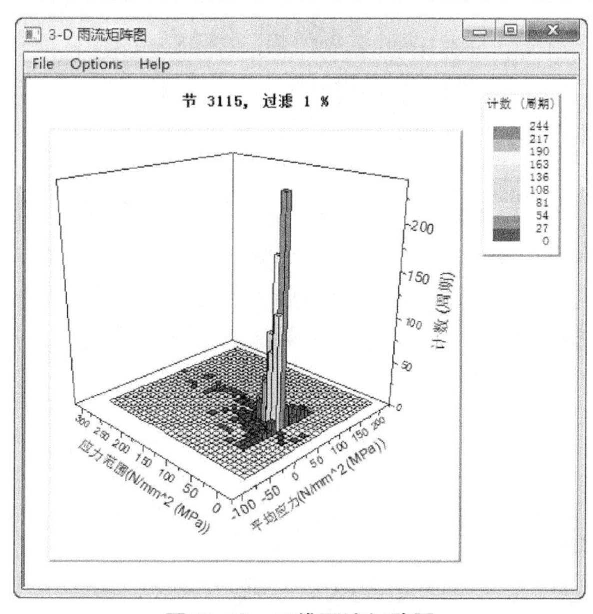

图 11-17　三维雨流矩阵图

11.3.8　结果

从图 11-17 中可以看出，大多数交替应力具有正的平均应力。其他 3 个顶点以及损坏最严重的节点也有类似的雨流矩阵图分布。

注意　所有这些雨流矩阵图中，绝大多数计数周期都对应正的平均应力。

步骤 18　定义损坏矩阵图

与步骤 17 类似，在顶点 4 处定义一个损坏矩阵图，如图 11-18 所示。

从中可以看到，大多数的损坏并不是由最高平均应力循环引起的（它们并不经常发生），而通常是由中间部分的平均应力循环导致的。

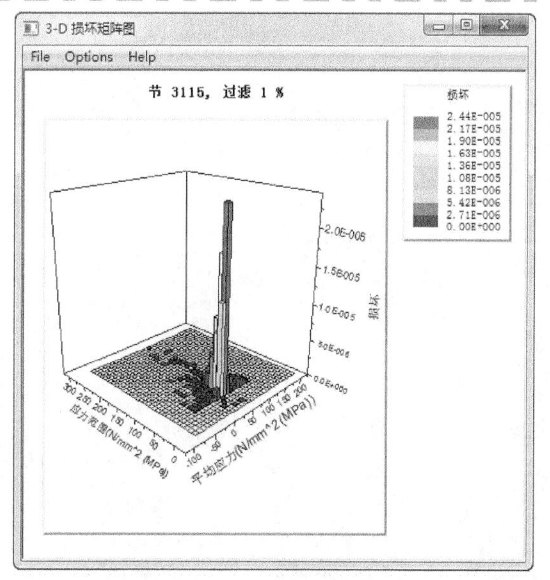

图 11-18　定义损坏矩阵图

提示 验证该结果可能需要大量的箱格(128 个或更多)。在分析时，更多的箱格意味着更长的求解时间。

11.4 总结

本章使用在《SOLIDWORKS® Simulation 基础教程(2020 版)》第 11 章中，运用线性静应力分析并优化过的悬架模型。疲劳分析考虑的是设计性能，即从试验数据获得的变幅载荷历史下的性能。

本章讲解了变幅事件的定义，介绍了雨流计数法、箱格、噪声过滤等概念。类似于等幅事件的情形，变幅事件同样是与时间无关的(花多少时间完成载荷历程并没有关系)。但是，载荷历程定义中的开始时间和时间轴的数值是很重要的，如果定义多个事件，它们能够进行周期关联。

本章还显示并讨论了用于分析载荷构成的矩阵图。

最后，说明了即使装配体通过了线性静应力分析的屈服强度标准，仍然可能发生疲劳失效。如果设计的产品承受周期性的载荷历史(无论是变幅载荷还是等幅载荷)，则必须运行静应力分析和疲劳分析。

练一练

1. 疲劳分析是基于静应力分析的应力结果进行的。那么疲劳失效(*Damage*≥1)能不能表示屈服的开始?

2. 由于受波动载荷作用的部件是因(屈服/屈曲/疲劳)而失效的，所以疲劳分析对产品安全设计（是/不是）必要的。

3. 一个 GPS（全球定位系统）安装在移动车辆的仪表盘上。这种产品是否需要用 SOLIDWORKS Simulation 的疲劳分析模块进行分析?

4. 上述情况中的载荷历程能够满足(等幅/变幅)事件。

第 12 章　跌落测试分析

学习目标

- 进行跌落测试分析
- 使用弹塑性材料模型
- 研究动态分析结果

12.1　跌落测试分析简介

跌落测试是一种特定的动力分析，它主要用来模拟模型在极短时间内发生的冲击力。虽然跌落测试不像整个动态分析一样是完全非线性的，但它在获取标准模拟结果方面还是相当有用的。

12.2　实例分析：照相机

本实例将对照相机装置进行跌落测试分析。本章将讨论如何设置跌落测试分析中的选项。分析结束后，还将学习如何解释得到的结果。本章还会看到，跌落测试分析可以允许采用弹塑性材料，并将看到这对于模拟结果的影响。此外，还将观察到跌落测试分析的一些局限性，这些可以通过完全的动力仿真来解决。

项目描述：

图 12-1 所示的照相机的结构完整性可以通过跌落到硬地板上加以测试。测试内容包括在不同的跌落高度及地板类型上跌落。

通常，测试也包含跌落的照相机以不同的姿势掉在地板的不同位置。考虑到时间因素，本例将把照相机从 2m 的高度跌落。

在不同的分析中，分别将地板视为坚硬的和弹性的。此外，如果照相机采用弹塑性的材料，观察分析结果有怎样的变化。

读者可以尝试采用不同的跌落位置或地板位置（水平的或倾斜的），以及不同的材料进行跌落测试分析。

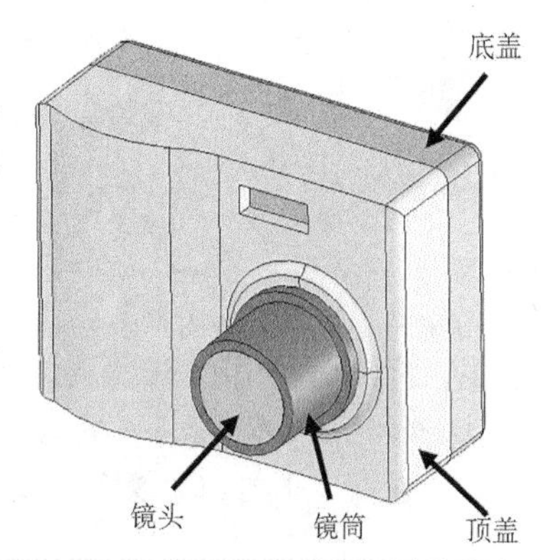

图 12-1　照相机模型

12.3　关键步骤

1）应用材料。跌落测试中可以定义线弹性或弹塑性材料。

2）跌落测试设置。跌落测试中可以指定高度或冲击速度，此外还可指定重力。

3）定义结果选项。决定分析运行的时间以及需要保存的选项。

4）划分模型网格。创建能够获得足够精度的网格。

5）运行分析。

6）后处理结果。正确分析跌落测试得到的结果。

7）算例改进。对算例提出改进，例如采用弹塑性材料的模型或更改接触条件，使模拟分析更加真实可靠。

12.4 硬地板跌落测试

在第一个分析中，将测试照相机跌落在硬地板上。而第二个分析中，将采用具有部分弹性的地板。

操作步骤

扫码看视频

步骤 1　打开装配体

从 Lesson12 \ Case Studies 文件夹中打开名为"Camera"的装配体。该照相机模型带有钢质可变焦镜筒、玻璃镜头和镁质外壳。虽然它是一个简化的模型，但它所有组件的特征已经足够用来模拟动态撞击下的性能。

步骤 2　创建跌落测试算例

创建名为"free fall 01"的算例。【分析类型】选择【跌落测试】。

注意

在跌落测试分析中，只支持实体网格。

步骤 3　检查材料属性

材料属性自动从 SOLIDWORKS 中传递过来。镁和玻璃都属于弹性材料。本章的后面部分会将它们视为弹塑性材料。

知识卡片

跌落测试图标	通过编辑 3 个自动创建的图标来定义跌落测试分析：连接、设置和结果选项。注意，在这个跌落测试算例中并不存在常规的连接。连接图标是用来定义模型之间的接触的。
操作方法	• 连接存在于 Simulation 分析树中，或【Simulation】CommandManager 中。 • 设置存在于【Simulation】菜单中，以及 Simulation 分析树中。 • 结果选项存在于【Simulation】菜单中，以及 Simulation 分析树中。

步骤 4　打开【跌落测试设置】窗口

右键单击【设置】，并选择【定义/编辑】，打开【跌落测试设置】窗口。

在窗口中可以定义落差高度(h)、引力加速度(g)以及碰撞平面的方向。

12.4.1 跌落测试参数

碰撞平面的方向可能垂直于重力方向，也可能平行于参考面。物体作为一个刚体沿着重力的方向自由下落，直到碰撞到坚硬平面。基于碰撞时的速度方向和碰撞平面的方向，程序将计算出碰撞的区域。

碰撞时的速度(v)可以通过 $v=\sqrt{2gh}$ 得到。

在不指定跌落高度的情况下，也可以定义碰撞时的速度。在碰撞发生前不考虑旋转。

步骤 5　定义跌落高度

在【指定】中选择【落差高度】，在【高度】中选择【从重心】，并输入 2000mm，如图 12-2所示。

提示　在本问题中，2000mm 的跌落高度是以照相机的重心为基准测量所得。

步骤 6　定义引力

【引力】的方向垂直于 horizontal 参考基准面。如有必要，可使用按钮来切换引力的方向，如图 12-3 所示。

引力加速度的大小设为 9. 81m/s^2。

步骤 7　设置碰撞平面方向

在【目标】下的【目标方向】中选择【垂直于引力】。

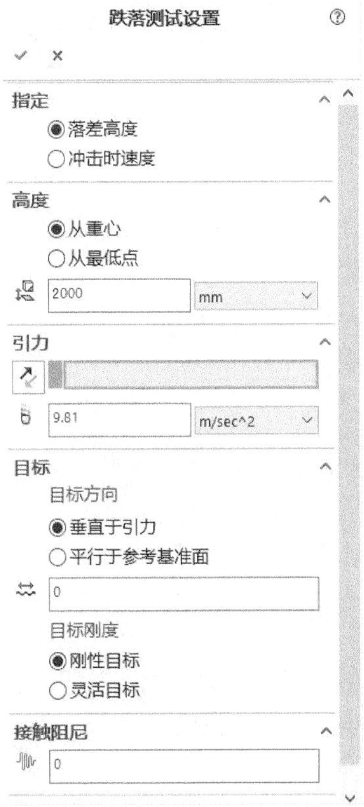

跌落测试设置
指定
落差高度
冲击时速度
高度
从重心
从最低点
2000　mm
引力
9.81　m/sec^2
目标
目标方向
垂直于引力
平行于参考基准面
0
目标刚度
刚性目标
灵活目标
接触阻尼
0

图 12-2　定义跌落高度

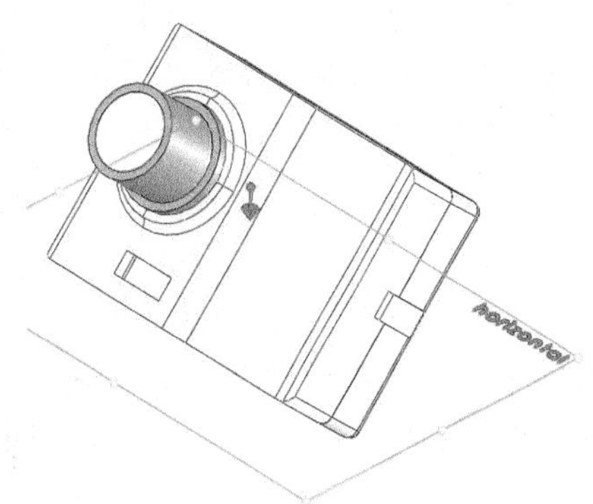

图 12-3　定义引力

保持【摩擦系数】为 0。在【目标刚度】中选择【刚性目标】。

单击【确定】✓。跌落测试算例的设置全部完成。

提示　碰撞平面垂直于引力方向，也就是水平方向。在完成这个算例后，也可以尝试采用其他的地板位置。

步骤 8　检查跌落测试设置的细节

为检查跌落测试设置的细节，右键单击【设置】并选择【细节】，查看【设置细节】窗口。

12.4.2 动态分析

跌落测试的能量损失一般是由阻尼、摩擦或塑性变形(在使用弹塑性材料时可能发生,我们将在本章后面的部分讲解情况)引起的。

但是在跌落测试分析中，SOLIDWORKS Simulation Professional 并不支持阻尼，Simulation Premium 才有此功能。本算例不定义摩擦，而且使用线性材料。因此，碰撞不会产生能量损失，模型将在不确定的周期时间内弹离碰撞平面。

跌落测试需要动态分析解算器。SOLIDWORKS Simulation 将以一种显式时间积分的方法来精确求解该分析。在动态分析的求解中，这是非常耗费计算时间的，但会使数值更稳定。

前面提到，阻尼会带来额外的能量损失。典型的阻尼能量损失是由某些模态阻尼系数（和线性动力分析一样）或瑞利阻尼系数（和非线性动力分析一样）来确定的。这些阻尼值和结构相关，而且考虑到了更贴近现实的结构动力特性。在跌落测试分析中，我们可以指定【接触阻尼】。由于求解过程的不稳定性，可能发生能量不守恒并导致求解无法收敛。在这些情况下，用户可以输入一定的接触阻尼，尽可能地考虑到能量守恒，从而增强求解的稳定性。这类阻尼相关的能量损失只通过接触面发生。当能量不守恒时，才建议使用该选项，因为该选项只能增强数值稳定性，而不是“真正”的阻尼。

步骤 9　定义传感器

当设定【结果选项】时，需要记录分析中模型上特定点的数据。

在 SOLIDWORKS FeatureManager 设计树中，右键单击“Sensors”并选择【添加传感器】。在【传感器类型】中选择【simulation 数据】。在【数据量】中选择【工作流程灵敏】。然后选择 4 个顶点，如图 12-4 所示。模拟数据将记录这些位置的结果。

单击【确定】✓。

提示　之所以选择这些位置，是因为以前的经验表明产品的裂纹大多出现在镜头的根部。

分割线用来定义 4 个顶点的位置，可以得到这些位置的时间历史曲线图(应力、位移、速度、加速度等)。

步骤 10　设置冲击后的求解时间

右键单击【结果选项】并选择【定义/编辑】。设置【冲击后的求解时间】为 50μs。

在【保存结果】中输入“0”。SOLIDWORKS Simulation 会在碰撞发生后立即开始保存结果。

在【图解数】中输入“25”。求解时间会被分割成 25 个时间间隔，只有在这些时间间隔中才会保存图解结果。

在【传感器清单】中选择前面定义好的“工作流程灵敏 1”。这将作为时间历史曲线图的参考点。

在【每个图解的图表步骤数】中输入“20”。每条曲线数据点的总数等于图解数乘以每个图解中的曲线步数。

如图 12-5 所示，单击【确定】✓。

提示　所有的结果会以云图的方式保存为 25 个图解，每两个图解之间的时间间隔是 50μs（这一项在【冲击后求解时间】里已经作了设置）。

当然对于 4 个顶点的时间历史结果曲线图，如果要显示其他数据点，可以在【每个图解的图表步骤数】中设置所需要的那些结果。

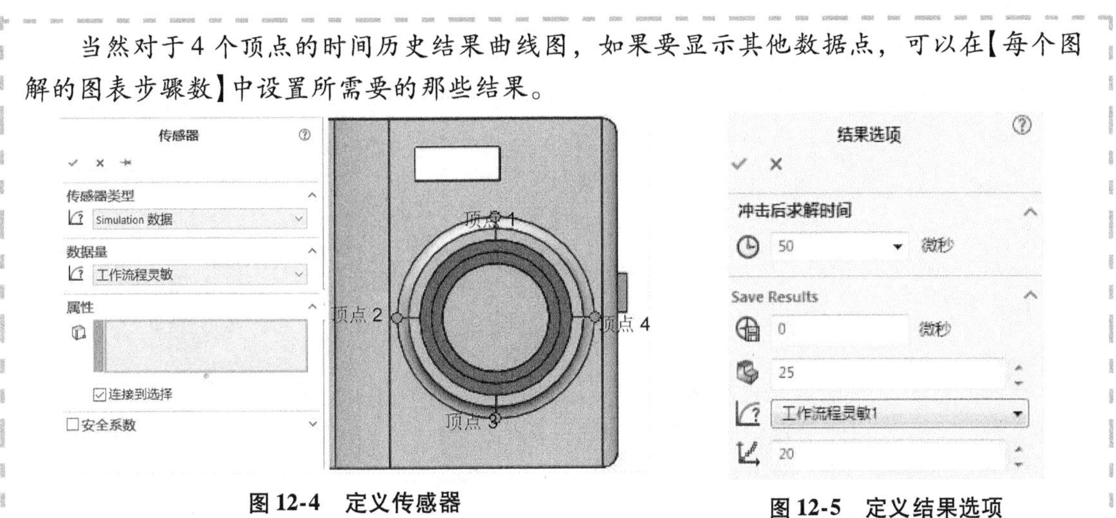

图 12-4　定义传感器　　　　图 12-5　定义结果选项

12.4.3　设置冲击后的求解时间

【冲击后的求解时间】是指第一次碰撞发生后，程序计算碰撞后的响应的一段真实时间。如果指定了跌落高度，则求解时间不包括物体自由下落的时间。

基于模型的几何形状和默认的镁质材料属性，程序可以估计出求解的时间。

$$v_{\text{ELASTIC WAVE}} = \sqrt{\frac{E}{\rho}} \tag{12-1}$$

式中　E——弹性模量；

ρ——材料密度。

确定默认求解时间的依据是碰撞产生的弹性波穿过模型并返回的时间。程序由式（12-1）估计出碰撞发生时弹性波在模型中传递的速度。

假定模型的长度为 L，弹性波以近似 $2L/v$ 的时间到达最远端（在此处反射），并反射回原始区域。在这个时期，重力的反作用力开始作用在模型上。程序默认设置的求解时间为 $3L/v$。

注意　这只是一个估计值，用来参考输入一个合理的时间。

因为碰撞周期非常短，程序以 μs 计时。最大响应可能会发生在碰撞时或碰撞后物体的反弹期间。如果指定足够长的求解时间，本算例能够模拟多次碰撞和反弹。

如果对【冲击后的求解时间】没有限制，则越长的求解时间就需要更多的计算时间来运行分析。

如果求解时间超过 60min，SOLIDWORKS Simulation 会弹出提示：“你愿意改变求解时间来重新运行这个分析吗？”

12.4.4　测试结果

每个图解的图表步数并不等于实际的时间步数。求解器将在内部选择时间步骤，步骤之间的时间间隔可以是变化的，以确保数值求解的稳定性。

图解数与每个图解的时间步数之间的关系如图 12-6 所示。

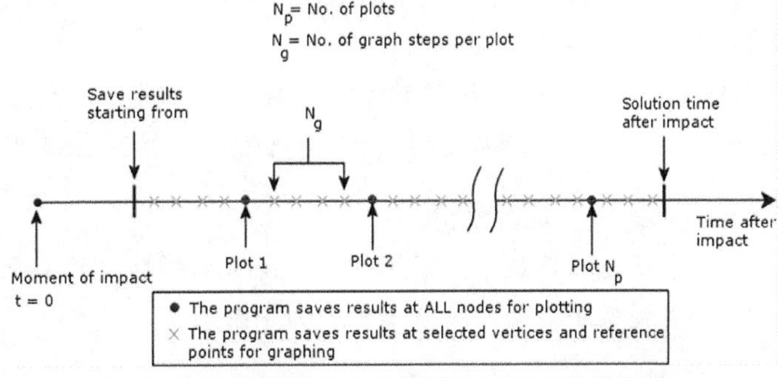

图 12-6　图解数与每个图解的时间步数的关系

步骤 11 应用网格控制

因为本例需要了解前面在【结果选项】中选择的 4 个位置的应力结果，所以必须确保有限元网格能准确地表示这 4 个地方的模型信息。

右键单击【网格】，选择【应用网格控制】，并在装配体组件“TopCover”中选择圆角，如图 12-7 所示。

接受默认的网格控制参数。

步骤 12 划分网格

以高品质单元划分装配体网格。设置【最大单元大小】为 10mm，【最小单元大小】为 2mm，【圆中最小单元数】为 8，【单元大小增长比率】为 1.6。使用【基于曲率的网格】。

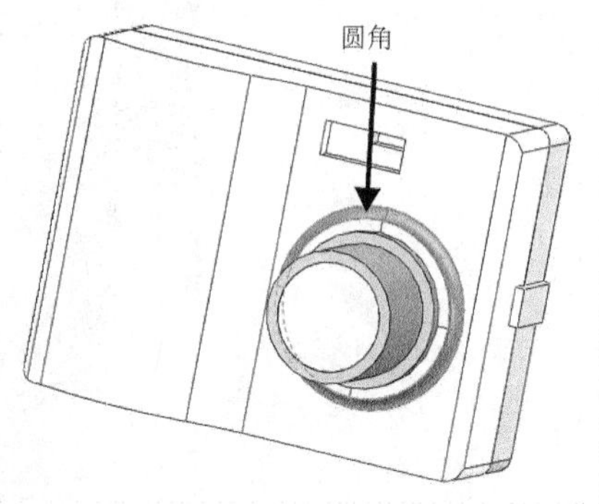

图 12-7 在圆角上应用网格控制

技巧

为复杂的跌落测试算例创建一套网格可能比较麻烦。为了保证能够生成合适的网格，建议按照以下步骤：

1）标识出跌落测试分析中首先触壁的曲面。

2）创建一个静应力分析。

3）加载几个 g 的载荷(例如 10g)。

4）对步骤 1 中标出的曲面添加固定约束。

5）以最低精度设置运行 *h*- 自适应分析。

6）建立一个跌落测试算例，使用前面静应力分析算例中的网格。

7）运行跌落测试算例。

在低精度设置下运行静态的 *h*- 自适应分析，可以保证冲击区域的网格是合理的。

步骤 13 定义算例属性

右键单击“free fall 01”算例，选择【属性】。确认选择了【大型位移】选项。

12.4.5 线性求解与非线性求解

《SOLIDWORKS® Simulation 基础教程(2020 版)》提到：在一定的载荷和结构的刚度下，模型可能会有大变形。如果发生了大的结构变形，则必须进行非线性求解。

在碰撞分析中，结构的变形一般为非线性，所以 SOLIDWORKS Simulation 将【大型位移】分析设置成默认选项。如果在碰撞中没有发现大的结构变形(这种情况很少)，也可以取消【大型位移】选项，从而使求解变成线性求解。

典型的大变形一般都会导致应力值超过材料的屈服强度。SOLIDWORKS Simulation 跌落测试模块可以采用完全弹塑性材料，使得这种情形下可正确建模。

步骤 14 运行分析

求解过程将显示如下警告信息：探测到巨大的不平衡能量，求解器将自动改变默认的单元类型为复杂的四面体单元，并重新求解。

单击【是】，接受求解器推荐的更合适的单元类型。

步骤 15　图解显示 von Mises 应力

在第一次求解完成之后，检查【结果】文件夹下自动创建的应力图解，如图 12-8 所示。

该结果是第 25 步(指定范围的最后一步)对应的图解，显示了最后一个执行时间步长的 von Mises 应力。

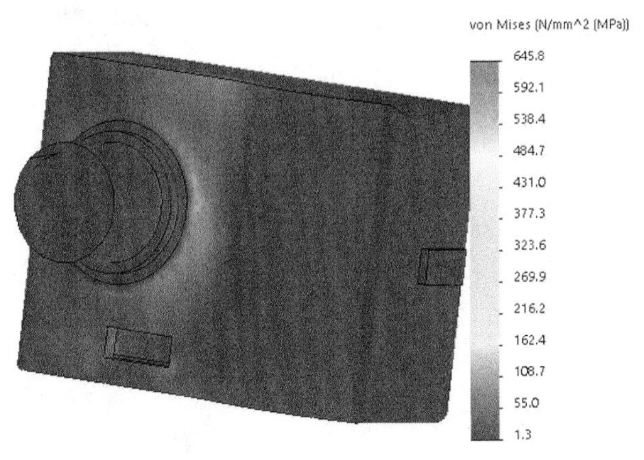

图 12-8　应力结果显示

> 注意　图解显示存在非常高的应力值 645.8MPa，可能会使镁质外壳损坏。

创建并检查其他时间步长对应的图解。

步骤 16　动画显示结果

查看跌落测试结果的最佳方式就是通过动画来显示。使用默认的选项来动画显示该图解。动画显示照相机取景框末端边缘与水平地板发生了碰撞。

不必使用最后一步的图解来观察全过程的动画，使用 25 个图解中的任何一个都可以。

步骤 17　图解显示时间历史响应

为查看时间历史响应，右键单击【结果】文件夹，然后选择【定义时间历史图解】，【时间历史图表】将自动打开。

为选中的 4 个位置创建时间历史图表，首先选择【预定义的位置】，然后选择希望包含到图表中的顶点。在【Y 轴】中选择【VON：von Mises 应力】以在图解中显示，如图 12-9 所示。

单击【确定】✓，如图 12-10 所示。

步骤 18　图解显示 von Mises 应力

如图 12-11 所示，设置【图解步长】为【最大】。单击【穿越所有步长的图解边界】按钮，显示整个事件过程的最大应力图解，如图 12-12 所示。

最大应力上升到了 931.1MPa。对于照相机是否会在冲击中损坏，现在下结论还为时尚早。极高的应力表明损坏的概率非常大，但是典型的冲击仿真模型需要更为复杂的材料模型和对目标更为逼真的描述。

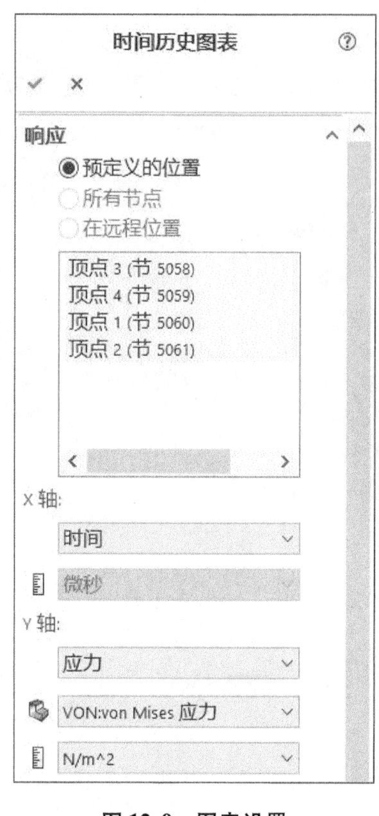

图 12-9　图表设置

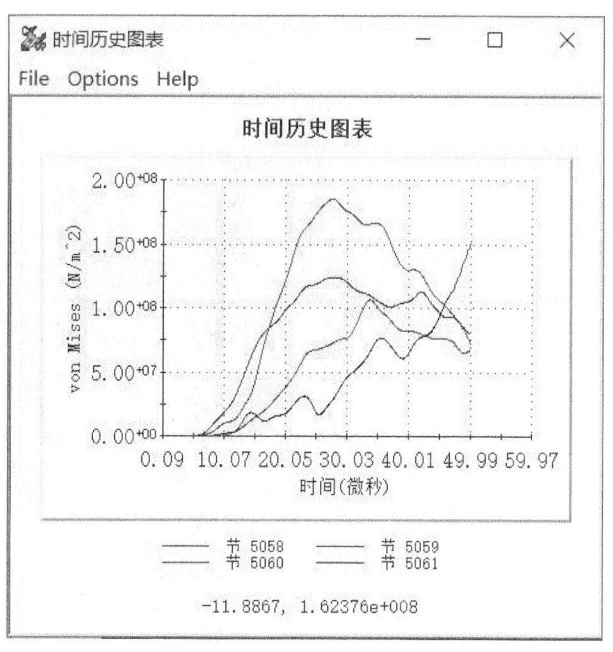

图 12-10　显示时间历史图表

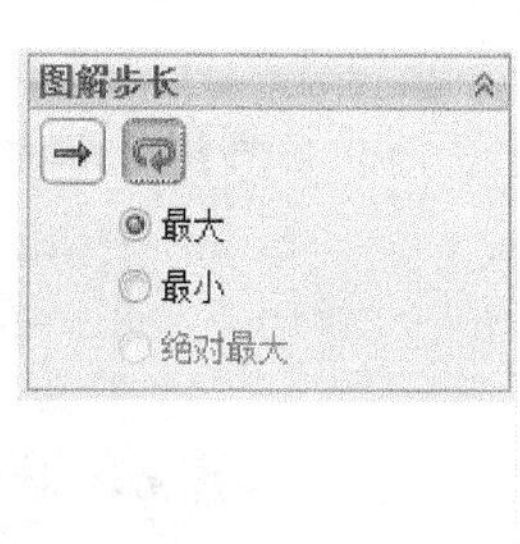

图 12-11　设置图解步长

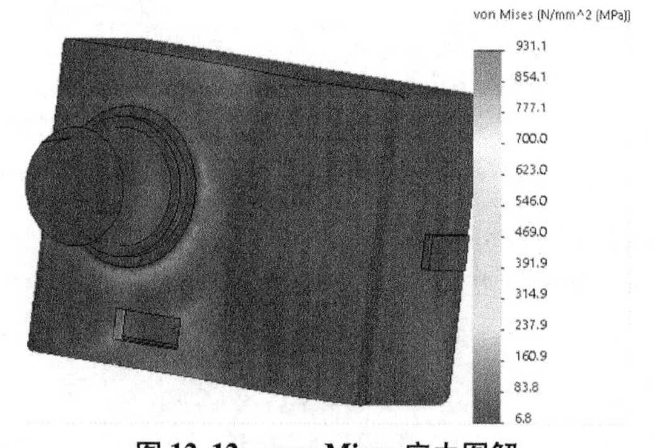

图 12-12　von Mises 应力图解

12.5　弹性地板跌落测试

现在，将照相机跌落时的地面材料改为“尼龙 6/10”，它是厚度为 10.16mm 的一块弹性板。

操作步骤

扫码看视频

步骤 1　创建一个新的算例

复制算例“free fall 01”，命名新算例为“free fall 01 soft”。

步骤 2　编辑跌落测试设置以增加弹性板

右键单击【设置】，选择【定义/编辑】。

在【跌落测试设置】窗口中的【目标刚度】下选中【灵活目标】。

在【刚度和厚度】的【单位】列表中选择【SI】。

设置【法向刚度】为 8.16×10^{11} (N/m)/m^2。

设置【切向刚度】为 3.11×10^{11} (N/m)/m^2。

设置【质量密度】为 1 400.6kg/m^3。

设置【目标厚度】为 10.16mm。

单击【确定】✓。

步骤 3　设置结果选项

右键单击【结果选项】并选择【传感器清单】中的【工作流程灵敏 1】。

步骤 4　设置算例属性

确保已指定了【大型位移】(几何非线性)来求解。

步骤 5　运行分析

步骤 6　图解显示应力结果

如图 12-13 所示，通过比较目标面最后一个图解步骤(第 25 步)的值，发现硬地板算例的最大von Mises 应力已经从931.1MPa减小到柔性算例对应的 306.5MPa。

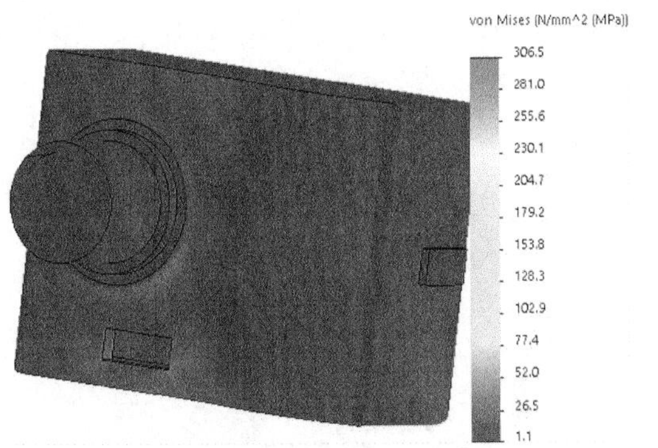

图 12-13　应力结果显示

步骤 7　比较顶点 1 处的结果

为更好地比较照相机与刚性地面和弹性地面碰撞的结果，对两个算例(“free fall 01”和“free fall 01 soft”)分别给出顶点 1 处的移动加速度的时间历史曲线，如图 12-14 所示。

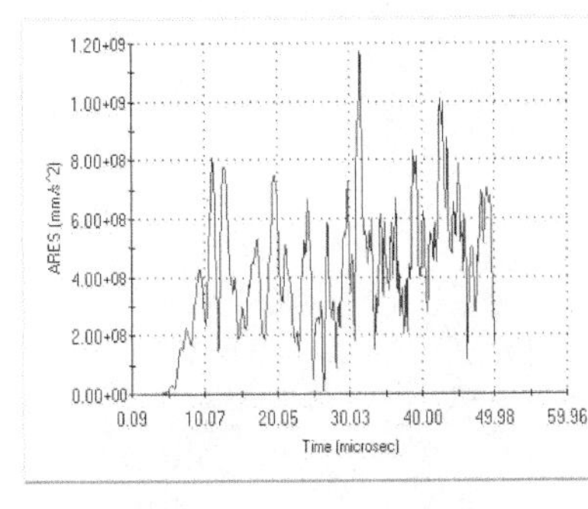

a) 刚性地面

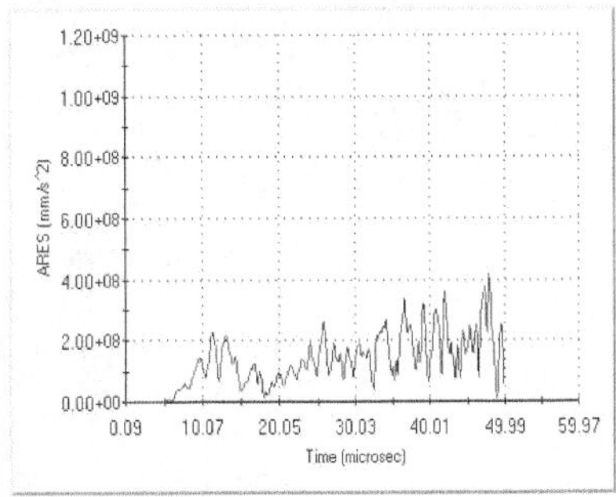

b) 弹性地面

图 12-14　不同地面下的顶点加速度时间历史曲线

对顶点 1 进行最大加速度的测量，发现照相机跌落在硬地板上的值为 10.5×10^4g，而在尼龙板上的最大值为 4.6×10^4。

12.6 弹塑性材料模型

前面提到，跌落测试中的能量损失通常是由于阻尼、摩擦或弹性变形所致。因此有必要采用完全的动力仿真以包含所有这些变量。

在跌落测试分析中可以考虑塑性变形，以使得模型更加合理。前面执行的所有分析使用的是线弹性材料模型，如果没有能量损失的话，照相机会不停地在地面上做弹跳动作。在下面的算例中将使用弹塑性材料模型。

操作步骤

扫码看视频

步骤 1　创建一个新的算例

复制算例“free fall 01”，命名新算例为“free fall elasto-plastic”。

步骤 2　编辑材料属性

右键单击“BottomCover”“TopCover”以及“Zoom”这 3 个零件，选择【应用/编辑材料】。

在【其他合金】下选择“Magnesium Alloy”，然后选择【复制】，将该材料粘贴于【自定义材料】下。

如图 12-15 所示，编辑新建的自定义材料镁合金：

在【模型类型】中选择【塑性-von Mises】。

设置【屈服强度】为 $1.65\times10^{8}\text{N/m}^2$。

设置【相切模量】为 $1.72\times10^{10}\text{N/m}^2$。

单击【应用】。

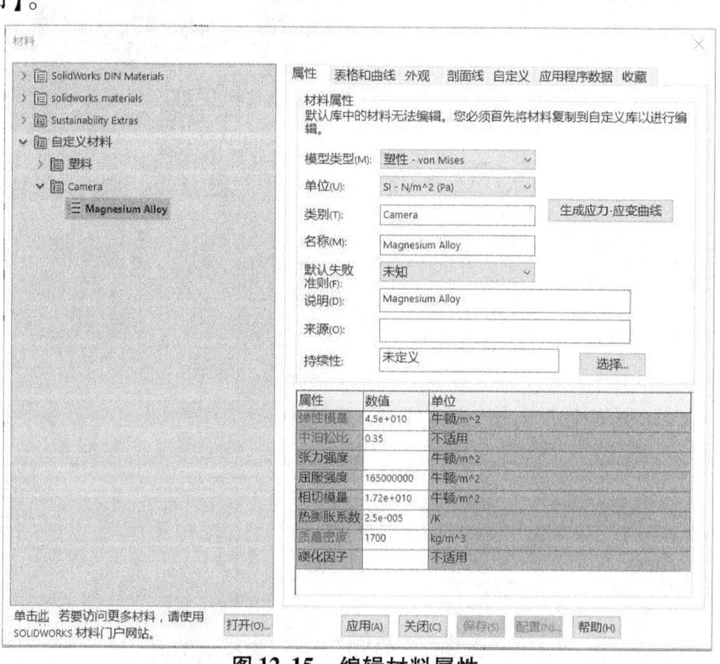

图 12-15　编辑材料属性

12.6.1 弹塑性材料模型参数

弹塑性材料模型的另外两个必要参数是屈服应力和切向模量。在本例中，这两个参数都不在 SOLIDWORKS 材料库中，因此它们必须通过外界途径获得。屈服应力通常比较容易获得，但切向模量却很难找到。如果相切模量未知，可以采用 E/5 到 E/10 之间的近似数值来替代。

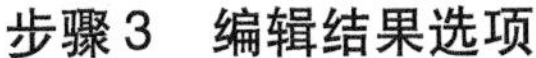

步骤 3　编辑结果选项

确保选择了【工作流程灵敏 1】选项。

步骤 4　运行分析

步骤 5　图解显示应力结果（见图 12-16）

可以看到最大 von Mises 应力已经由 931.1MPa 降到 375MPa。

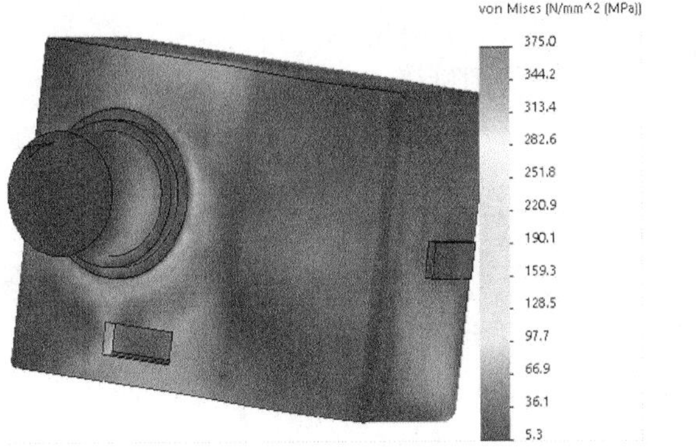

图 12-16　显示应力结果

12.6.2　弹塑性材料模型对比结果

从图 12-16 可以看到应力下降得非常显著，下面基于设计标准来判断是否还能接受冲击位置的伸缩量。

步骤 6　对比结果

图解显示算例"free fall elasto plastic"的时间历史图表，并与算例"free fall 01"的结果进行对比。可以看到弹性模型的应力持续升高，而弹塑性模型应力明显上升得缓慢得多，如图 12-17 所示。

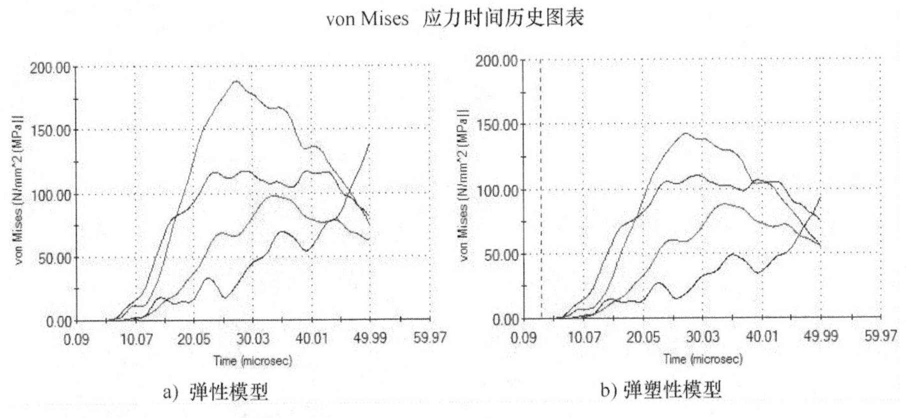

图 12-17　不同材料模型的结果对比

此外，可以看到 4 个传感器位置的最大应力（约为 142MPa）现在低于材料的屈服极限 165MPa。

12.6.3　讨论

模型会被破坏吗？

这个算例表明，在冲击的短暂时间内，发生碰撞的位置并未发生局部屈服。然而，这可能导致外壳一定程度的永久损坏，但这并不意味着照相机会立即报废。如果其光学、电子和其他机械零件仍可运转，则还是可以继续使用照相机的。

该算例还表明，当碰撞的位置发生局部屈服时，镁质外壳在镜头附近的应力低于屈服极限。

通常，最大加速度也被作为评估跌落测试中模型是否失效的参数，因此这些结果对这类例子的评估而言也是非常有用的。

建议读者使用更长的求解时间来重复这两个算例，如使用500ms。如果使用足够长的求解时间，将会发现照相机会弹离地面，并在不同的位置重新撞击地面。

12.7 接触条件下的跌落测试(选做)

如果时间允许，读者可以指定装配体各零件之间的接触条件。使用全局的、零部件的和局部接触设置来模拟所要求的接触条件。

操作步骤

扫码看视频

步骤 1　创建一个新的算例

复制算例“free fall 01”(硬地板的例子)，命名新算例为“free fall with contact ”。

步骤 2　设置接触条件

编辑照相机模型，在零件“TopCover”和“BottomCover”之间添加【无穿透】的接触条件。这种方式表明照相机只通过两个固定片组合在一起，如图 12-18 所示。

步骤 3　应用网格控制

右键单击【网格】，选择【网格控制】，选择在接触条件中使用的“TopCover”和“BottomCover”两组件的表面。采用默认的网格控制参数。

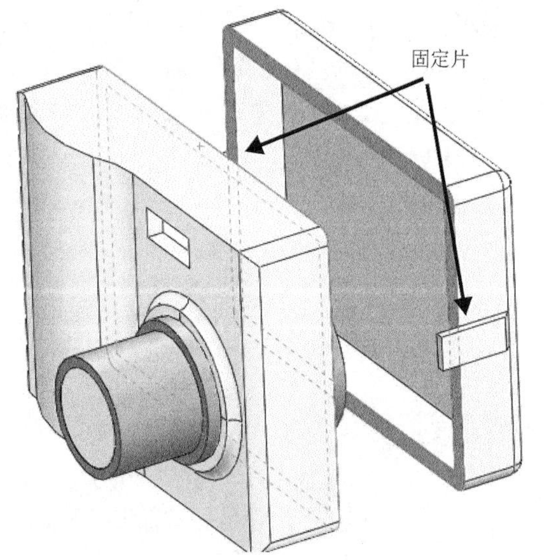

图 12-18　设置接触条件

步骤 4　划分网格

使用【基于曲率的网格】，采用默认的网格参数划分该装配体的网格。

步骤 5　设置算例属性

确保已设置【大型位移】(几何非线性)来求解。

步骤 6　运行分析

求解过程将显示如下警告信息：探测到巨大的不平衡能量，求解器将自动改变默认的单元类型为复杂的四面体单元，并重新求解。

单击【是】，接受求解器推荐的更合适的单元类型。

步骤 7　图解显示 von Mises 应力

如图 12-19 所示，从该图解中可以看到，接触条件不再结合在一起。在连接片的边缘出现了危险的应力(900MPa)。为了更好地理解这些区域的应力，可能需要用到更加逼真的几何造型和弹塑性材料的模型。

步骤 8　动画显示位移图解

查看动画演示，注意观察照相机顶盖和底盖如何相对移动。

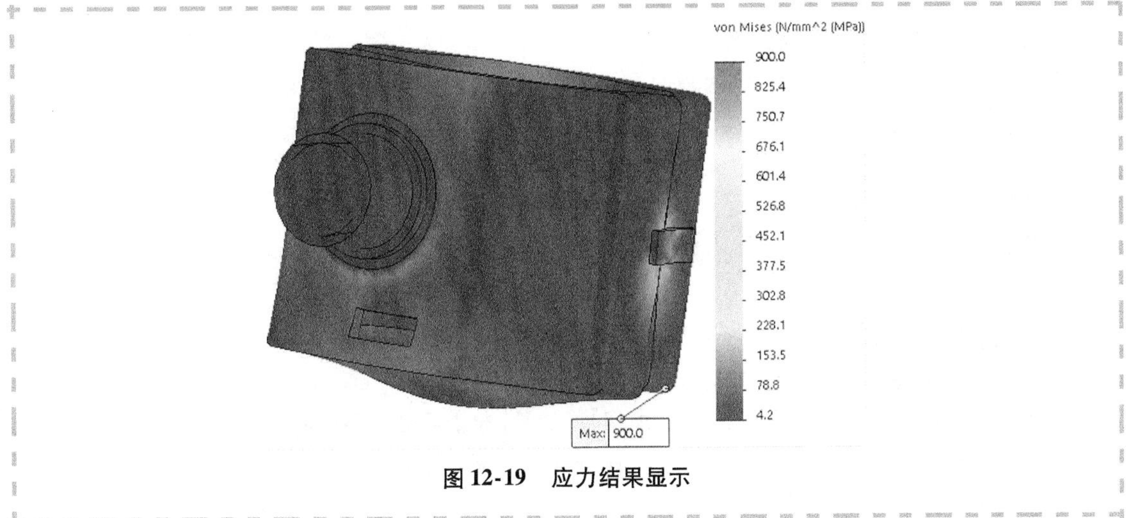

图 12-19　应力结果显示

12.8　总结

跌落测试分析是一个动态分析，它是为了模拟在非常短暂的时间内产生的动态撞击力。其只考虑惯性的作用，而不考虑阻尼的影响。当模型指定为弹塑性材料时，能量损失的唯一原因是材料的屈服。

跌落测试分析需要大量的求解时间，但是它采用的是稳定的显式时间积分法。它的分析时间一般是限制在发生碰撞后很短的一段时间内，这也是模型最容易发生损坏的时间段。

跌落测试分析可以得到很多的结果，但需要大量的求解时间和存储空间。因此，事先应指定需要的结果。

跌落测试分析不能直接得出“通过/失败”的结果，因此，最好用来比较不同跌落情形下，撞击产生的损坏程度结果。

在照相机跌落测试这个练习中，可以发现所有跌落测试算例得到最可能的结果是照相机的机身发生永久性的破坏。

练习　夹子的跌落测试

本练习将对一个夹子进行跌落测试分析。

本练习将应用以下技术：

- 硬地板跌落测试。
- 跌落测试参数。

Arm<1>　Arm<2>

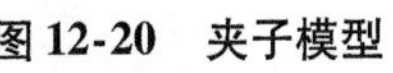
图 12-20　夹子模型

项目描述：

图 12-20 所示的塑料夹子从 2m 的高度掉到硬地板上，计算夹子的应力及位移。

提示　在两个 Arm 零件之间有一个间隙，对此将使用无穿透的接触。

操作步骤

步骤 1　打开装配体模型

打开名为“clip”的装配体模型。这个模型是特意准备的，它可以很清楚地说明在跌落测试分析中，是如何处理组件间的接触与滑动的。

扫码看视频

步骤 2　创建跌落测试算例

创建一个名为“drop test”的跌落测试算例，在【类型】中选择【跌落测试】。

步骤 3　查看材料属性

材料“尼龙 6/10”已经在 SOLIDWORKS 中被事先指定了。

步骤 4　定义落差高度

在【高度】中选择【从重心】，并设置为 2m。引力的方向垂直于 Top Plane，【引力】加速度的大小为 9.81m/s^2。

指定【刚性目标】方向，选择【垂直于引力】。单击【确定】✓，如图 12-21 所示。

步骤 5　设定冲击后的求解时间

右键单击【结果选项】并选择【定义/编辑】。设置【冲击后的求解时间】为 350μs。

在【图解数】中输入“25”，设置【从此开始保存结果】为 0μs。

步骤 6　定义接触条件

在“Arm <1>”和“Arm <2>”之间定义一个【无穿透】的接触条件。

保持【全局】的接触条件为【接合】。这能保证装配体组件的一端是牢固地连接在一起的，如图 12-22 所示。

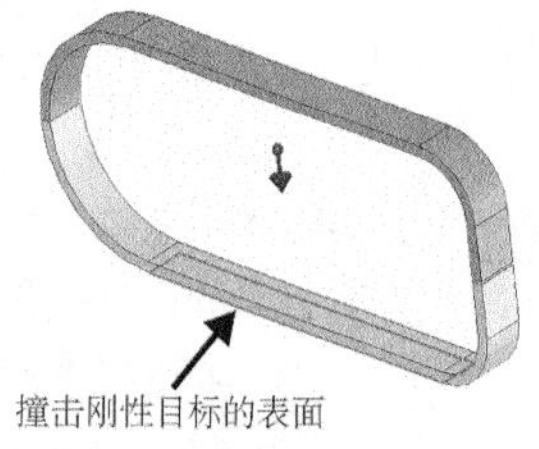

图 12-21　定义跌落参数

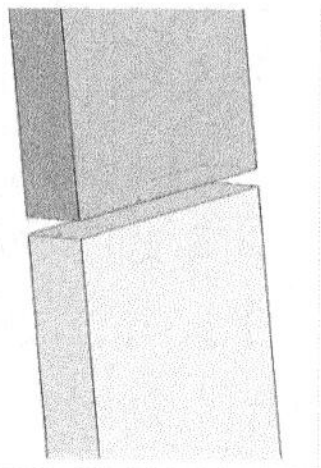

图 12-22　定义接触条件

步骤 7　对模型划分网格

使用【基于曲率的网格】，使用默认的单元尺寸对装配体划分高品质的网格。

步骤 8　运行分析

步骤 9　图解显示合位移结果(见图 12-23)

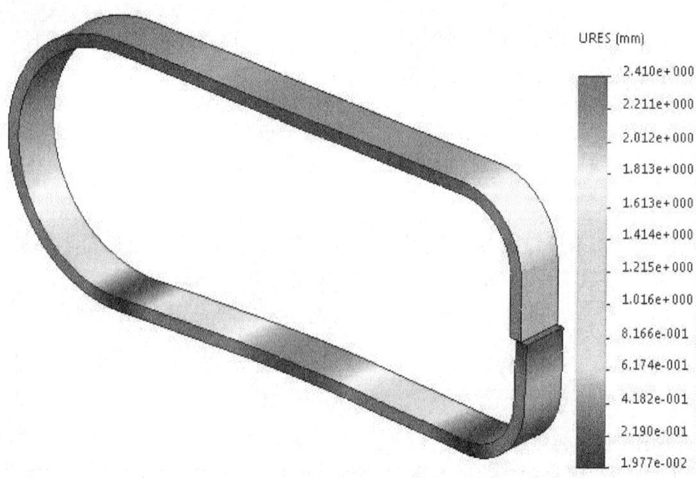

图 12-23　合位移结果显示

步骤 10　动画显示结果（见图 12-24）

动画显示合位移图解，以便观察在撞击过程中，两个面是如何碰撞以及在碰撞结束后又是如何滑动的。

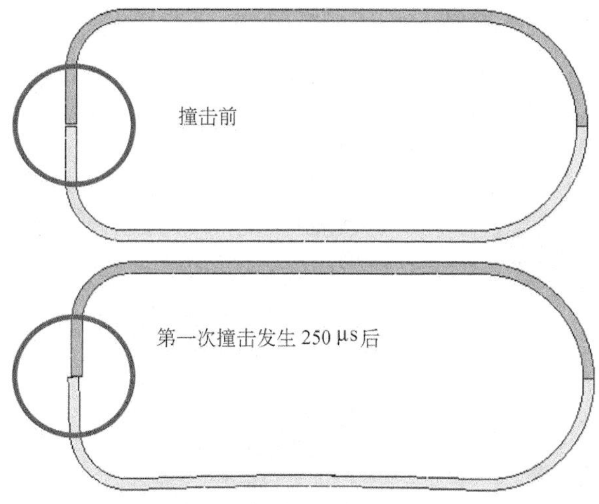

图 12-24　动画显示结果

第13章　优化分析

学习目标

- 进行基于静应力分析和频率分析的优化分析
- 正确进行后处理来优化结果

13.1　优化分析的概念

设计优化主要是寻求所选物体允许设计变量的最优组合。设计优化必须满足约束，如果再采用新的目标和新的约束，优化的设计还可以被进一步优化。

模型的几何体会更新为优化的配置。对于优化模型而言，必须事先运行几个算例(本例中必须先运行静应力分析和频率分析)，然后优化要用到它们的结果。

13.2　实例分析：压榨机壳体

本算例将对一个压榨机壳体运行优化分析，并将学习在定义优化算例时用到的不同选项。之后将对优化结果进行处理，以判断设计提高的程度。

项目描述：

如图13-1所示，压榨机壳体包含一个顶板(top plate)，该顶板承受向上的22 250N的力。两个带支脚的侧板(side plate)在底面起支撑作用，它们通过背板(back plate)连接到一起。

本例的目的是通过修改框架几何结构减轻装配体的质量。考虑以下各项的修改，以达到减少质量的目标：

1）侧板(支撑顶板处)的高度，可以从当前的100mm向最小50mm的范围内缩减。

2）形成侧板支脚的切除长度，可以从当前的100mm向最大250mm的范围内增加。

3）背板的长度，可以从当前的375mm向最小150mm的范围内缩减。

在修改时，必须遵守以下设计要求：

1）von Mises应力的大小不能超过100MPa。

2）最大挠度不能超过1mm。

3）第1阶固有(共振)频率不能低于80Hz。

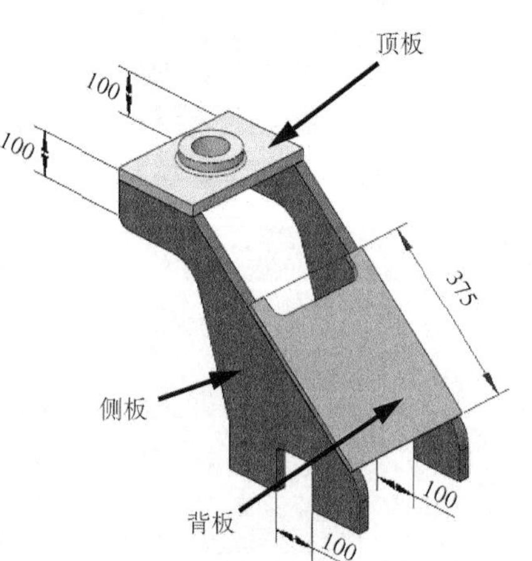

图13-1　压榨机模型

13.3 关键步骤

1）运行静应力分析算例。静应力分析算例的结果将被优化分析采用。

2）运行频率分析算例。频率分析算例的结果将被优化分析采用。

3）创建优化算例并定义参数。定义需要被优化的目标及变量参数边界，并执行优化。

4）后处理结果。判断设计变更是否满足了设计要求。

13.4 静应力分析和频率分析

在优化分析开始之前，必须保证原有设计不能违背任何一条设计要求。因此，在优化分析之前，必须对装配体的初始结构做静应力分析和频率分析。

操作步骤

扫码看视频

步骤1 打开装配体

从 Lesson13 \ Case Studies 文件夹中打开名为“press”的装配体文件。

步骤2 创建静应力分析算例

创建一个名为“press static”的静应力分析算例。

步骤3 查看材料属性

每个零件的材料均为普通碳素钢(Plain Carbon Steel)，并自动转换到 SOLIDWORKS Simulation 中。

步骤4 施加载荷和约束

对顶板施加 22 250N 的垂直向上的力，在底面 4 个支脚上添加【固定几何体】的约束，如图 13-2 所示。

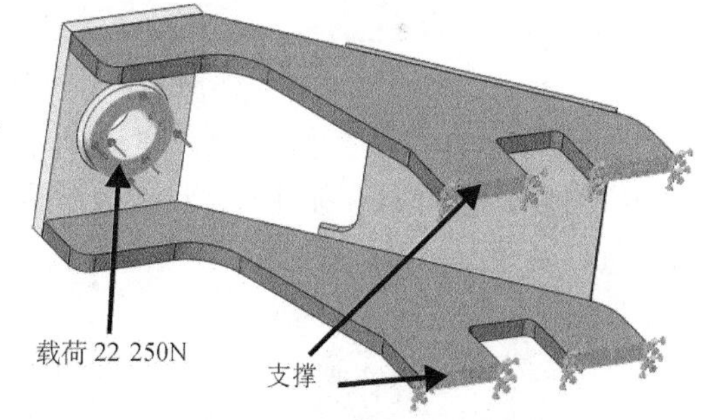

图 13-2 施加载荷和约束

步骤5 划分网格

使用【基于曲率的网格】，使用高品质单元及默认的【最大单元大小】划分网格。

步骤6 运行分析

步骤7 创建频率分析算例

创建名为“press frequency”的算例。

步骤8 定义算例参数

复制静应力分析中的约束、网格和载荷到该算例中。

步骤9 设置算例属性

要求只计算第 1 阶模式，并指定【Direct sparse 解算器】。这里必须采用 Direct sparse 解算器，因为本例希望频率分析中包含载荷效应。

步骤10 运行分析

步骤11 图解显示位移、应力及频率结果

在优化分析之前，位移和 von Mises 应力的结果图解如图 13-3 所示。最大位移为 0.33mm，最大 von Mises 应力为 63.3MPa。

第 1 阶固有频率为 129.03Hz，如图 13-4 所示。

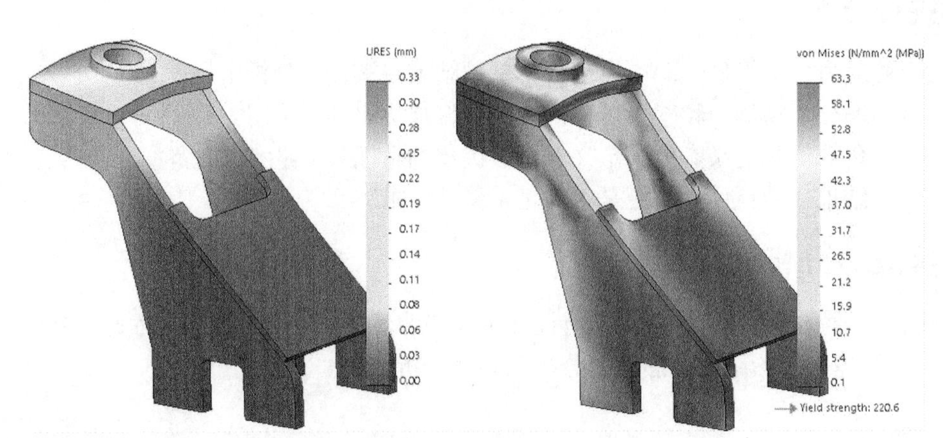

图 13-3　静应力分析结果显示

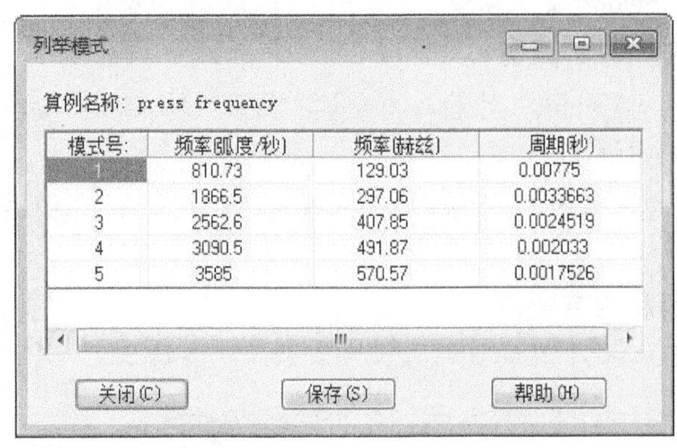
列举模式

算例名称：press frequency

模式号	频率(弧度/秒)	频率(赫兹)	周期(秒)
1	810.73	129.03	0.00775
2	1866.5	297.06	0.0033663
3	2562.6	407.85	0.0024519
4	3090.5	491.87	0.002033
5	3585	570.57	0.0017526

关闭(C)　保存(S)　帮助(H)

图 13-4　频率分析结果显示

在初始的设计结构中，所有的设计约束都满足了。现在将在保证设计约束的条件下，减少装配体的质量。

13.5　设计算例

优化分析由设计算例的 3 个参数组成：变量、约束和目标，如图 13-5 所示。优化算例使用之前已定义算例的已有载荷和约束信息。

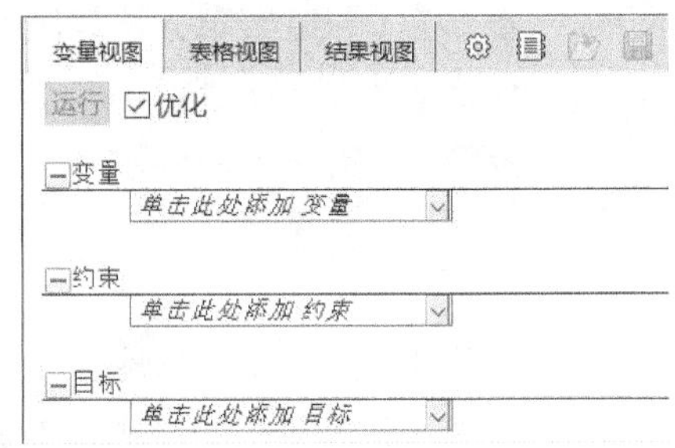

图 13-5　优化分析

在运行分析前，先来了解一下优化分析中使用的一些术语。

1. 目标　本优化课程的设定目标，也称为优化准则或优化目标。在一个优化算例中只能设定一个目标。

在优化算例中，可以使用最小质量、最小体积或最小频率作为优化目标，也可以使用最大频率或最大扭曲安全系数作为优化目标。

2. 变量　定义模型中可以改变的尺寸，如壁厚、孔的直径、圆角半径等。设计变量为 SOLIDWORKS 模型中选定的参数。在优化算例中最多可以选择 25 个设计变量。这些可变尺寸在优化算例中就是设计变量。

3. 约束 定义应力、挠度、频率等的合理变化范围，并指定变化范围的最小值和最大值。约束限制了优化的空间。注意，在一个优化算例中可能会出现两种可能的结果。

第一种可能是达到了设计变量的上限，那么在设计变量达到允许的变化范围极限后，优化设计就取决于该设计变量的边界。

第二种可能是满足了约束的条件，那么优化设计就取决于临界约束边界。临界约束就是指约束条件起作用了，例如，应力达到了设定的极限。最多可以定义 60 个约束。约束的类型有应力、应变、位移、扭曲安全系数、频率、温度、温度梯度、热流密度等。

步骤 12 创建优化算例

创建名为“press optimization”的算例，选择【优化】作为【分析类型】。

步骤 13 定义目标

单击【目标】下拉菜单，选择【添加传感器】，【传感器】窗口自动打开。

这里要取得的目标是：使压榨机装配体的质量最小化。

在【传感器类型】中选择【质量属性】，在【属性】中选择【质量】，同时确认装配体“Press”已经选中。

单击【确定】✓，如图 13-6 所示。

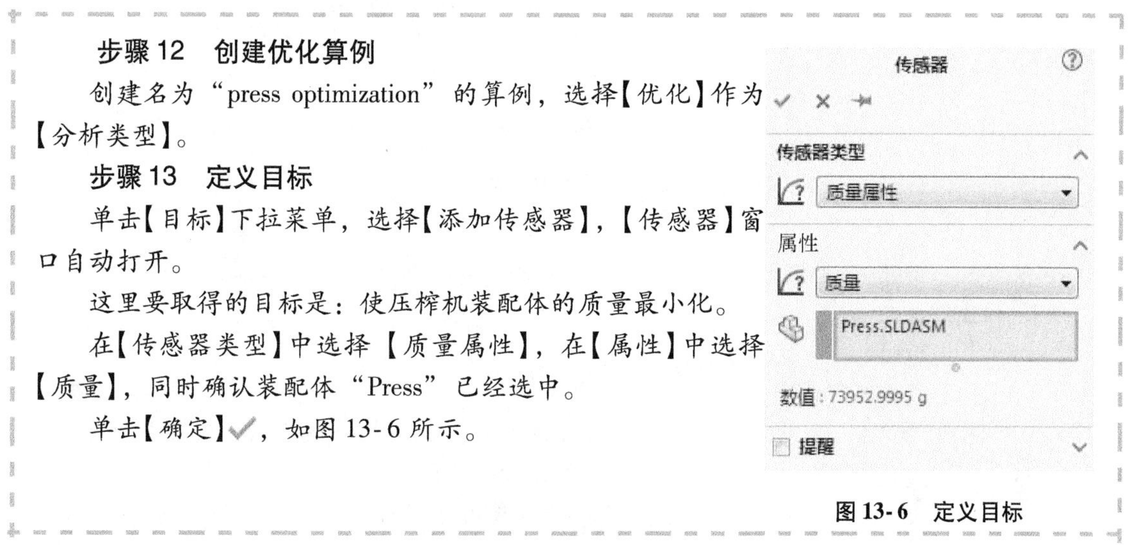

图 13-6 定义目标

13.5.1 优化目标

前面已经完成了“press static”和“press frequency”两个算例的分析。要达到质量最小化的目标，就要在这两个可用的算例基础上进行。

每个算例（或两个算例）都能用于优化，选择哪个算例取决于如何建立约束。例如，在“press static”算例中可以得到挠度和应力结果，如果约束类型只包含这两个因素，则优化算例就以“press static”算例为基础进行。在本例中，由于约束类型的需要，优化算例将同时基于“press static”和“press frequency”两个算例。

一般来说，优化分析中需要的预备算例不但取决于约束类型，同时还取决于目标。例如，可以用应力来定义约束，而用频率来定义目标。在本例中，两个预备算例（静应力分析和频率分析算例）都需要。

步骤 14 定义第一个设计变量

在【变量】下拉菜单中选择【添加参数】，将弹出【参数】对话框，如图 13-7 所示。

输入“back height”作为参数【名称】。在【类别】栏中确认选定的是【模型尺寸】。

选择【数值】栏，在模型视图窗口中选择背板高度的尺寸 100mm，则【数值】栏中会自动加入这一尺寸值。新参数中将赋予尺寸数值“D2@ Sketch1@ press side plate”。

单击【确定】。现在，这个参数就已经添加到设计算例的【变量】列表中去了。

在【变量】列表中紧靠第一个参数的位置，从下拉菜单中选择【范围】。

在【最大】中输入 100mm，在【最小】中输入 50mm。

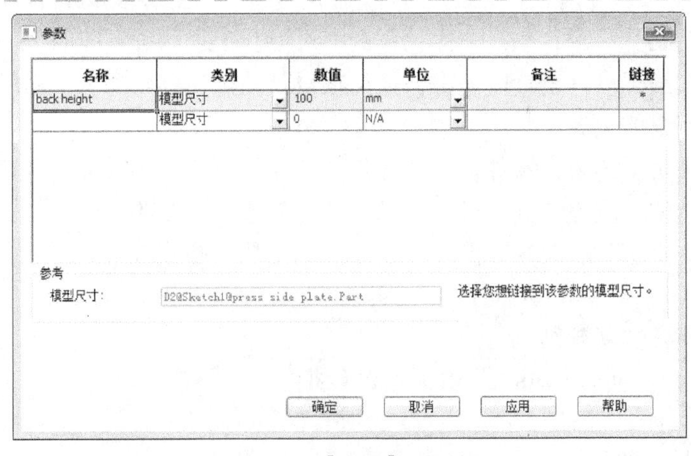

图 13-7　【参数】对话框

技巧

考虑到初始值为 100mm，加大该尺寸会使质量增加，所以允许该尺寸最低降到 50mm。

提示

优化分析需要 SOLIDWORKS 中的参数形式。为了能用作设计变量，这些尺寸必须在 SOLIDWORKS 中有明确的定义。如果一个模型只含有输入特征，则不可能对其进行优化。

大多数情况下，设计算例计算得到的规格可能不符合用户的设计。在这种情况下可以选择【带步长范围】，这样可以保证变量按照指定的步长增加数值。

步骤 15　定义第二个设计变量

在【参数】对话框中添加另外一个参数。将参数命名为“feet width”。

在模型视图窗口中选择尺寸 100mm（支撑位置）作为【数值】，如图 13-8 所示。单击【确定】。

从下拉菜单中选择【范围】，在【最小】中输入 100mm，在【最大】中输入 250mm。

步骤 16　定义最后一个设计变量

对背板“back plate”的长度尺寸 375mm（图 13-9）重复上述操作。将这个参数命名为“plate length”。从下拉菜单中选择【范围】，在【最小】中输入 150mm，在【最大】中输入 375mm。

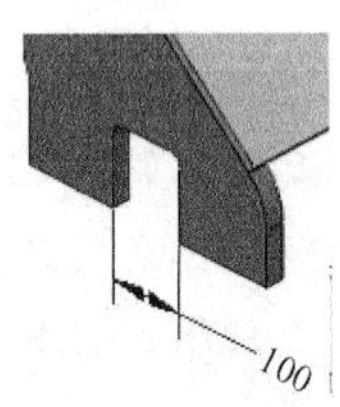

图 13-8　选择尺寸 100mm

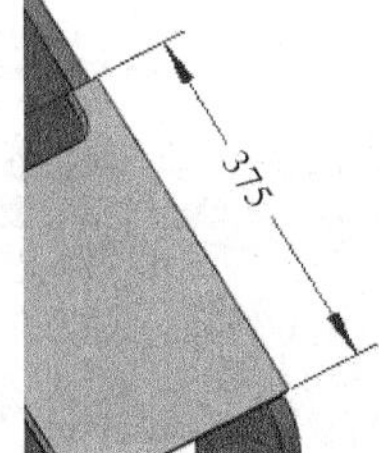

图 13-9　选择尺寸 375mm

13.5.2　设计变量

本算例中，3 个设计变量的定义到此结束。在 SOLIDWORKS Simulation 的窗口中，【设计变量】文件夹现在含有3个设计变量。

13.5.3 定义约束

优化算例设置的最后一步是定义约束。

步骤17 定义全局应力约束

单击【约束】的下拉菜单，选择【添加传感器】。将自动切换到【传感器】的PropertyManager界面。在【传感器类型】中选择【Simulation 数据】。在【数据量】中选择【应力】及【VON：von Mises 应力】。

在【属性】中选择【N/mm^2】(MPa)作为【单位】，【准则】设置为【模型最大值】，【步长准则】设置为【通过所有步长】，如图13-10所示。单击【确定】✓。

在下拉菜单中选择【小于】，然后输入100N/mm^2(MPa)作为【最大】限制。

这个约束将保证模型任何地方的von Mises应力不会超过100MPa。

提示 静应力分析类型的响应只基于算例"press static"。

步骤18 定义全局位移约束

单击【约束】的下拉菜单，选择【添加传感器】，将自动切换到【传感器】的PropertyManager界面，如图13-11所示。

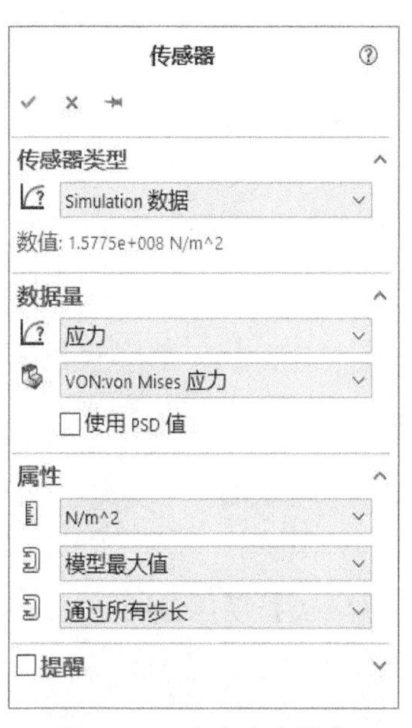

图13-10 定义应力约束

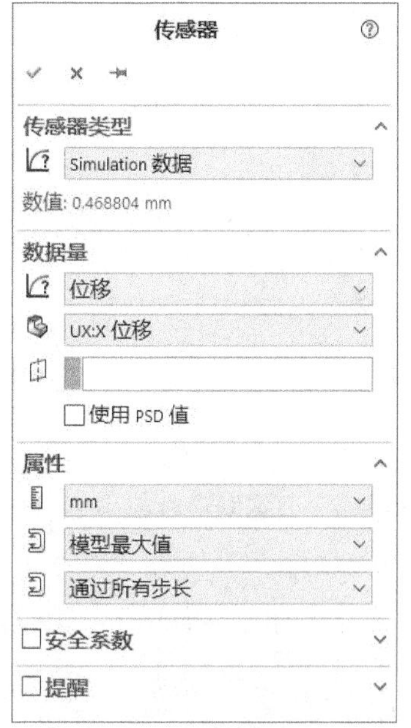

图13-11 定义位移约束

在【传感器类型】中选择【Simulation 数据】。在【数据量】中选择【位移】及【UX：X 位移】。

在【属性】中选择【mm】作为【单位】，【准则】设置为【模型最大值】，【步长准则】设置为【通过所有步长】。单击【确定】✓。

在下拉菜单中选择【小于】，然后输入1mm作为【最大】限制。

步骤19 定义频率约束

重复相同步骤，定义另一个约束传感器。在【传感器类型】中选择【Simulation 数据】。

在【数据量】中选择【频率】。在【属性】中选择【Hz】作为【单位】，【准则】设置为【模型最大值】，【步长准则】设置为【在特定模式形状】，并输入“1”，如图 13-12 所示。单击【确定】✓。

在下拉菜单中选择【介于】，然后输入 80Hz 作为【最小】限制，150Hz 作为【最大】限制。

步骤 20　定义局部位移约束

单击【约束】的下拉菜单，选择【添加传感器】，将自动切换到【传感器】的 PropertyManager 界面。

在【传感器类型】中选择【Simulation 数据】。在【数据量】中选择【位移】及【URES：合位移】。

在【属性】中选择【mm】作为【单位】。【准则】设置为【最大过选实体】。清除选择框中的内容，选择黄色平板的边线，如图13-13所示。

图 13-12　定义频率约束

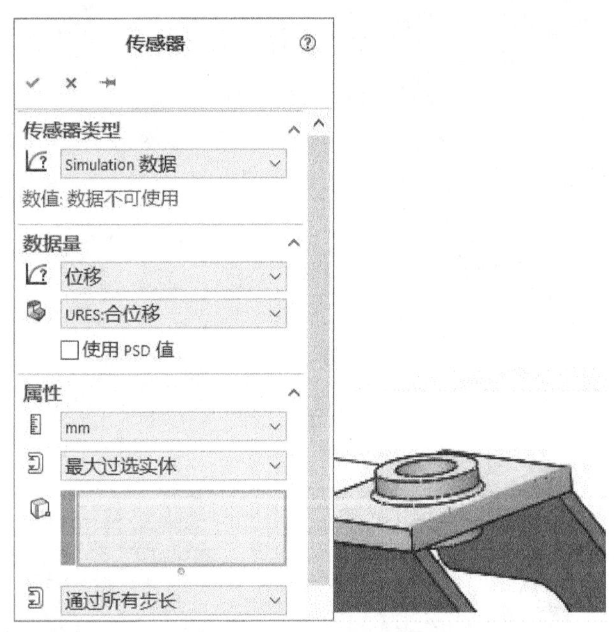

图 13-13　定义局部位移约束

单击【确定】✓。

在下拉菜单中选择【小于】，然后输入 0.5mm 作为【最大】限制。

提示　传感器可以定义在任何地方，用户可以监测这些特定地方的任意数值，并确保用户的设计能够满足该区域的特定准则。

13.5.4　约束的公差

在约束定义中，公差与允许的变化范围相关。本算例允许频率的变化范围为 80 ~ 150Hz。

13.5.5　约束定义的过程

约束定义的过程如下：

1）定义传感器类型。

2）定义响应度量(应力、位移、频率等)。

3）定义响应参量的特定度量方式（von Mises 应力、合位移、第 1 阶振动模式等）。

4）定义变化的允许范围。

步骤21 设置优化属性

在运行优化分析之前，设置优化属性，如图 13-14 所示。

在【设计算例质量】栏中，选择【快速结果】选项。单击【确定】。

变量视图 | 表格视图 | 结果视图

运行 ☑优化

⊟ 变量

back height	范围	最小:	50mm	最大:	100mm
feet width	范围	最小:	100mm	最大:	250mm
plate length	范围	最小:	150mm	最大:	375mm
单击此处添加 变量					

⊟ 约束

应力1	小于	最大:	100 牛顿/mm^2	press static		
位移1	小于	最大:	1mm	press static		
频率1	介于	最小:	80 Hz	最大:	150 Hz	press frequency
位移2	小于	最大:	0.5mm	press static		
单击此处添加 约束						

⊟ 目标

质量1	最小化
单击此处添加 目标	

图 13-14 设置优化属性

步骤22 运行优化分析

从设计算例中单击【运行】。

分析在向设计目标（质量最小化）运行 15 步后达到收敛。

步骤23 图解显示初始和最终设计

设计算例中的【结果视图】选项卡将处于激活状态。图解显示出了最终的设计，而且每一步的迭代结果都显示在设计算例中。如果单击表格中的【初始】、【优化】或任意一步迭代，对应模型的结果将显示出来。显示这些图解，可以将优化前后的模型进行对比，如图 13-15 所示。

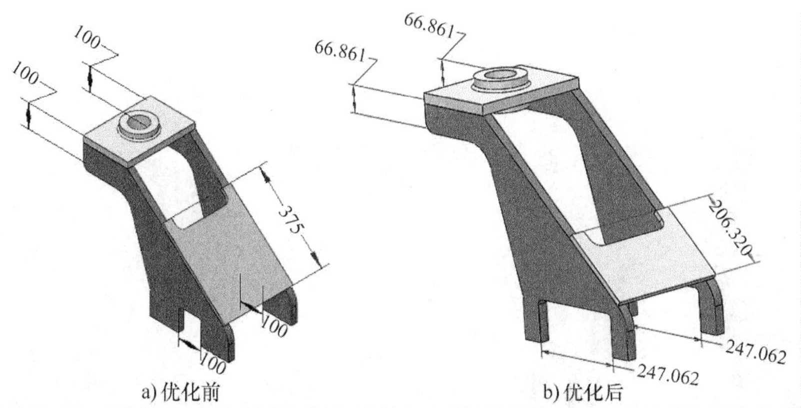

a) 优化前　　b) 优化后

图 13-15 优化前后比较

13.5.6 后处理优化结果

侧板的高度从 100mm 降到 66.861mm，背板的长度从 375mm 减小到 206.32mm，切除特征的长度从 100mm 增加到 247.062mm。

下一步将通过图解显示优化设计结果，会发现最大允许应力和最小允许频率两个约束都得到了满足。

注意 在进行下一步工作之前，会发现 SOLIDWORKS 中的模型几何尺寸已经发生了变化。基于该原因，优化分析不应该采用零件原有的产品文件，而应该使用本地复制过来的零件或装配体文件。

步骤 24　图解显示优化设计结果

图解显示优化设计相应的应力、位移和频率的结果。

这些结果可以从“press static”和“press frequency”两个算例中得到。这两个算例都做了更新以显示新的模态结构。

最大 von Mises 应力约为 97.6MPa，如图 13-16 所示，小于最大允许应力值 100MPa。该结果表明，应力约束的要求已经满足。

如图 13-17 所示，最大位移结果为 0.54mm。该结果小于允许的最大值 1mm，即位移约束也满足了。

如图 13-18 所示，第 1 阶固有频率为 80.96Hz，在允许的 80 ~ 150Hz 范围之内。该结果表明，频率约束同样满足条件。

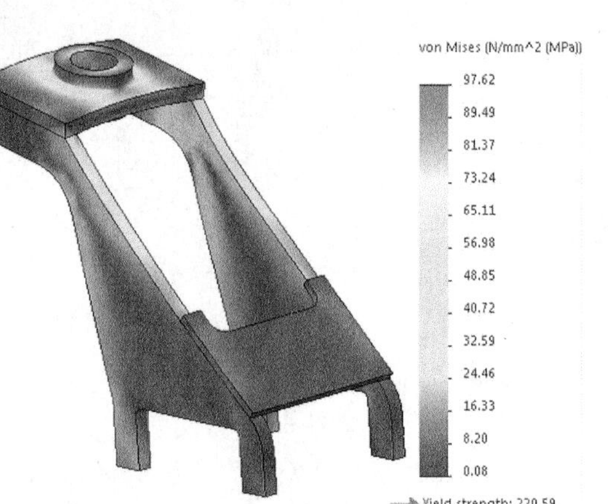

图 13-16　优化后的静应力分析应力结果

步骤 25　检查优化设计中的质量特性

【结果视图】中的每一步迭代都有一个小结，可以得到变量改变的数值以及相对于目标的结果等信息。红色（深色）的一列表明迭代不能全部满足设计约束，如图 13-19 所示。

通过比较可以发现，质量优化后从 73.953kg 下降到 59.7kg。这一优化使材料的质量大约减少了 19%。

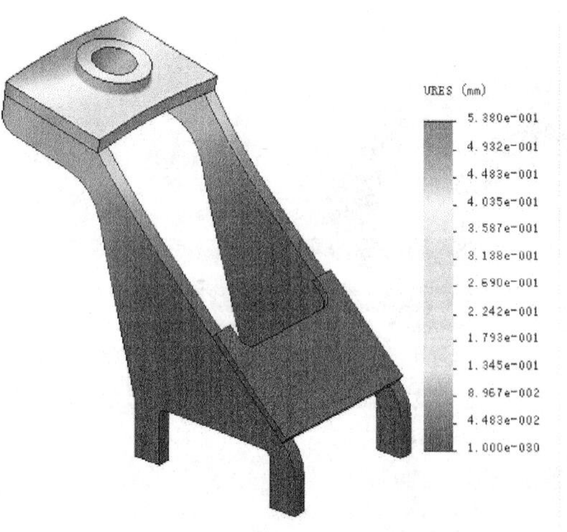

图 13-17　优化后的静应力分析位移结果

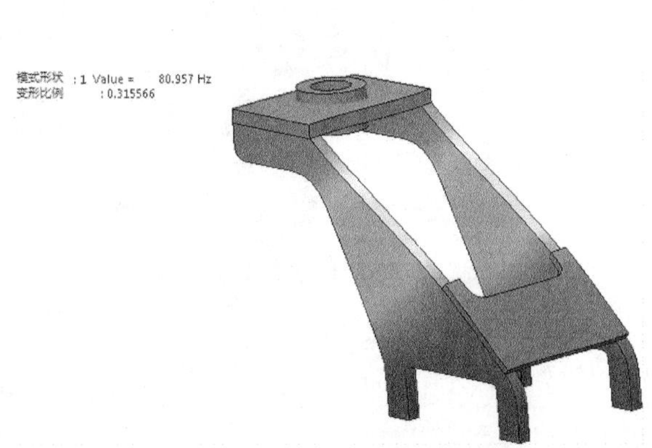

图 13-18　优化后的频率分析结果

提示 优化前后关于质量的详细信息也可以通过使用 SOLIDWORKS 的【工具】菜单(【工具】下拉菜单中的质量特性)来获得。

15 情形之 15 已成功运行 设计算例质量: 快
当前迭代是最优解。

		当前	初始	优化	迭代 1	迭代 2	迭代 3
back height		65.52505mm	50mm	65.52505mm	100mm	100mm	50mm
feet width		246.58279mm	175mm	246.58279mm	250mm	100mm	250mm
plate length		213.8958mm	150mm	213.8958mm	262.5mm	262.5mm	262.5mm
应力1	< 100 牛顿/mm^2	99.283 牛顿/mm^2	124.5 牛顿/mm^2	99.283 牛顿/mm^2	63.519 牛顿/mm^2	64.492 牛顿/mm^2	124.72 牛顿/
频率1	(80 Hz ~ 150 Hz)	82.21856 Hz	76.75733 Hz	82.21856 Hz	89.56867 Hz	97.11566 Hz	91.3098 Hz
位移2	< 0.5mm	0.27463mm	0.32018mm	0.27463mm	0.20964mm	0.19834mm	0.32086mm
位移1	< 1mm	0.538mm	0.6908mm	0.538mm	0.36192mm	0.34675mm	0.6931mm
质量1	最小化	59736.7 g	73953.0 g	59736.7 g	64517.5 g	70556.2 g	59511.9 g

图 13-19 优化后的质量

步骤 26 定义一个设计当地趋向图表

右键单击【结果和图表】文件夹并选择【定义当地趋向图表】。

选择变量“plate length”作为【设计变量(X-轴)】显示值。该设计变量控制背板的长度。

选择【目标】作为【Y-轴】显示值，如图 13-20 所示。

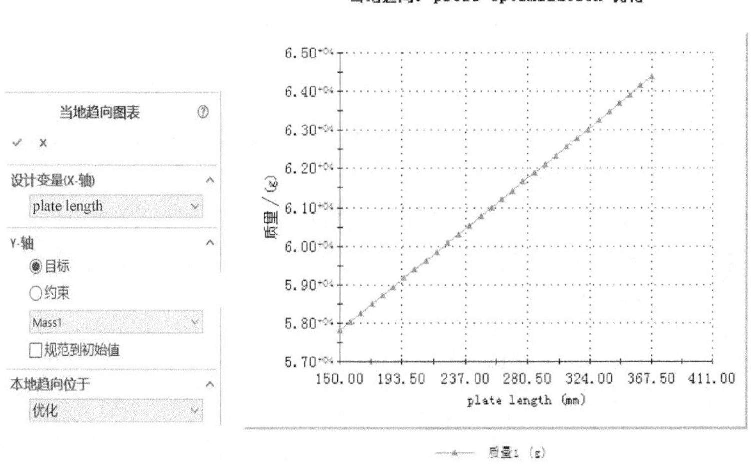

图 13-20 背板长度变量趋向图表

该变量定义的【当地趋向图表】表明了背板长度在指定的 150 ~ 375mm 的范围内变动时，质量与该长度的函数关系。

步骤 27 定义第二个设计当地趋向图表

在【结果和图表】文件夹下再创建一个图表。右键单击【结果和图表】文件夹并选择【定义当地趋向图表】。和步骤 26 一样，选择相同的变量“plate length”作为图表的【设计变量(X-轴)】显示项，在图表的【Y-轴】选项中选择【约束】，如图 13-21 所示。

在 3 个可供选择的约束中选择“Frequency1”，这是频率约束以上选项创建的图表，表示第 1 阶基本频率随背板长度变化的函数曲线。

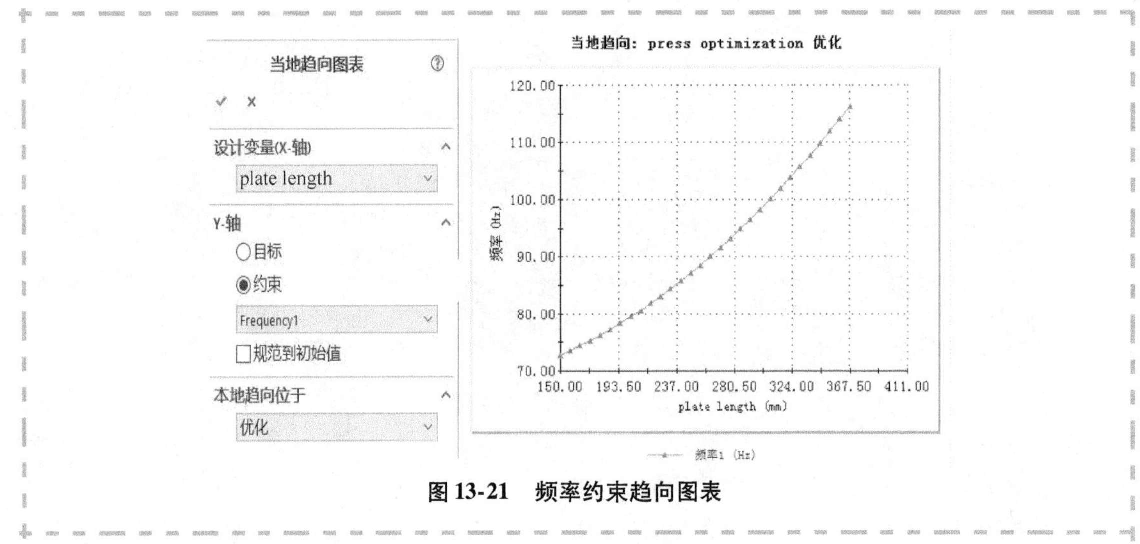

图 13-21　频率约束趋向图表

13.5.7　当地趋向图表

尝试使用不同的设计变量和约束创建更多的图表。

当地趋向图表显示了设计随设计变量变化的灵敏性。在设计情形中也有与优化相同的这种关系。

13.6　总结

在给定应力、位移和频率的范围基础上，本章对一压榨机模型进行了优化设计。优化设计在第 15 步完成，最终设计满足所有约束。

【设计历史图表】能大致显示优化过程是如何进行的。

【当地趋向图表】显示的是优化目标以及优化约束与设计变量间的函数曲线。

练习 13-1　悬臂支架的优化分析

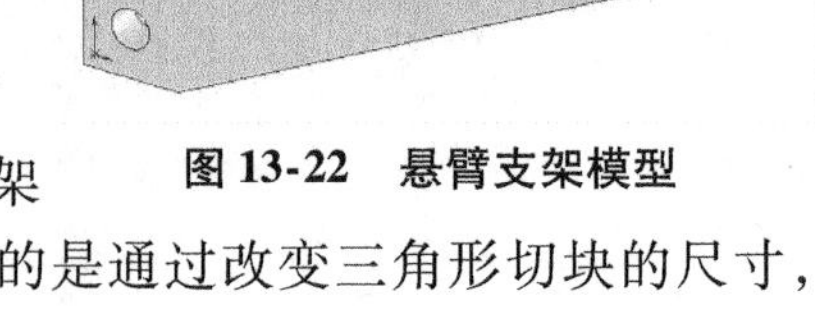

本练习将在应力分析的基础上，对悬臂支架做一次优化分析。

本练习将应用以下技术：

- 优化目标。
- 后处理优化结果。

项目描述：

本练习将在应力分析的基础上，对图 13-22 所示悬臂支架进行优化分析。支架由两根通过圆孔的棒支撑。本练习的目的是通过改变三角形切块的尺寸，达到体积最小化。

图 13-22　悬臂支架模型

操作步骤

扫码看视频

步骤 1　打开零件

从 Lesson13 \ Exercises 文件夹中打开名为“Cantilever_Bracket”的零件。

步骤 2　创建静应力分析算例

创建名为“bracket static”的算例，分析类型为【静应力分析】。

步骤3 定义材料属性

创建一个自定义的材料，设置【弹性模量】为 2×10^{11} N/m^2(Pa)，【泊松比】为 0.3，【质量密度】为 7 800kg/m^3，【屈服强度】为 3.5×10^{8} N/m^2。

步骤4 施加载荷

对支架的顶部表面施加 5×10^{6} N/m^2(Pa)的压力，如图 13-23 所示。

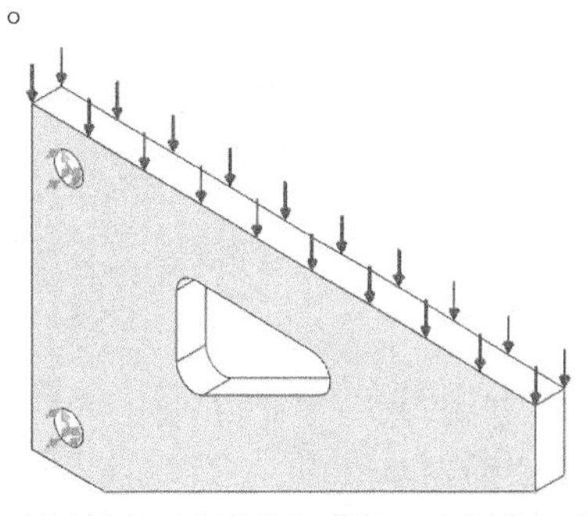

图 13-23 施加载荷

步骤5 添加约束

对两个圆柱孔添加【固定铰链】的约束。

步骤6 对模型划分网格

使用【基于曲率的网格】，使用默认的【最大单元大小】对模型划分高品质网格。

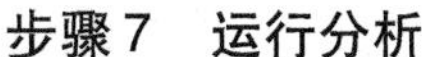

步骤7 运行分析

步骤8 创建一个设计算例

步骤9 定义目标

本例的目标是使体积最小化。

步骤10 定义设计变量

选择三角形切块的 3 个尺寸作为设计变量，如图 13-24 所示。

选中支架顶部的尺寸 23.13mm 作为第 1 个设计变量。设置下界为 10mm，上界为 25mm。

选择支架斜底面尺寸 25mm 作为第 2 个设计变量。设置下界为 10mm，上界为 25mm。

选择支架右侧底部的尺寸 50mm 作为第 3 个设计变量。设置下界为 20mm，上界为 50mm。

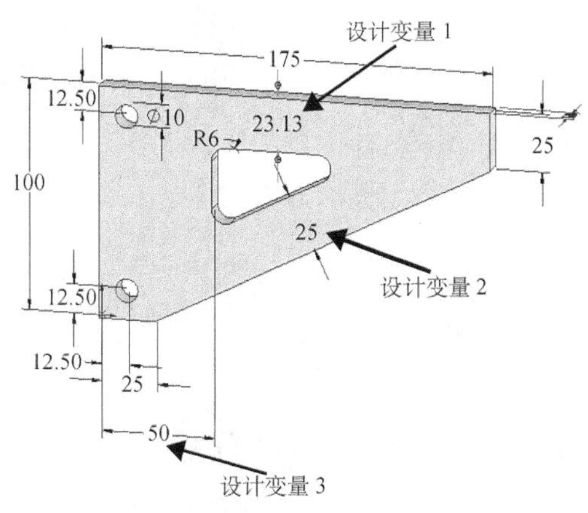

图 13-24 定义设计变量

步骤11 添加约束

【数据量】选择【应力】，【分量】选择【VON:von Mises 应力】。【单位】选择【N/mm^2】。选择【小于】并输入 300N/mm^2(MPa)。

步骤12 设置优化算例属性

在优化属性窗口中，选择【设计算例质量】栏中的【快速结果】选项。

步骤13 运行优化分析

步骤14 图解显示优化设计结果(见图 13-25)

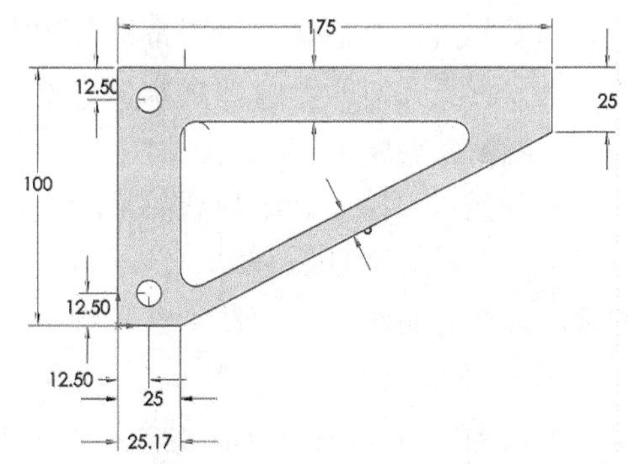

图 13-25 优化设计结果

步骤15 显示优化设计的细节

如图 13-26 所示，优化的目标质量从最初的 105.251g 减小为 83.92g。

步骤16 图解显示优化设计的应力结果

		当前	初始	优化	迭代 1
Parameter1		25mm	23.1282mm	25mm	25mm
Parameter2		10mm	25mm	10mm	25mm
Parameter3		35mm	50mm	35mm	35mm
Stress1	< 300 牛顿/mm^2	202.61 牛顿/mm^2	116.67 牛顿/mm^2	202.61 牛顿/mm^2	111.12 牛顿/mm^2
Mass1	Minimize	83.9182 g	105.251 g	83.9182 g	100.834 g

图 13-26　显示优化设计细节

如图 13-27 所示，最大 von Mises 应力为 202.6MPa，对应的安全系数为 1.7(屈服极限为 350MPa)。

通过优化算例可以创作经济且满足安全要求的设计。

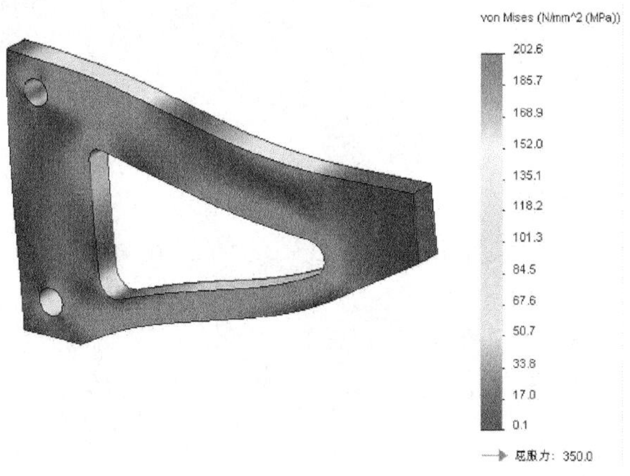

图 13-27　优化后的应力结果显示

练习 13-2　散热器的优化分析

本练习将优化一个 LED 灯的散热器（见图 13-28）尺寸。

本练习将应用以下技术：

- 优化目标。
- 后处理优化结果。

（1）项目描述　该散热器用于带走 LED 灯的热量。安装好灯之后，里面的部分面向天花板上方的空间，而底部的部分则直接暴露在室内环境中。该散热器要求可以安装 5 个 LED 灯泡，散热器设计的最高温度为 76℃。

（2）载荷条件　除了两个加载热量的表面之外，所有表面（内部的和外部的）都暴露在相同的对流条件中。对流系数为 $8W/(K \cdot m^2)$，总环境温度为 35℃（308.15°K）。

加载热量载荷的两个内部表面也面对一个对流条件，其中对流系数为 $4W/(K \cdot m^2)$，总环境温度为 50℃（323.15°K）。

由 LED 灯泡产生的热可以表示为等价的热流量 2 000W/m^2，它们作用在两个内部表面上，如图13-29所示。

(3) 目标　优化散热器的设计，使其满足最高温度低于 76℃时质量最小的目标。以下设计参数可以改变：散热鳍片的数量（20～60），散热鳍片的厚度（2～6mm），散热鳍片的高度（10～40mm），散热鳍片的深度（26～50mm）和散热鳍片的圆角半径（2～20mm），如图 13-30 所示。

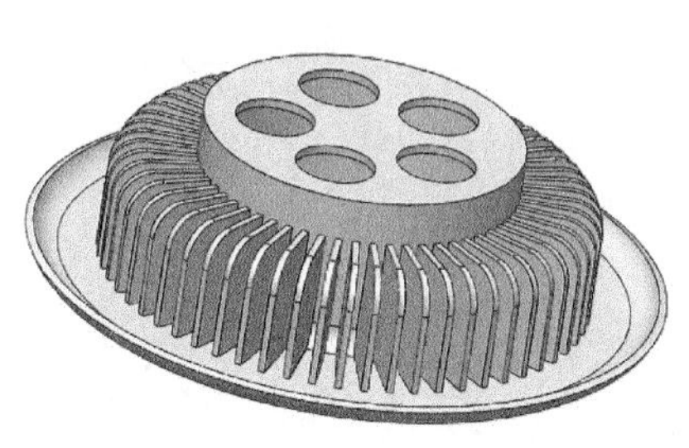
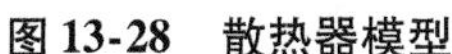

图 13-28　散热器模型

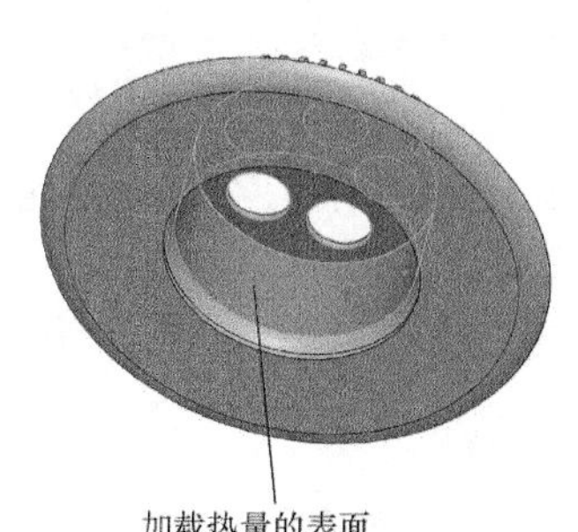

图 13-29　选择加热面

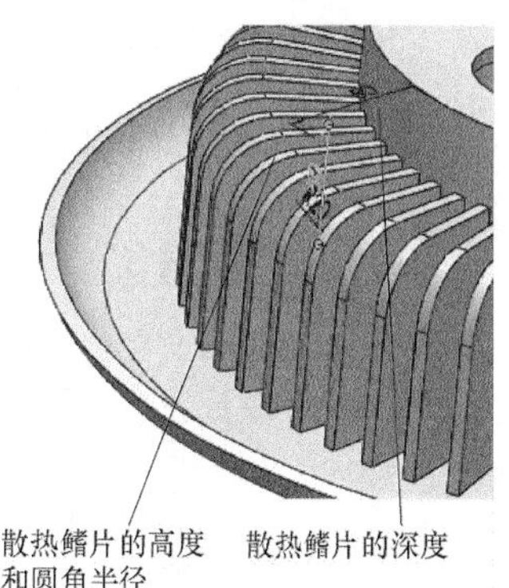

图 13-30　变化参数

第 14 章　压力容器分析

学习目标

- 运用 SOLIDWORKS Simulation 压力容器设计模块进行压力容器的设计
- 创建载荷工况的线性组合和 SRSS 法组合
- 评价应力结果

14.1　实例分析：压力容器

本章的目标是介绍压力容器设计模块的基本功能及其在压力容器设计中的运用。这些基本功能和运用是以《美国机械工程师协会锅炉和压力容器设计标准》的第 8 版第 2 部分和其他一些标准为参考的。本章将使用《SOLIDWORKS® Simulation 基础教程（2020 版）》的第 8 章中的压力容器，并在此基础上进行分析。

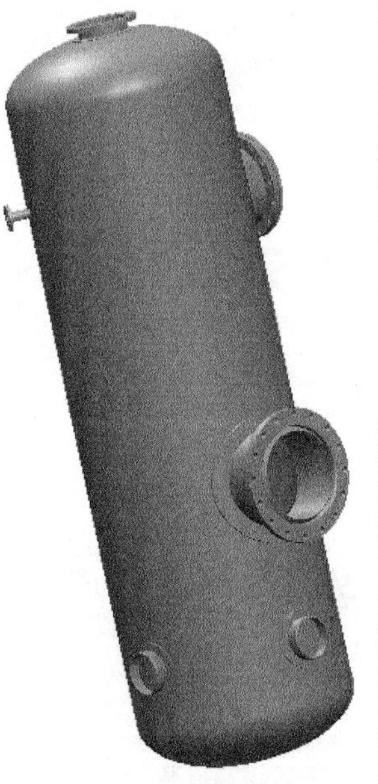

图 14-1　压力容器模型

项目描述：

图 14-1 所示的压力容器的制作材料是 60 号的低碳合金钢（SA515），用于保存温度为 700℉，压力为 165psi 的热蒸汽。除受到气体内压之外，压力容器还承受其他多种载荷，如环境温度的提高、自由接头端面力、力矩支撑引起的附加应力等。另外，虽然在实际中，压力容器必须针对风载和地震载荷进行分析，但在这里暂不考虑。

评估压力容器承受给定载荷条件的能力。

14.2　关键步骤

1）静应力分析算例。本章将对不同的载荷条件运行不同的算例，并评估其结果。

2）压力容器算例。压力容器算例将组合采用静应力分析算例中的载荷条件，然后再对这些结果进行评估。

操作步骤

步骤 1　打开装配体

从 Lesson14\Case Studies 文件夹中打开名为“pressure vessel”的装配体文件。

扫码看视频

步骤 2　检查算例

事先已经完成了 4 个算例：

- “pressure”算例：压力容器壁和接头受到 165psi 的内压。
- “inlet nozzle loads”算例：压力容器受到由管路系统引起的外部弯矩和力。
- “temperature”算例：在所有部件上施加 700℉的温度载荷。
- “self weight”算例：施加压力容器的自重。

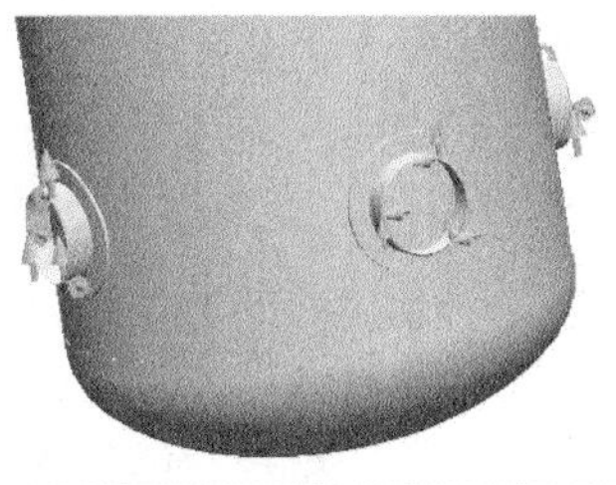

图 14-2　压力容器支撑

步骤 3　检查支撑

如图 14-2 所示，压力容器由 4 个对称分布的定向接头支撑，定向接头上有槽缝螺栓孔，以便压力容器能沿径向膨胀。

步骤 4　检查网格

《SOLIDWORKS® Simulation 基础教程(2020 版)》第 8 章有网格划分的相关内容，这里不作进一步的讨论。可以看到，压力容器的某些区域(入孔接头)的网格划分得非常细，如图 14-3 所示。

为了减少计算时间，压力容器的其他地方的网格要相对粗糙一些。

提示　参与压力容器分析的所有算例中的网格属性必须保持一致。

步骤 5　检查算例结果

所有的算例都已经运算过了，所以只需要将每一个算例打开，来检查一下其位移和应力结果。

步骤 6　材料的应力强度

压力容器的制作材料是 60 号低碳合金钢 SA515，其在 700℉温度时的设计应力强度为 $S_m = 15.3\text{ksi}$。

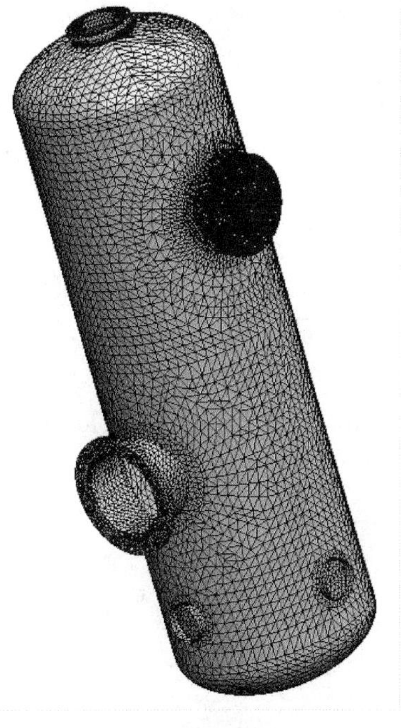

图 14-3　压力容器网格

14.2.1　应力强度

应力强度是最大剪应力的两倍,其可以用主应力表示为 $P_1 - P_3$。《美国机械工程师协会锅炉和压力容器设计标准》采用的是 Tresca 屈服标准,因而比 von Mises 标准更保守。两个标准之间大约相差 13%。

14.2.2　膜片应力和弯曲应力(应力线性分布)

《美国机械工程师协会锅炉和压力容器设计标准》规定了应力强度的膜片应力分量和弯曲应力分量的阈值。壳单元中假设沿截面方向的变形剪切是常量(或为零)。这个假设导致计算所得的应力是线性分布的。因而采用膜片应力分量和弯曲应力分量来描述这个问题很方便。

在实体单元里没有类似的剪切变形假设，所以需要沿某个路径将应力分布线性化。本章在后面部分描述了线性化过程。

14.2.3　基本应力强度限制

《美国机械工程师协会锅炉和压力容器设计标准》(第 8 版第 2 部分)定义了 5 项必须满足的

应力强度限制：

- 总体主应力强度 P_m。
- 局部膜片应力强度 P_L。
- 主膜片应力强度（总体或局部）加上弯曲主应力强度 P_L+P_b。
- 主应力强度加上二次应力强度 P_L+P_b+Q。
- 应力峰值强度 P_L+P_b+Q+F。

关于接头管路转换的标准可参考《美国机械工程师协会锅炉和压力容器设计标准》（第 8 版第 2 部分）的内容。在分析中，也会用到《美国机械工程师协会锅炉和压力容器设计标准》的其他条款。

14.3 压力容器分析方法

定义和运行过所有的静应力分析算例之后，可以考虑压力容器算例中结果的组合。

操作步骤

扫码看视频

步骤 1 新建压力容器算例

定义一个新的算例，算例类型为【压力容器设计】，名称为“vessel 1”。

步骤 2 孤立容器外壳

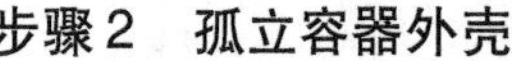

隐藏除压力容器及上下两端部外的所有零部件，如图 14-4 所示。

步骤 3 定义载荷

右键单击【设置】并选择【定义/编辑】。在【选项】中选择【线性组合】，并指定“pressure”“inlet nozzle loads”和“self weight”，其比例系数都是 1。

单击【确定】✓，如图 14-5 所示。

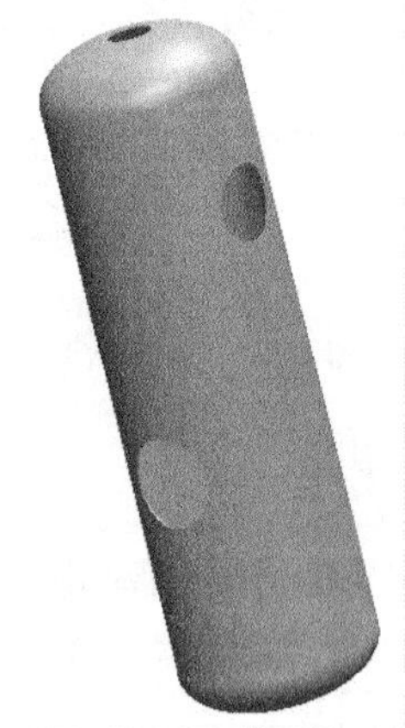

图 14-4 仅显示压力容器外壳

图 14-5 定义载荷

提示：在上述的组合工况中，温度载荷没有考虑进去。在这一章中主要依据总体膜片主应力强度准则来分析判断容器壁，而该准则不考虑温度载荷。

14.3.1 载荷工况的组合

压力容器模块有两种组合载荷工况的方法：

1）线性组合。结果数值 X（位移、应力等）由下式计算所得

$$X = \sum_{i=1}^{N} x_i$$

式中　N——组合所包含的算例数；

x_i——算例 i 中得到的数值（位移、应力等）。

2）SRSS（平方和开方）法。这个方法的结果数值由下式计算所得

$$X = \sqrt{\sum_{i=1}^{N} (x_i)^2}$$

提示：用 SRSS 法组合得到的载荷可以作为一个单独的载荷工况加入到线性组合中去。当压力容器受到地震载荷时，就要用到这种组合方法。

14.3.2　总体膜片主应力强度

《美国机械工程师协会锅炉和压力容器设计标准》中关于总体膜片主应力强度的定义为：

- 不会自限制。
- 如果超过屈服强度值会导致失效或总体扭曲。
- 分布于整个结构中，不会因为屈服而引起载荷重新分布。

这里的应力极限准则没有考虑温度载荷，而主膜片应力强度（总体或局部）加上弯曲主应力强度准则或应力峰值应力强度准则包括了温度载荷。

分析的算例里，应力最大的地方并不符合上述定义。最大的膜片应力强度值约为 29.8ksi，位于容器壁开口和接头的连接处。因而是一个非常集中的局部问题，这里如果发生屈服就会引起载荷分布的显著改变。对这些区域进行评价就要用局部膜片应力强度准则和应力峰值强度准则。

步骤 4　运行“vessel 1”算例

步骤 5　显示总体膜片主应力强度

显示【INT：应力强度（P1 – P3）】的【膜片】应力。操作时要确保结果图例仅显示未隐藏零件部分的最大值和最小值。

如图 14-6 所示，图解中的最大值约为 29.8ksi（1ksi ≈ 6.895MPa），已经超过了应力强度极限范围 S_m = 15.3ksi。当然，这个最大值集中在一个很小的地方，这不符合《美国机械工程师协会锅炉和压力容器设计标准》中总体膜片主应力强度的定义。

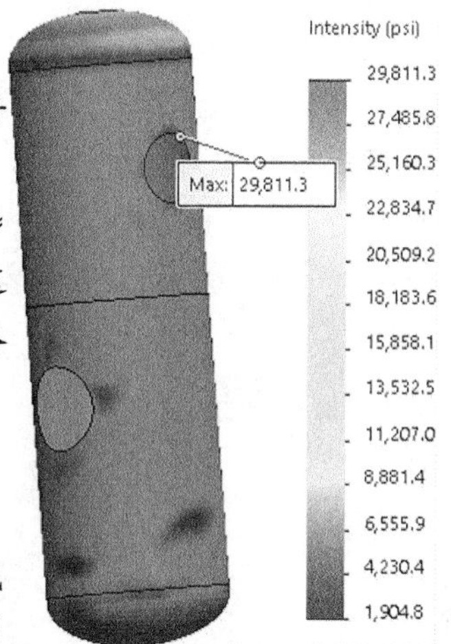

图 14-6　应力结果显示

步骤 6　修改图解显示界限

将图解显示上限设为 15.3ksi，即总体膜片主应力强度值。

如图 14-7 所示，极限值 15.3ksi 以上区域的显示颜色变成了红色。其他远离接头加强区域的应力都小于这个极限值，因此设计满足强度要求。

通过检查可以发现，除接头和支撑附近的区域外的所有容器壁上的应力都低于 15.3ksi。由此可见，容器壁的设计通过了总体膜片主应力强度标准。

提示：其余部件也必须满足总体膜片主应力强度极限标准（接头有专门的规定）。

同样，14.2.3 节中提到的基本应力强度极限也必须得到满足。

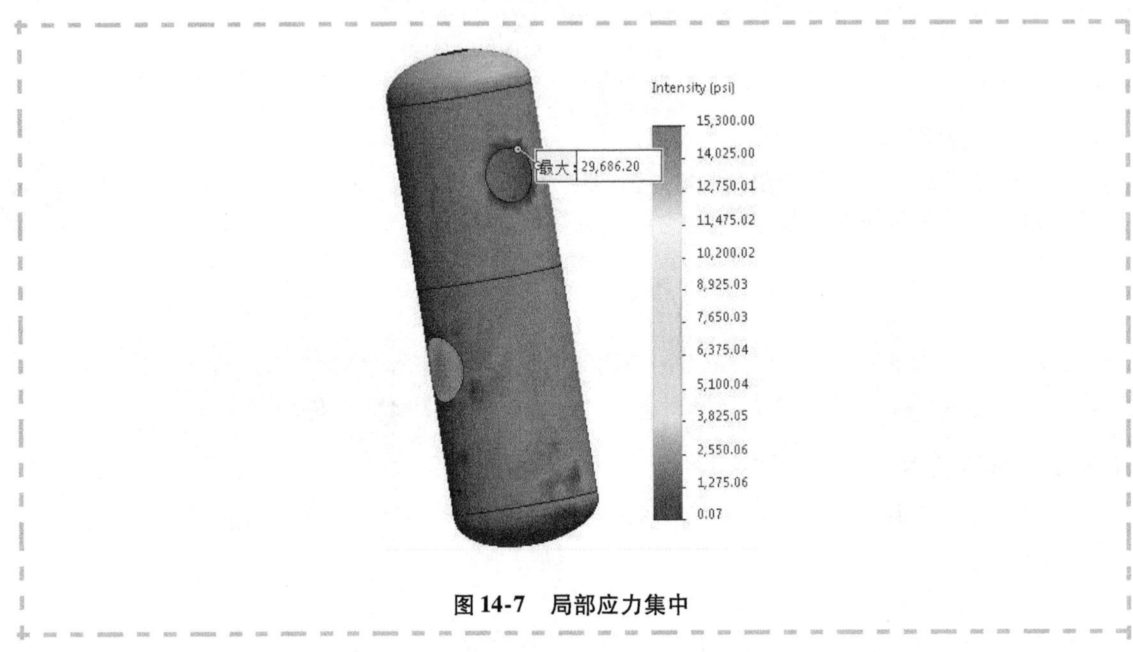

图 14-7 局部应力集中

14.4 进孔接头法兰和端盖

因为入孔法兰和入孔端盖的长宽方向与厚度方向比值及螺栓连接方式的关系，这两个部件是用实体单元建模的。《美国机械工程师协会锅炉和压力容器设计标准》中没有关于这些部件的极限应力强度标准。对于法兰，其纵向、径向和切向应力极限值可以分别用 1.5S_m、S_m 和 S_m 代替（为了简化问题，假设法兰的材料与压力容器本体和接头的材料一致）。

步骤 7 显示入孔接头法兰“Manhole nozzle flange”上纵向、径向和切向应力

如图 14-8 所示，【SZ：Z 向应力】、【SY：Y 向应力】和【SX：X 向应力】所有的应力图解都需要入孔接头法兰“Manhole nozzle flange”的轴“Axis1”来作为参考建立一个圆柱坐标系。

如果不考虑螺栓开孔附近区域的纵向应力集中，3 个方向的应力都应低于极限。

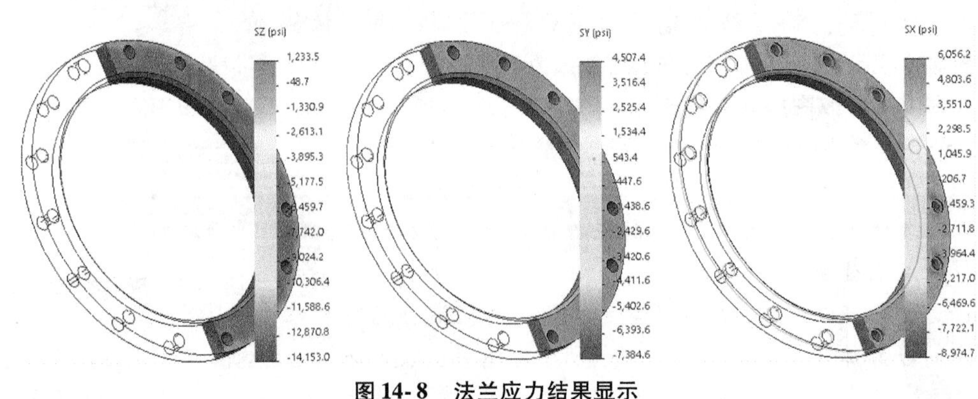

图 14-8 法兰应力结果显示

《美国机械工程师协会锅炉和压力容器设计标准》中没有计算法兰和开孔端盖的膜片和弯曲应力的规定。压力容器其他部件的体积相对较大，需要用实体单元来建模。而实体单元的结果是一般的三维结果，不像壳单元可以直接给出膜片应力强度和弯曲应力强度。如果要获得实体单元的这两个分量，则需要一个特殊的处理(应力线性化)。本章将在这里进行入孔接头法兰的应力线性化练习。

步骤 8　显示应力强度的图解

孤立入孔接头法兰和入孔端盖。

图解显示【INT：应力强度(P1 - P3)】。以右视基准平面为参考指定【截面剪裁】图解，如图 14-9 所示。

提示　只有显现的部件上的应力范围才会显示。

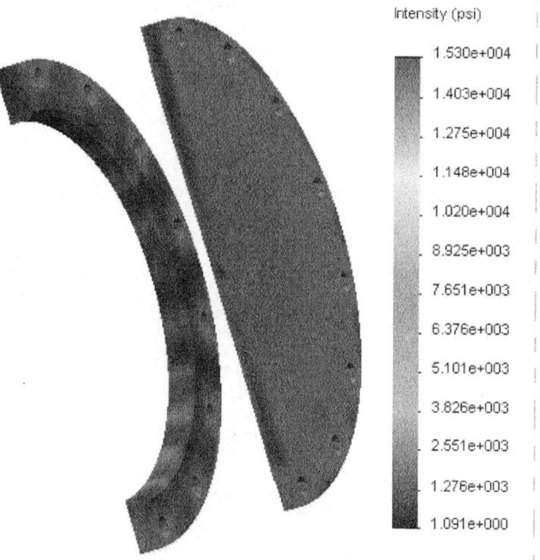

图 14-9　法兰及端盖应力结果显示

步骤 9　线性化应力结果

右键单击"Stress5"并选择【线性化】。

在法兰截面上选择 2 个点，定义应力结果线性化的线路，如图 14-10 所示。

单击【计算】以获得结果摘要。

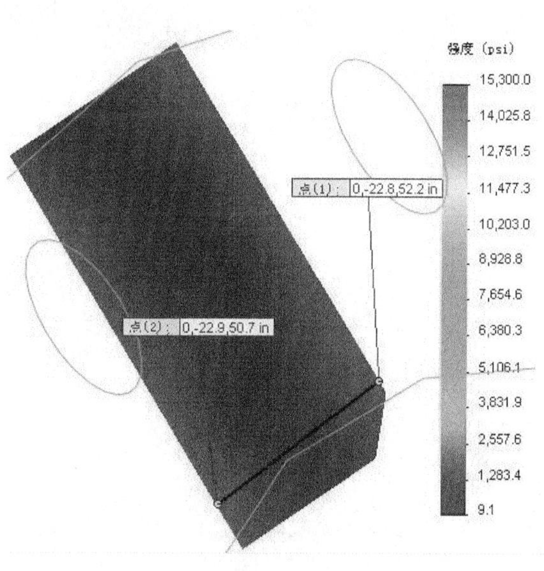

图 14-10　指定法兰截面上的点

如图 14-11 所示，【线性化应力】窗口显示了膜片应力和弯曲应力的概要。

步骤 10　保存数据

单击【保存】，将信息保存到 *.csv 文件中。

用 Excel 打开上述 *.csv 文件，可以发现文件中包含了《美国机械工程师协会锅炉和压力容器设计标准》所要求的信息，如图14-12 所示。

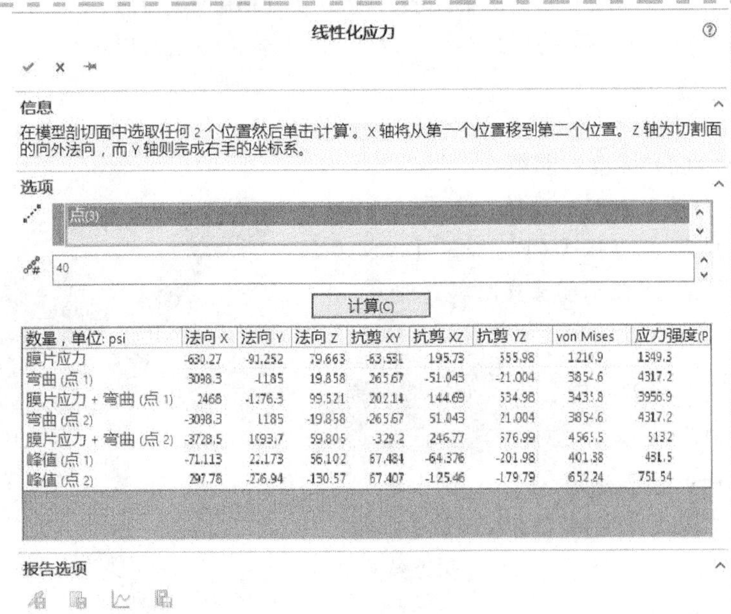

数量，单位: psi	法向 X	法向 Y	法向 Z	抗剪 XY	抗剪 XZ	抗剪 YZ	von Mises	应力强度(P
膜片应力	-630.27	-91.252	79.663	-63.531	195.73	555.98	1210.9	1349.3
弯曲 (点 1)	3098.3	-1185	19.858	265.67	-51.043	-21.004	3854.6	4317.2
膜片应力 + 弯曲 (点 1)	2468	-1276.3	99.521	202.14	144.69	534.98	3431.8	3956.9
弯曲 (点 2)	-3098.3	1185	-19.858	-265.67	51.043	21.004	3854.6	4317.2
膜片应力 + 弯曲 (点 2)	-3728.5	1093.7	59.805	-329.2	246.77	576.99	4565.5	5132
峰值 (点 1)	-71.113	22.173	56.102	67.484	-64.376	-201.98	401.38	431.5
峰值 (点 2)	297.78	-236.94	-130.57	67.407	-125.46	-179.79	652.24	751.54

图 14-11　线性化应力结果

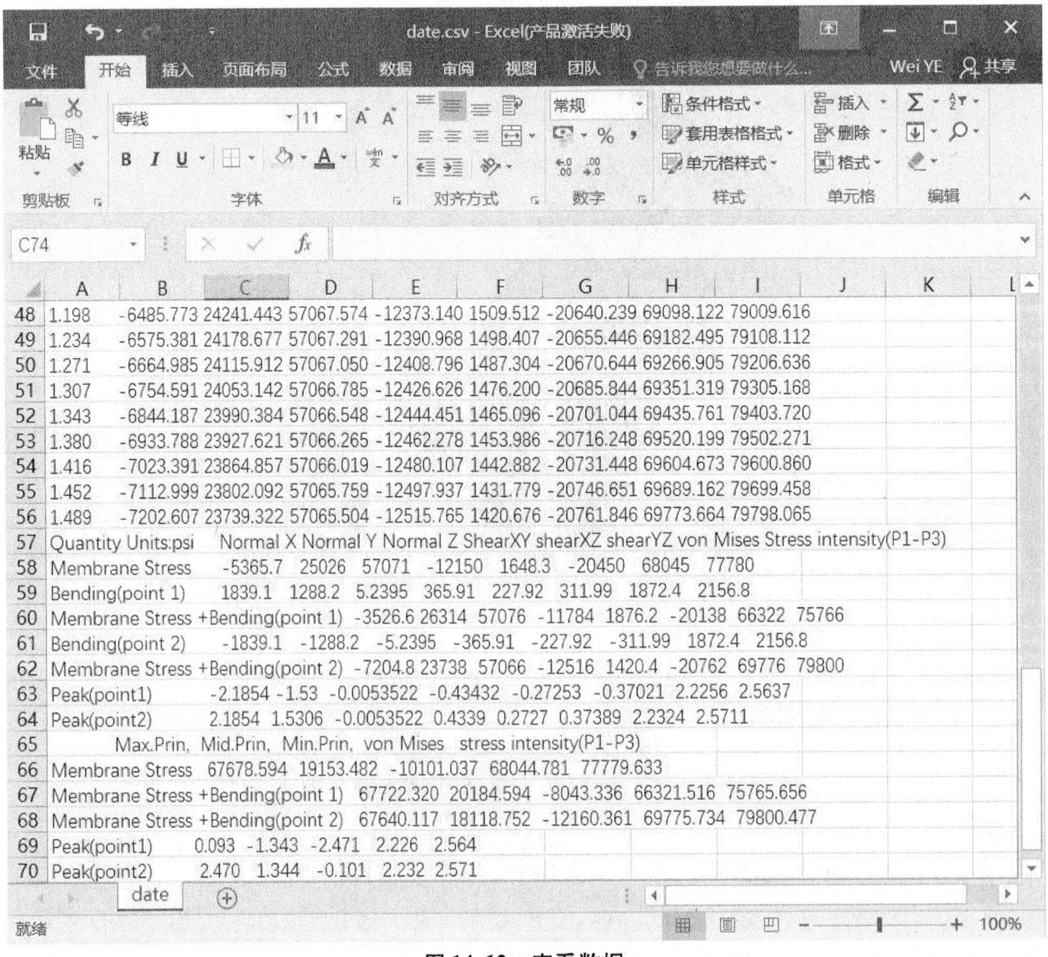

date.csv - Excel(产品激活失败)

文件　开始　插入　页面布局　公式　数据　审阅　视图　团队　告诉我您想要做什么...　Wei YE　共享

粘贴　剪贴板　等线　11　字体　对齐方式　常规　数字　条件格式　套用表格格式　单元格样式　样式　插入　删除　格式　单元格　编辑

C74

	A	B	C	D	E	F	G	H	I
48	1.198	-6485.773	24241.443	57067.574	-12373.140	1509.512	-20640.239	69098.122	79009.616
49	1.234	-6575.381	24178.677	57067.291	-12390.968	1498.407	-20655.446	69182.495	79108.112
50	1.271	-6664.985	24115.912	57067.050	-12408.796	1487.304	-20670.644	69266.905	79206.636
51	1.307	-6754.591	24053.142	57066.785	-12426.626	1476.200	-20685.844	69351.319	79305.168
52	1.343	-6844.187	23990.384	57066.548	-12444.451	1465.096	-20701.044	69435.761	79403.720
53	1.380	-6933.788	23927.621	57066.265	-12462.278	1453.986	-20716.248	69520.199	79502.271
54	1.416	-7023.391	23864.857	57066.019	-12480.107	1442.882	-20731.448	69604.673	79600.860
55	1.452	-7112.999	23802.092	57065.759	-12497.937	1431.779	-20746.651	69689.162	79699.458
56	1.489	-7202.607	23739.322	57065.504	-12515.765	1420.676	-20761.846	69773.664	79798.065

57 Quantity Units:psi　Normal X Normal Y Normal Z ShearXY shearXZ shearYZ von Mises Stress intensity(P1-P3)
58 Membrane Stress　-5365.7　25026　57071　-12150　1648.3　-20450　68045　77780
59 Bending(point 1)　1839.1　1288.2　5.2395　365.91　227.92　311.99　1872.4　2156.8
60 Membrane Stress +Bending(point 1)　-3526.6 26314　57076　-11784　1876.2　-20138　66322　75766
61 Bending(point 2)　-1839.1　-1288.2　-5.2395　-365.91　-227.92　-311.99　1872.4　2156.8
62 Membrane Stress +Bending(point 2)　-7204.8 23738　57066　-12516　1420.4　-20762　69776　79800
63 Peak(point1)　-2.1854　-1.53　-0.0053522　-0.43432　-0.27253　-0.37021　2.2256　2.5637
64 Peak(point2)　2.1854　1.5306　-0.0053522　0.4339　0.2727　0.37389　2.2324　2.5711
65 Max.Prin,　Mid.Prin,　Min.Prin,　von Mises　stress intensity(P1-P3)
66 Membrane Stress　67678.594　19153.482　-10101.037　68044.781　77779.633
67 Membrane Stress +Bending(point 1)　67722.320　20184.594　-8043.336　66321.516　75765.656
68 Membrane Stress +Bending(point 2)　67640.117　18118.752　-12160.361　69775.734　79800.477
69 Peak(point1)　0.093　-1.343　-2.471　2.226　2.564
70 Peak(point2)　2.470　1.344　-0.101　2.232　2.571

date

就绪　100%

图 14-12　查看数据

膜片应力和弯曲应力结果应力强度值应该与《美国机械工程师协会锅炉和压力容器设计标准》中的要求进行比较。

步骤 11　图解显示应力图表

在【线性化应力】窗口中单击【图解】按钮，生成应力分量变化的图表。

图 14-13 所示的 6 个图表显示了所有应力分量沿着点 1 和点 2 定义的直线在截面中的变化。每个图表显示了计算得到的真实应力分量（以—▲—表示）和线性化的变量（膜片应力以—■—表示，膜片应力 + 弯曲以—◆—表示）。

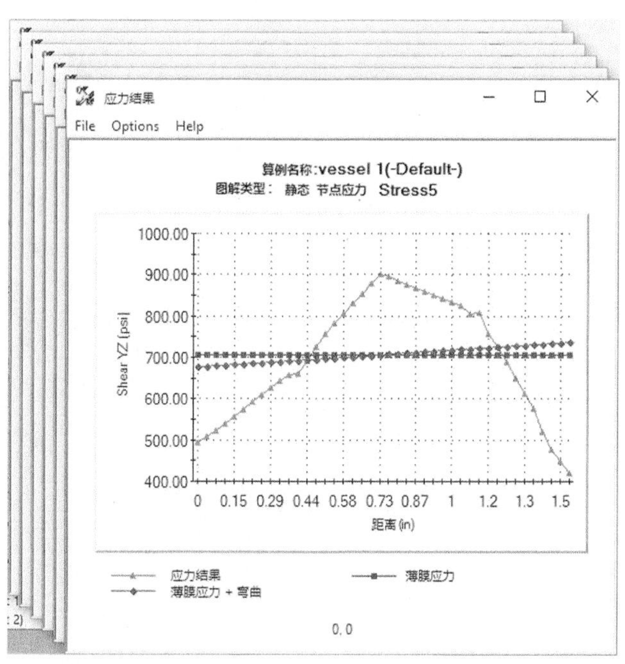

图 14-13　图解显示应力图表

步骤 12　保存并关闭该装配体

14.5　总结

本章演示了压力容器设计模块，容器设计遵循《美国机械工程师协会锅炉和压力容器设计标准》的第 8 版第 2 部分，该标准要求容器必须遵守几个设计准则。完成仿真可能是非常漫长的过程，而且需要参与的工作非常多。本章只是重点考虑总体膜片主应力强度准则，并通过计算得知该容器满足这个准则。

在某些区域，截面上的真实应力分布必须分解为膜片和弯曲分量。因为这个变量可能非常复杂，因此有必要进行线性化。本章的第 2 部分演示了应力线性化的过程，以及从外部文件获取各种必要的数据的方法。